电力电子与现代电机系统集成技术

王　军　阎铁生　孙　章　主编

中国水利水电出版社
www.waterpub.com.cn
·北京·

内 容 提 要

本书介绍了电力电子与现代电机系统集成技术的相关新技术，共7章，主要内容包括：电力电子与现代电机系统的基础知识、PWM控制技术、异步电机矢量控制、异步电机直接转矩控制及无速度传感器技术、永磁同步电机矢量控制、永磁同步电机直接转矩控制及无速度传感器技术、电机集成系统。

本书可作为电气工程一级学科或能源动力专业的研究生教材，也可供相关领域的工程技术人员使用。

图书在版编目（CIP）数据

电力电子与现代电机系统集成技术 / 王军，阎铁生，孙章主编. -- 北京 : 中国水利水电出版社，2025. 2.
ISBN 978-7-5226-3200-1

Ⅰ. TM

中国国家版本馆CIP数据核字第2025AB5744号

书　名	**电力电子与现代电机系统集成技术** DIANLI DIANZI YU XIANDAI DIANJI XITONG JICHENG JISHU
作　者	王　军　阎铁生　孙　章　主编
出版发行	中国水利水电出版社 （北京市海淀区玉渊潭南路1号D座　100038） 网址：www. waterpub. com. cn E-mail：sales@mwr. gov. cn 电话：（010）68545888（营销中心）
经　售	北京科水图书销售有限公司 电话：（010）68545874、63202643 全国各地新华书店和相关出版物销售网点
排　版	中国水利水电出版社微机排版中心
印　刷	天津嘉恒印务有限公司
规　格	184mm×260mm　16开本　11印张　268千字
版　次	2025年2月第1版　2025年2月第1次印刷
印　数	0001—1000册
定　价	**45.00**元

前言

电机控制技术是现代工业中一个重要的研究领域，其应用十分广泛，技术不断创新。20世纪，我国以钟兆琳教授为代表的先驱者，胸怀大局、无私奉献、弘扬传统、艰苦创业，推动了电机及其控制技术的发展。目前，国内外现代电机控制技术已经进入了集成化、智能化、通用化、数字化和高效化时代。新一轮科技革命和产业变革加速演进，坚持我国科技自立自强学科交叉渗透，技术汇聚融合，科技创新复杂度越来越高，需要大家踔厉奋发。为此，在运用电力电子变换及其控制实现电机集成控制技术和先进电机控制系统的设计、制造、运行能力方面需要更新教材的教学内容。

本书共7章，首先介绍了电力电子与现代电机系统的基础知识、脉宽调制（pulse width modulation，PWM）控制技术；其次重点讲解了异步电机矢量控制、异步电机直接转矩控制及无速度传感器技术、永磁同步电机矢量控制和永磁同步电机直接转矩控制及无速度传感器技术；最后对电机集成系统进行了详细介绍。

本书由西华大学王军、阎铁生和孙章担任主编，其中第1章1.1节、1.3节和1.4节、第3～6章由王军编写，第1章1.2节、第2章由阎铁生编写，第7章由孙章编写。在本书编写过程中，得到了许多朋友的帮助和支持，包括舒欣梅和研究生钟燕、唐明凤、易俊宏、李姣，在此表示由衷感谢，同时向所引用文献的作者表示深深的谢意。

由于编者水平有限，书中难免存在疏漏和不妥之处，恳请读者批评指教。

编者

2024年7月

目 录

第1章 基 础 知 识

本书的重点是异步电机和永磁同步电机的先进交流电机控制技术和运用电力电子功率变换控制技术实现电机集成控制，本章主要回顾现代电机控制系统方面的基础知识。

1.1 交流电机控制系统

现代交流电机控制系统一般由电源、功率变换电路、检测电路、控制系统和交流电机五大部分组成，如图1.1所示。电力电子功率变换器、控制系统及检测电路集于一体，称为变频器（变频调速装置）。五个部分的主要功能如下：

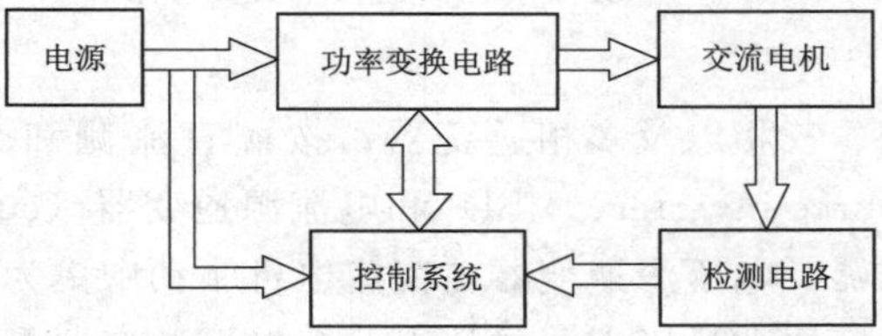

图1.1 现代交流电机控制系统

(1) 电源：提供固定或可变的直流电源。它可以由可控或不可控整流器将固定电压和频率的交流电源（如电网）转换而来，或者由直流电源（如电池）产生，也可以由独立的能源（如发电机机组）产生。在整流的情况下，还需一个滤波器来平滑整流输出，通常由并联电容器或串联电抗器来完成。

(2) 功率变换电路：用于交流电机控制系统中，功率变换电路通常是由逆变器实现的，逆变器接收整流电源并将其转换为频率和电压可调的交流电源，提供给交流电机。

(3) 检测电路：通常使用两个或三个电流传感器或电压传感器来测量电机电流或电压，使用位置传感器（如光电编码器、霍尔传感器、旋转编码器）获取位置和转速信号。

(4) 控制系统：是电机控制系统的信息处理部分，由硬件部分和软件部分组成。控制系统接收来自用户或控制系统的指令信号，同时接收来自检测电路的电机电流、电压信号和位置、转速信号，利用现代电机控制方法（如矢量控制、直接转矩控制、预测控制、无差拍控制等）产生功率变换器的功率电子开关的驱动信号，从而控制功率变换器输出信号的幅值、相位和频率。

(5) 交流电机：作为能量转换系统的核心，将电能转换为机械能。然而，它也会在再生运行模式下将机械能转换为电能，例如在电动汽车的制动模式下将电能反馈给电源。本书将重点阐述异步电机和永磁同步电机。

1.2 功 率 变 换 电 路

在交流电机的调速系统中，通常在改变电机供电频率的同时，也协调改变供电电压，即通过变频变压（variable voltage variable frequency，VVVF）控制，确保在调节电机转速时不会出现饱和或欠励磁，实现电机的平稳运行。由于电网电压幅值和频率固定，不适宜用来直接驱动电机工作，因此需要配置相应的功率变换电路。普遍采用的方案为：先将电网提供的交流电压整定为直流母线电压，然后再通过逆变器将直流母线电压转换为频率和幅值可控的交流电压，进一步驱动电机转动，如图 1.2 所示。

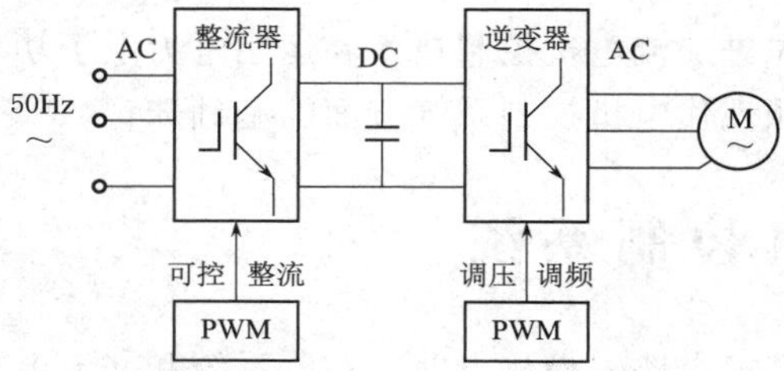

图 1.2　交流电机供电功率变换电路

从图 1.2 中可以看出，作为交流电机的驱动器，逆变器的工作特性直接决定了交流电机的运行状态。一般说来，逆变器输出频率可以从接近直流的极低频率到电机额定工作频率（一般不超过几百赫兹）连续可调，输出容量从几百伏安到数兆伏安不等。采用逆变器的交流调速系统广泛应用在工业生产、交通、国防和科学研究等各个领域。

逆变器的类型较多，按照相数可分为单相、三相以及多相逆变器；按照直流侧和交流侧波形可以分为电压源逆变器（voltage source inverter，VSI）和电流源逆变器（current source inverter，CSI）。相对于电流源逆变器，电压源逆变器在交流电机驱动中更为常见，因为它们具有结构简单、效率高、响应速度快和易于控制的特点。多电平逆变器是一种能够产生多个电平输出的逆变器，具有输出电压谐波小、开关损耗低和效率高等特点，可用于高压大功率应用场合。

1.2.1　电压源逆变器

电压源逆变器采用大容量母线电容为直流电源储能，输入电压波动及电源阻抗小，因此输入电流体现逆变功率的脉动波形。典型三相电压源逆变器的拓扑如图 1.3 所示。其中，U_d 为直流输入电源，C_d 为大容量直流母线储能电容，开关管 $VT_1 \sim VT_6$ 分别构成三组逆变桥臂，桥臂中间点分别记为 A、B、C。滤波器 LF_1 为低通滤波器，常见的有 L 型、LC 型和 LCL 型。

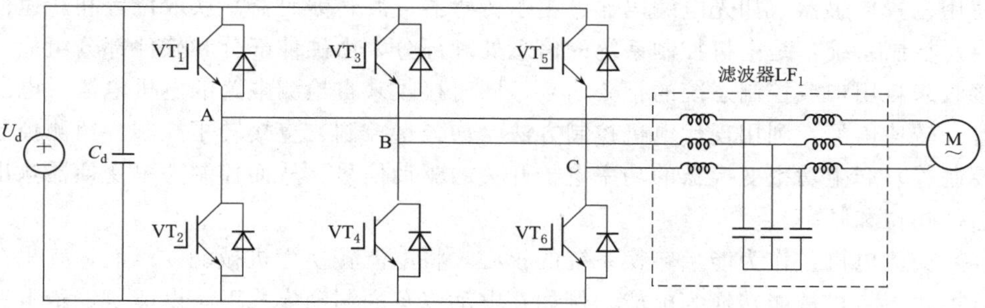

图 1.3　典型三相电压源逆变器的拓扑

由于直流母线储能电容 C_d 的支撑作用，逆变器的直流侧输入电压可认为几乎保持不变。通过控制桥臂开关管 $VT_1 \sim VT_6$ 动作，桥臂中间点输出幅值等于电源电压 U_d、占空比变化的方波电压，经过滤波器处理后，变成正弦形状的三相电压，进一步驱动交流电机工作。

需要指出的是，由于逆变器直流侧为电压型，各逆变桥臂是不允许短路的，即每组桥臂的上、下管必须设置一定的死区时间。同时，逆变桥臂的开关管应当反并联二极管，可为电流换向时提供反向通道。当负载功率因数变化时，逆变器交流输出电压的波形不变，但输出电流的相位随功率因数的变化而变化，可以通过控制桥臂中间点输出电压的幅值和波形来控制其输出电压。

电压源逆变器凭借控制简单、转换效率高、输出电压稳定和动态响应良好等优点，在工业界得到了广泛应用。

1.2.2 电流源逆变器

电流源逆变器利用大电感元件为直流电源提供能量。其输入电流波动小，但电源阻抗大，因此可通过输入电压来反映逆变功率的脉动。典型的三相电流源逆变器拓扑如图 1.4 所示。其中，L_d 为直流侧滤波电感，R_d 为考虑滤波电感、线路导通损耗及开关器件损耗后的直流等效电阻，开关管 $VT_1 \sim VT_6$ 及功率二极管 $D_1 \sim D_6$ 组成了电流型逆变桥臂，滤波器 LF_1 一般为 CL 型。同时可以看出，通过将单只开关管及功率二极管串联组成一个基本开关单元，开关管用于阻断正向电压并为电流提供通路，功率二极管用于阻断反向电压，每组逆变桥臂由上、下两个基本开关单元构成。

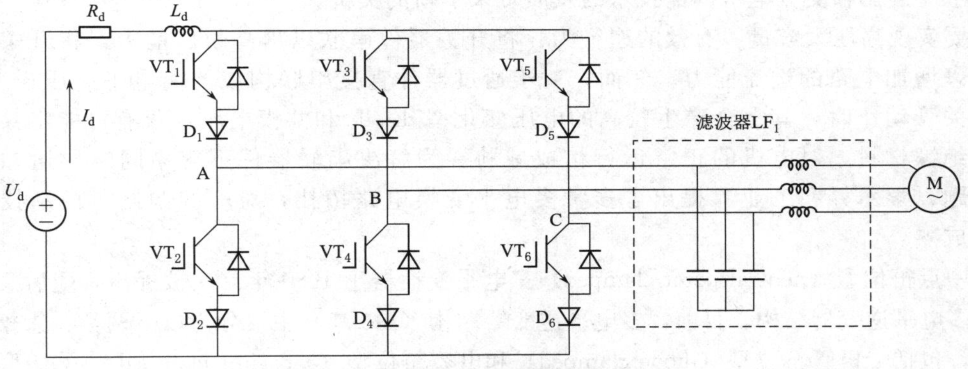

图 1.4 典型三相电流源逆变器拓扑

由于 L_d 的滤波作用，逆变器的直流侧输入电流 I_d 可认为维持不变。通过控制桥臂开关管 $VT_1 \sim VT_6$ 动作，桥臂中间点将输出幅值等于输入电流 I_d、占空比变化的矩形波电流，经过滤波器 LF_1 处理后，变成正弦形状的三相电流驱动交流电机工作。

需要说明的是，逆变器直流侧的储能元件是大电感，直流回路呈高阻抗，类似于电流源特性，是不允许开路运行的。因此，同一桥臂的开关管应当设置一定大小的共同导通时间，为直流侧电流提供续流通路。同时，滤波电感 L_d 有反馈无功能量的作用，但在反馈无功能量的时候，电流的方向并不发生改变，故无须在开关管上反并联二极管。然而，由于在运行时需要承受反向电压，开关管应与正向二极管串联以获得反向阻断能力。

与电压源逆变器不同的是，电流源逆变器电流的流通路径由开关器件的导通和关断决定，无论负载如何变化，其交流侧的输出电流波形始终保持为矩形波。因此，当负载功率因数变化时，交流侧输出电流的波形不变，而输出电压的相位随功率因数的变化而变化，故可以通过控制输出电流的幅值和波形来控制逆变器输出电流。

电流源逆变器采用大电感作为直流母线储能装置，其固有的扼流能力可降低功率回路中发生过流故障风险；其直流侧相当于 Boost 电路，具有升压特性，降低了对直流侧输入电压范围的要求。此外，在输出侧并联滤波电容网络，可降低电机相电流中开关频率次谐波，同时能抑制作用于绕组上的电压变化率 dv/dt，延长电机轴承、绝缘材料等的使用寿命，提升系统可靠性。

受拓扑限制，电流源逆变器在实际应用中主要存在以下不足：①需要额外配置恒流母线单元，增加了系统硬件电路和控制设计的复杂度；②开关器件需承受反向电压，禁止续流，因此需要串联反向阻断功率二极管，这不仅会增加电路的导通损耗，也使得成本有所上升。总体来说，电流源逆变器的应用范围不及电压源逆变器广泛。

1.2.3 多电平逆变器

随着工业社会的迅速发展，高压大容量交流电机的变频调速需求对大容量电力电子技术提出更高的挑战。一般来说，高电压指电压等级为 3kV、6kV、10kV 或更高，大容量指功率等级在数百千瓦以上。近年来，以绝缘栅双极性晶体管（insolated gate bipolar transistor，IGBT）、集成栅极换流晶闸管（integrated gate-commutated thyristor，IGCT）为代表的新型复合器件的耐压、电流和开关性能的迅速提高，为高性能大容量电力电子变换器和交流电机调速技术的发展带来了新的契机。

要实现高压大容量，有效的途径为：将开关器件串联以提高耐压能力，将开关器件并联以增加电路的过流能力。然而，对于通过器件直接串联构成的两电平高压逆变器，在开关管动作时，其上会产生较高的电压变化率 dv/dt 和共模电压，很有可能击穿电机绕组绝缘材料，对电机的正常运行构成威胁。为解决串联器件不容易同时导通和关断的问题，学术界和工业界提出了多种多电平变换电路拓扑，对应的调制、控制技术也日趋成熟。

中点箝位型（neutral point clamped）三电平变换器于 1980 年首次被提出，随后又被推广至多电平逆变器结构。目前，多电平逆变器结构（图 1.5）主要分为以下两类：①箝位型结构，包括二极管箝位型（diode clamped）和电容箝位型（capacitor clamped）；②级联型结构（cascaded topology）。它们以串联的功率开关对组成的普通半桥为基本结构，然后把多个基本结构按一定的拓扑形式连接成可输出多种电平的电路，同时利用适当的控制逻辑将几个电平台阶合成阶梯波，以使输出逼近正弦的交流电压。

1. 二极管箝位型

图 1.6 展示了一种三相二极管箝位型三电平逆变器主电路拓扑。从图中不难看出，当开关管 VT_{a1} 和 VT_{a2} 同时导通时，A 相输出电压为 $U_d/2$；当开关管 VT_{a3} 和 VT_{a4} 同时导通时，A 相输出电压为 $-U_d/2$；当开关管 VT_{a2} 和 VT_{a3} 同时导通时，A 相输出电压为 0，其余两相桥臂类似。所以，每相桥臂中点电压呈三种电平状态。相较于传统两电平逆变器，该三电平逆变器具有以下优势：①没有两个串联器件的瞬时同时导通和关断，且降低了器件的电压应力，可适应更高的耐压；②产生的电压变化率更低，能有效降低开关频率附近的谐波幅值，对外围电路干扰小；③输出电压形状更加接近正弦，在高压大容量应用时，可实现更高的转换效率且对开关器件的性能有较高的容忍度。因此，该三电平拓扑已经应用到工业生产中。

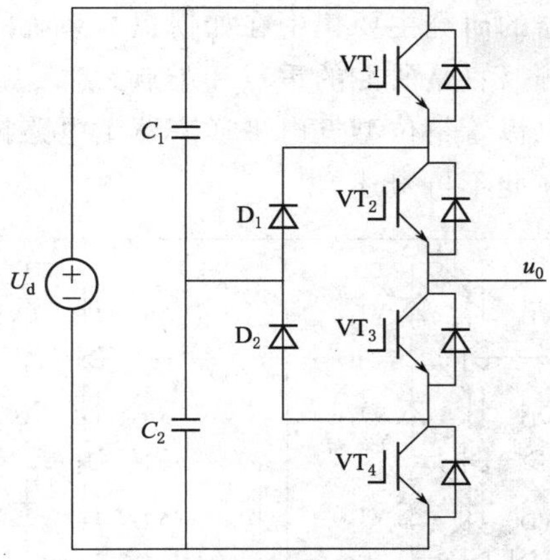

（a）二极管箝位型

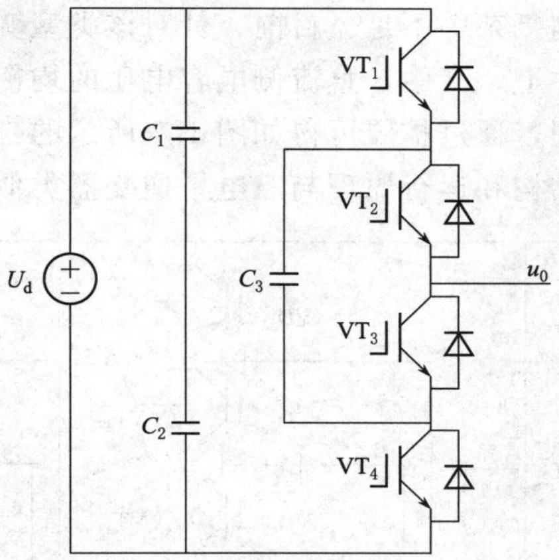

（b）电容箝位型

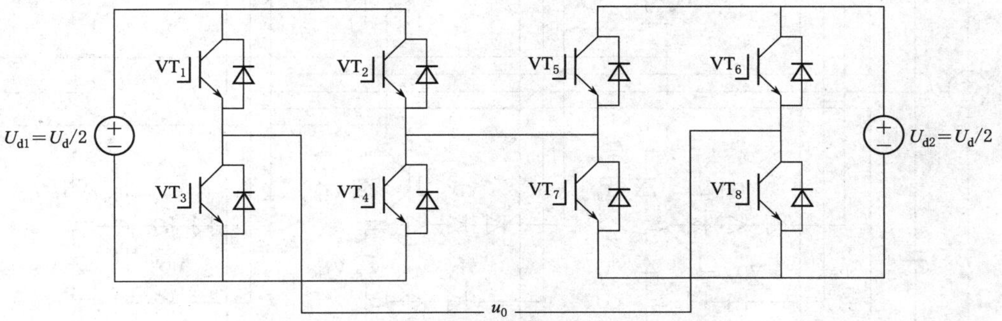

（c）级联型

图 1.5　典型的多电平逆变器结构

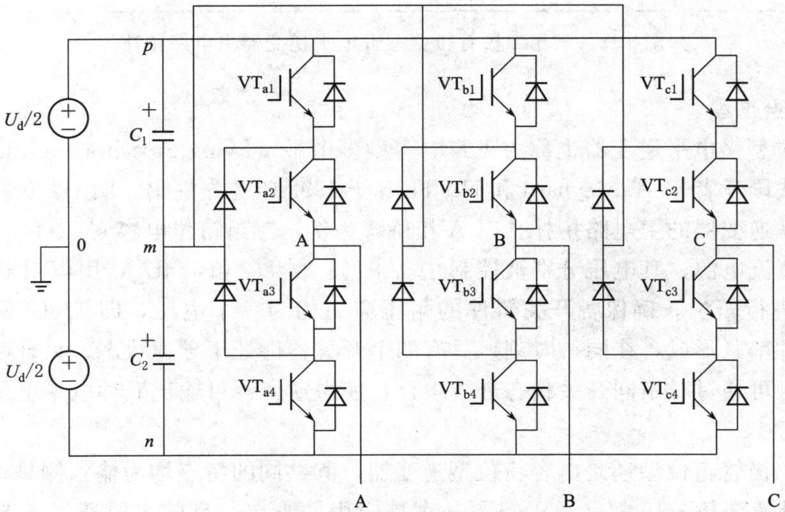

图 1.6　三相二极管箝位型三电平逆变器主电路拓扑

但是，该变换器存在开关器件额定电流不一致、箝位二极管额定耐压不同及输入电容均压控制复杂等不足。目前，针对该类型变换器的研究主要集中在如何提高系统的稳定性与鲁棒性上；其中，直流侧电容电压的均衡问题一直是研究的重点和难点。

同理，通过扩展可得如图 1.7 所示的三相二极管箝位型五电平逆变器主电路拓扑。由于拓扑结构和运行原理与三电平逆变器类似，在此不再赘述。

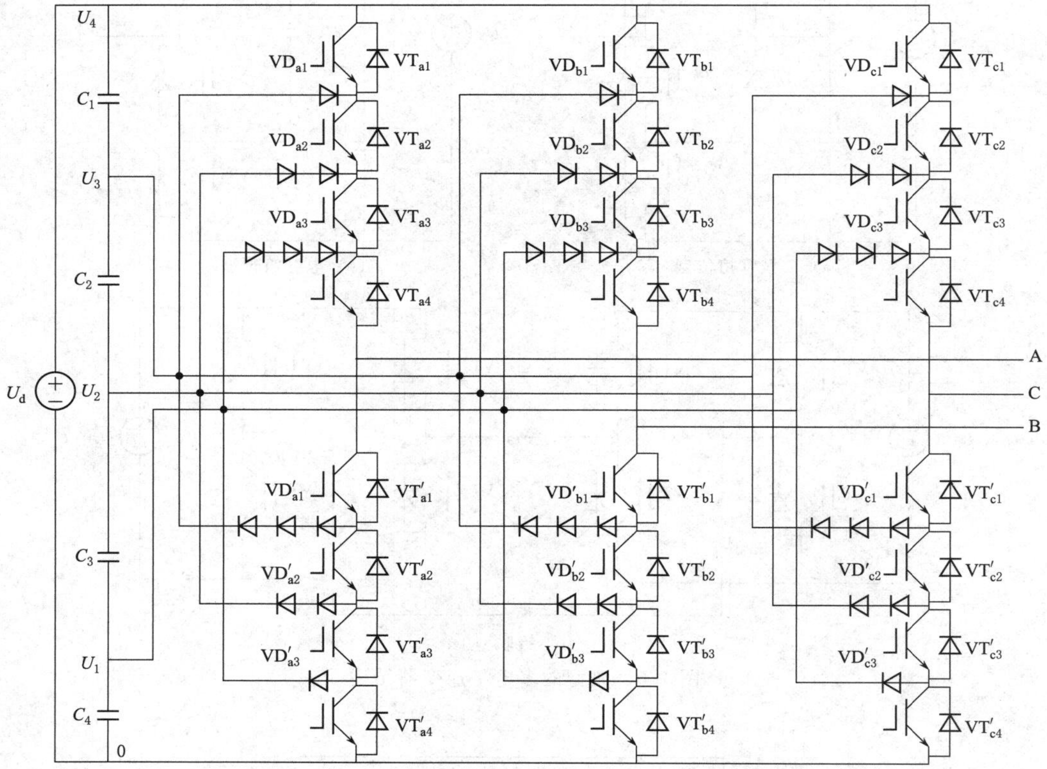

图 1.7 三相二极管箝位型五电平逆变器主电路拓扑

2. 电容箝位型

电容箝位型多电平逆变器也称为飞跨电容型多电平（flying capacitor multilevel，FCML）逆变器，由法国学者 T. A. Meynard 和 H. Foch 于 1992 年首先提出。图 1.8 为一种三相电容箝位型五电平逆变器的主电路拓扑。以 A 相桥臂为例，三组箝位电容 C_{a1}、C_{a2}、C_{a3} 可分别看作稳定的直流电源，其电压分别被控制在 $3/4U_d$、$2/4U_d$ 和 $1/4U_d$，用以对开关器件承受的电压应力进行箝位，确保各开关器件的耐压应力均为一个电压，即 $1/4U_d$。每组桥臂由八个开关器件串联形成，在同一时刻，只有四个开关器件处于导通状态，另外四个处于关断状态。因此，可通过对不同开关状态进行组合，使得逆变器可输出五种电平电压。

3. 级联型

无论是二极管箝位型还是电容箝位型逆变器，其共同的特点均为输入侧是单一的高压直流电源，因此直流侧分压电容均压问题一直是应用的难点。目前主要通过控制手段进行优化。而级联型多电平逆变器可以很好地解决这一困扰，原因在于其采用了多个电气隔离的直流电源，通过桥式逆变电路串联后输出多个台阶的电平。相较于器件串联的形式，由于级联型逆变器各单元的直流侧电容电压相互独立，不存在均压问题，因此在控制上也更加简便。

图 1.9 是一种三相级联型五电平逆变器主电路拓扑。从图中可以看出，逆变器是由六个单相 H 桥串联形成，每个 H 桥由两个半桥构成。六个独立电源分别为对应的 H 桥逆变

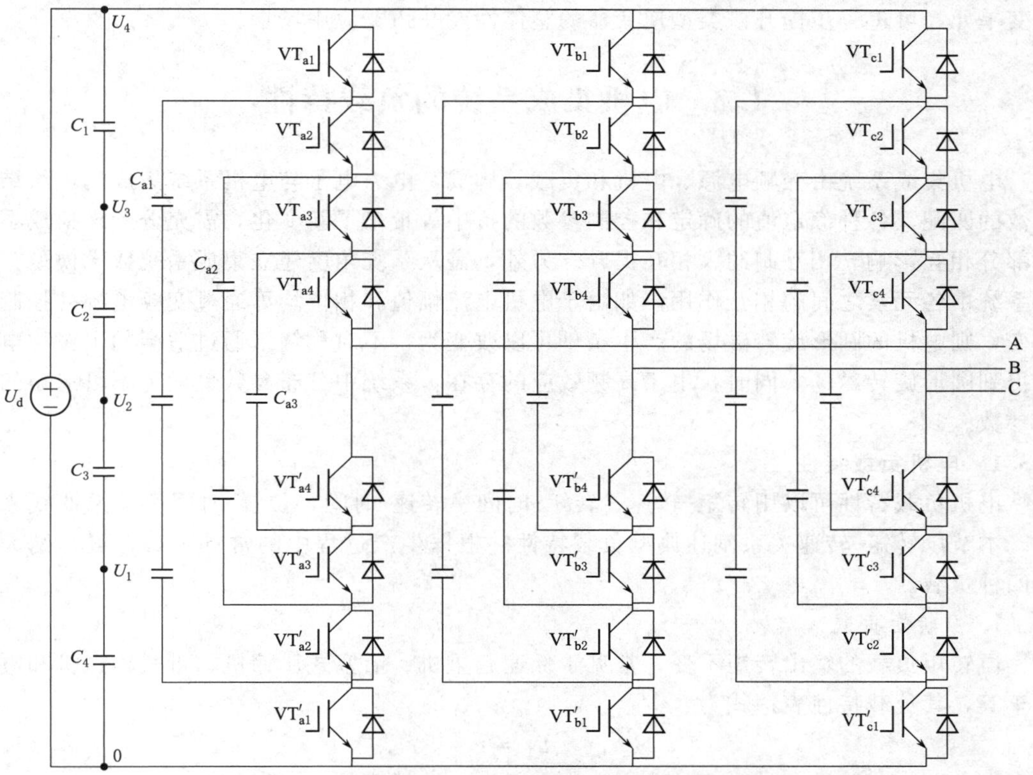

图 1.8 三相电容箝位型五电平逆变器的主电路拓扑

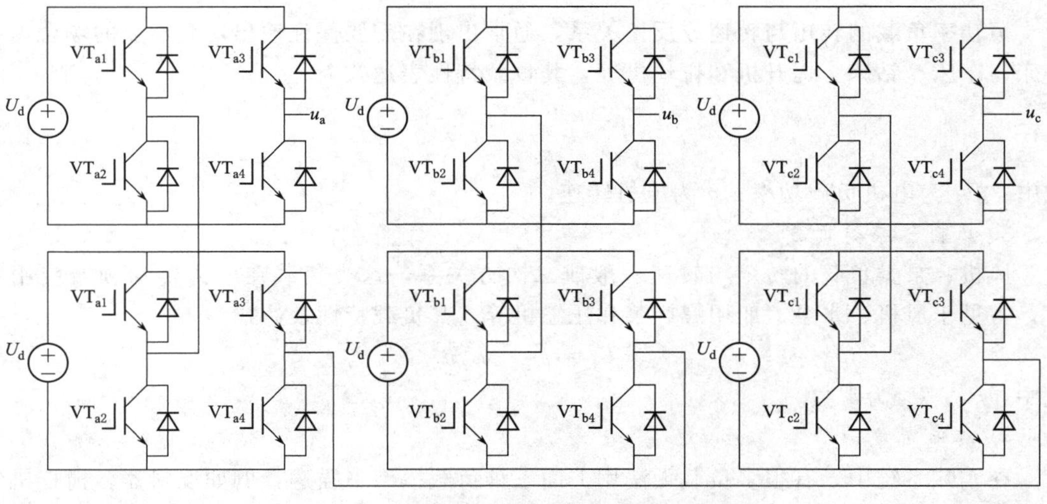

图 1.9 三相级联型五电平逆变器主电路拓扑

器供电，将多个不同的H桥交流输出电压串联后，形成多电平输出的三相电压 u_a、u_b、u_c。不难知道，该变换器省去了大量的箝位二极管及均压电容，但需要多个独立的电源，因此会增加变压器及整流环节的个数。在基本电路的基础上，级联型多电平电路还可进行多种形式的扩展，如增加级联个数、将两电平H桥逆变单元改进为二极管箝位型三电平逆变单元，可进一步提升该类型逆变器的整体性能并拓宽应用场景。

1.3 电机集成系统的负载特性

电机集成系统由变频电源、电机和负载等构成，电力电子与电机系统集成后，给结构参数的匹配、各种额定值的确定和控制参数的折中等带来了新变化，需充分考虑集成系统各部分相互影响、相互制约、相互提升。另外，需从系统角度建立集成系统数学模型，包括系统中各元素之间的相互作用，如由于电机电流幅值和相位均可通过变频电源的控制而改变，则电机的圆形旋转磁场的产生条件可以改变为：不对称绕组通过适当的不对称电流以得到圆形旋转磁场。同时，由于高频效应的存在，系统中分布参数也成为不可忽略的重要参数。

1.3.1 电机负载特性

电机负载特性可以用转矩-转速、转矩-时间、转速-时间、位置-时间等关系曲线来描述。本节以转矩-转速关系阐述典型负载特性。根据生产过程中的常见负载，可归纳为以下四种负载。

1. 恒转矩负载

恒转矩负载的输出转矩不变，常见于低速起重机、活塞式压缩机、带式输送机和电动汽车等，其负载特性表达式为

$$T_L = c \tag{1.1}$$

式中：T_L 为负载转矩；c 为常数。

2. 恒功率负载

恒功率负载的转矩与转速成反比关系，通常出现在需要保证输出功率不变的场合，如磨床、车床、钻床、提升机和拉丝机等，其负载特性表达式为

$$T_L = \frac{P_e}{n}, \quad n \neq 0 \tag{1.2}$$

式中：P_e 为电机负载功率；n 为电机转速。

3. 风机、泵类负载

风机、泵类负载的转矩与转速一般成二次方关系，这类负载在电力传动领域应用很广，常见于风机、水泵、船用螺旋桨和压缩机等，其负载特性表达式为

$$T_L = k_1 + k_2 n^2 \tag{1.3}$$

式中：k_1、k_2 为常数。

4. 其他负载

在实际系统中，有很多负载无法用上面三种负载模型来描述，例如混料器、搅拌机和压缩机等的负载特性表现为与转速成线性比例关系。这些负载可用复杂方式来表述，如下

面的通用负载特性表达式为

$$T_L = k_1 + k_2 n + k_3 n^2 + k_4 n^3 \tag{1.4}$$

式中：k_1、k_2、k_3、k_4 为常数。

可以根据实际负载特性，采用最小二乘法得到较理想的负载特性常数。图 1.10 是四种典型负载特性的转矩-转速曲线。

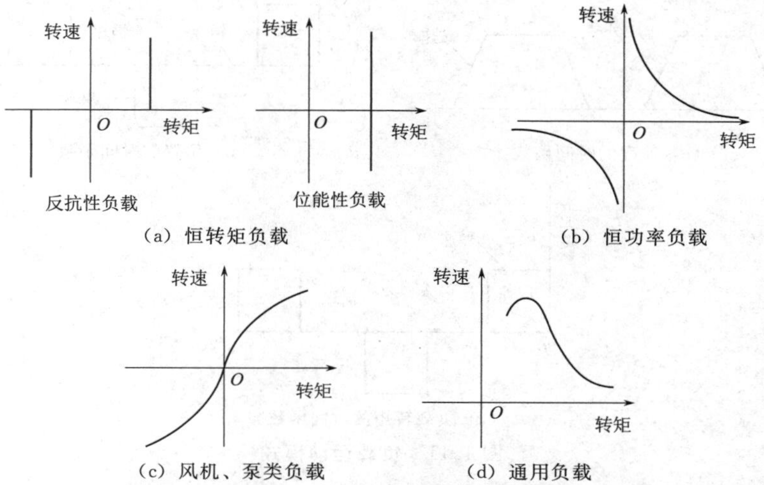

图 1.10 四种典型负载特性的转矩-转速曲线

1.3.2 电机运行特性

一般负载在起动时需要电机额外出力去克服静态摩擦阻力（或称黏滞阻力），此时电机出力称起动转矩。电气传动系统需要将电机特性与负载特性很好匹配才能正常运行。在设计或选用变流器及电机时需要遵循电机特性与负载特性相互匹配的原则；同时，电机对机械负载的匹配，既要考虑稳态运行特性，也要考虑动态运行特性。

1. 运动方程式匹配

当电机与负载刚性连接时，调节其转速的运动方程式为

$$T_e - T_L - T_f = \frac{J}{p_n}\frac{d\omega_r}{dt} \tag{1.5}$$

式中：T_L 为电磁转矩，N·m；T_f 为摩擦转矩，N·m，包括静态摩擦转矩、库仑摩擦转矩、黏滞摩擦转矩以及机械摩擦转矩等；J 为机电系统转动惯量，kg·m^2；p_n 为电机极对数；ω_r 为电机转子角转速，rad/min；t 为时间，min。

如忽略摩擦转矩 T_f，则运动方程式可简化为

$$T_e - T_L = \frac{J}{p_n}\frac{d\omega_r}{dt} \tag{1.6}$$

电机调速的目标是根据生产过程中负载变化的需求实时调节其转速，而转速的改变则是通过转矩的改变来实现的，它将按照运动方程式来进行工作。在电机工作中必须保证系统稳态的稳定性，可以根据电机和负载的转速-转矩曲线来判断电机负载系统的稳定性。

一般情况下，对负载的机械运动参数要求包括负载惯量、最大速度、速度范围和运动方向等，负载运动模式（包括速度和位置）可以作为时间的函数，如图 1.11 所示，包括加速、恒速、减速和停止等过程。根据不同速度，转子位置也随时间变化而变化。

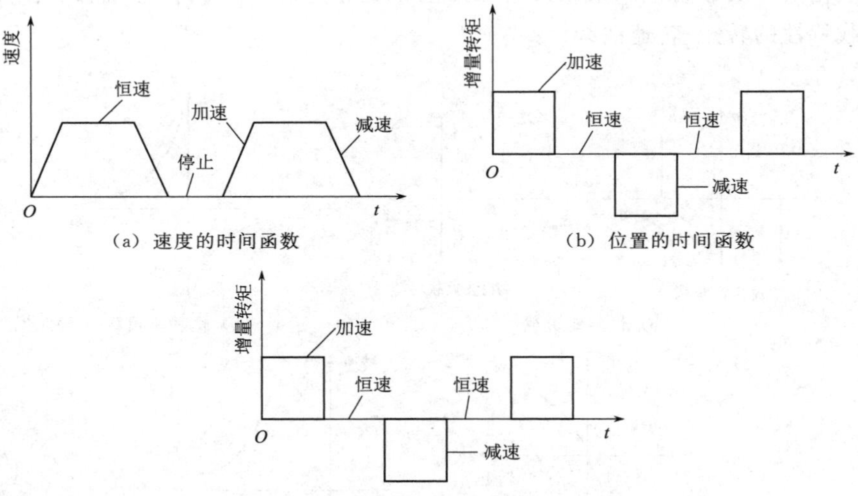

(a) 速度的时间函数　(b) 位置的时间函数

(c) 负载转矩的时间函数

图 1.11　负载运动模式

2. 等效电路方程参数匹配

电机参数除了满足负载的机械运动要求外，还必须使电机本身运行在高效、高功率因数和高可靠性状态下。另外，电机本身损耗和效率是电机与负载匹配中的重要参数。电机损耗包括可变损耗（定转子铜耗）和不变损耗（电机铁耗）。图 1.12 为异步电机的简化等效电路，图中 U_s 为电机电源电压，I_s、I_r 和 I_m 分别为定子、转子和励磁绕组的电流，R_s、R_r 分别为定子和转子绕组的电阻，X 为定转子漏抗之和，R_m、X_m 分别为等效铁耗电阻和励磁绕组漏抗。其中电机铁耗 P_{Fe}、定转子铜耗 P_{Cu} 分别表示为

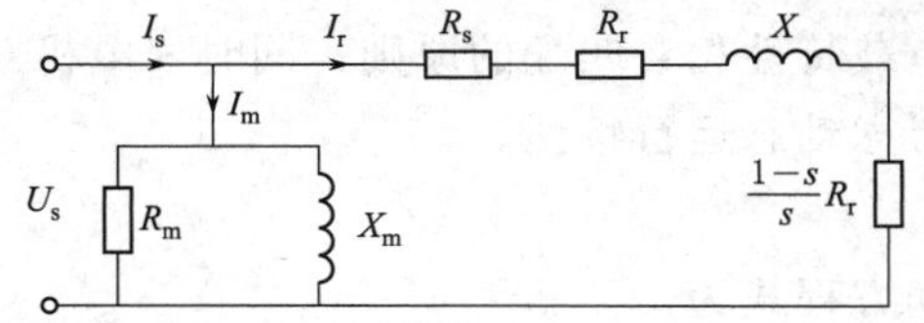

图 1.12　异步电机的简化等效电路

$$P_{Fe}=\frac{U_s^2}{R_m},\quad P_{Cu}=I_r^2(R_s+R_r) \tag{1.7}$$

电机效率 η 为

$$\eta=\frac{P_2}{P_1}=1-\frac{\sum P}{P_2+\sum P} \tag{1.8}$$

其中
$$\sum P=P_{Cu}+P_{Fe}+P_m+P_\Delta$$

式中：P_1、P_2 分别为电机输入和输出功率；P_m、P_Δ 分别为机械损耗和附加损耗。

忽略机械损耗 P_m 和附加损耗 P_Δ，令 $\frac{d\eta}{dI_r}=0$，可以得到对于确定的频率和电压，当铜耗 P_{Cu} 等于铁耗 P_{Fe} 时，电机效率最大。从图 1.13 可以看出：当电机负载低于 50%

时，效率急剧下降。在考虑电机和负载功率匹配时，一般应注意以下两点：①电机轻载时，适当减小气隙磁场，使得铜耗与铁耗基本相等，保证电机在较高效率和功率因数下运行；②电机不能长时间过载运行，否则导致效率降低，使得电机过热，甚至电机损坏。

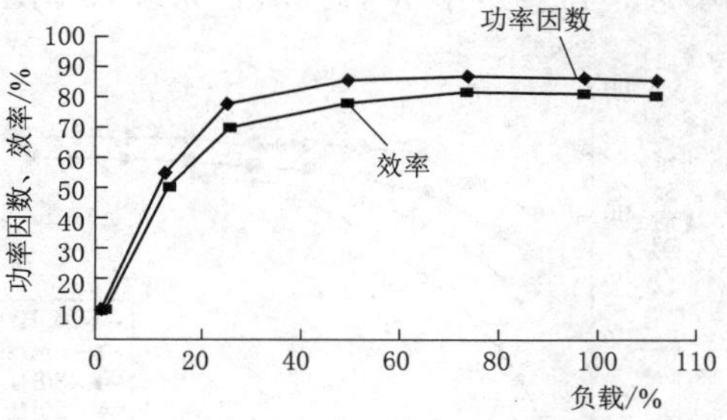

图 1.13　效率和功率因数随负载的变化关系

电机与负载匹配合理，可提高系统效率，降低系统损耗，提高系统可靠性。在负载确定情况下，一般电机选择应遵守以下原则：①以负载参数和特性为基础，选择与负载功率匹配的电机功率、负载特性、转矩特性、温升及限值、起动电流、振动频率；②根据负载运行特性，确定电机变速范围。电机同步转速范围尽可能覆盖整个调速范围。电机允许最高转速受限于以下因素：①轴承的极限转速；②风扇的强度；③转子允许最高转速；④其他结构件的强度。

1.4　电机与变频电源的集成

本书介绍的现代电机控制技术都是通过变频电源实现的，电机与变频电源集成构成了电机控制系统，实现后面章节介绍的电机矢量控制或直接转矩控制。

1.4.1　变频调速下的电机效率

电机的效率在变频调速系统下，一般可分为电机效率 η、系统效率 η_{sys} 和驱动效率 η_{drive}。忽略机械损耗 P_m 和附加损耗 P_Δ，其关系式为

$$\eta_{sys}=\eta\,\eta_{drive}=\frac{P_2}{P_2+P_{Cu}+P_{Fe}}\eta_{drive} \tag{1.9}$$

驱动效率为

$$\eta_{drive}=\frac{P_{drive-output}}{P_{drive-input}}\times 100\% \tag{1.10}$$

式中：$P_{drive-input}$ 和 $P_{drive-output}$ 分别为驱动输入功率和输出功率。

在变频调速下，电机的可变损耗和不变损耗都会发生变化。例如，在变频条件下，电机的铁耗等效电阻不再是恒定不变的，而是随着端电压幅值的大小和频率的大小而变化，因此铁耗随着频率变成了可变损耗，最大效率运行的条件也不一定是不变损耗等于可变损耗。为此，在变频调速下研究效率优化问题不能忽略铁耗等效电阻的变化。电机效率与频率是复杂的非线性关系，本节不详细讨论，只给出变频调速实际应用中电机效率、驱动效率和系统效率随转矩和电源频率变化的关系。

图 1.14（a）表示，电机额定转矩时驱动效率最大，驱动效率随电机转矩的减小而减小，转矩越小驱动效率下降越快；同样输出转矩下，电机频率越高，驱动效率越高。图 1.14（b）表示，电机效率与电源频率呈现较复杂的非线性关系，超过 50%转矩时，电机效率变化不大。图 1.14（c）表示，系统效率与转速有关，且在 50%转矩时，系统效率变

化不大；在转矩小于 40%时，系统效率随转矩减小而下降很快。

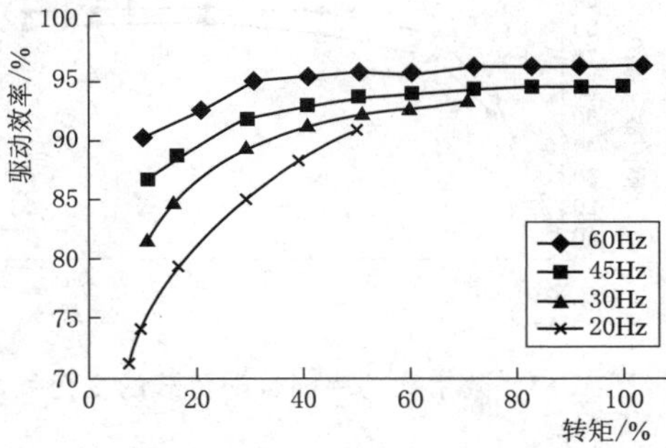

(a) 驱动效率

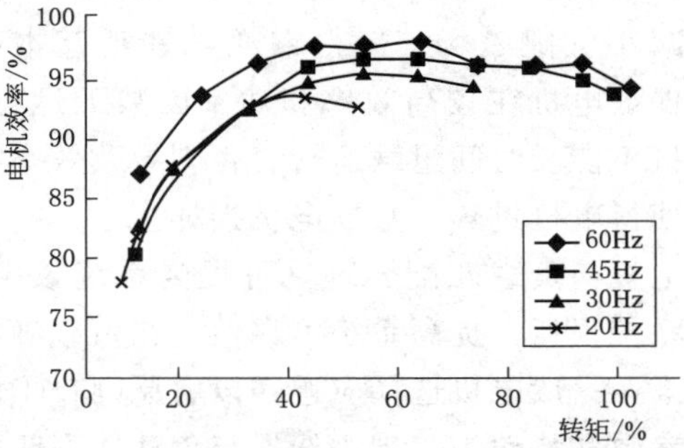

(b) 电机效率

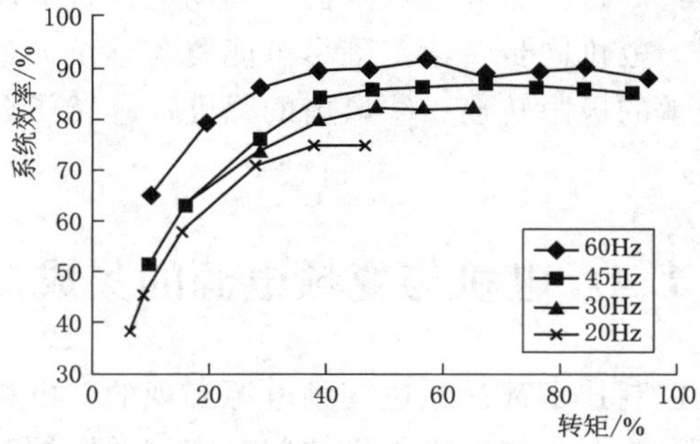

(c) 系统效率

图 1.14　同一固定开关频率下各效率随转矩和电源频率变化的关系

图 1.15 为电机额定转速时，各效率随负载和开关频率变化的关系。图 1.15（a）表明驱动效率随负载降低而减小，随开关频率增加下降很快，满载时驱动效率达到最大。图 1.15（b）和图 1.15（c）表明，负载越高，开关频率对电机效率和系统效率的影响不是很大；但转矩较低时，电机效率和系统效率随开关频率增加而减小。

电机效率和驱动效率与电机转速有关，转速越低，二者效率越低。为此，电源频率、开关频率和电机转速等对电机效率、驱动效率和系统效率的影响是复杂的，应用时需要综合分析考虑。

1.4.2　变频电源参数及其开关损耗

在变频调速系统中，选择合适的变频电源额定电流和额定电压，对系统运行的经济性、稳定性和可靠性起重要作用。

1. 变频电源电流电压额定值

变频电源中的功率半导体器件的额定电流是由电机所需要的最大尖峰电流和均方根值所决定的。因为功率半导体的热时间常数比电机的热时间常数要小得多，瞬间电流即可发热致使半导体器件烧毁。同时，变频电源的电流额定值被变频电源中的功率半导体器件的最大节温所限定。

变频电源的电压额定值取决于电机的最大速度、恒定的气隙磁链以及连线上的杂散电感（包括电机漏感）。

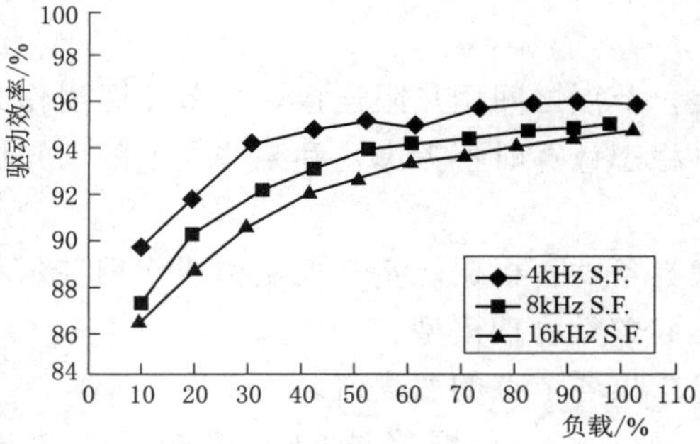

(a) 驱动效率

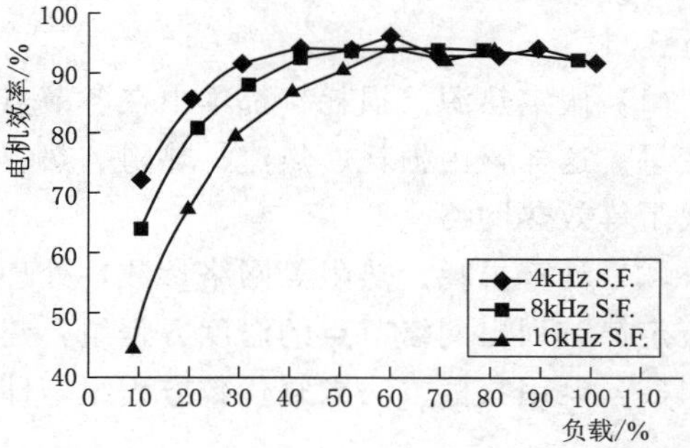

(b) 电机效率

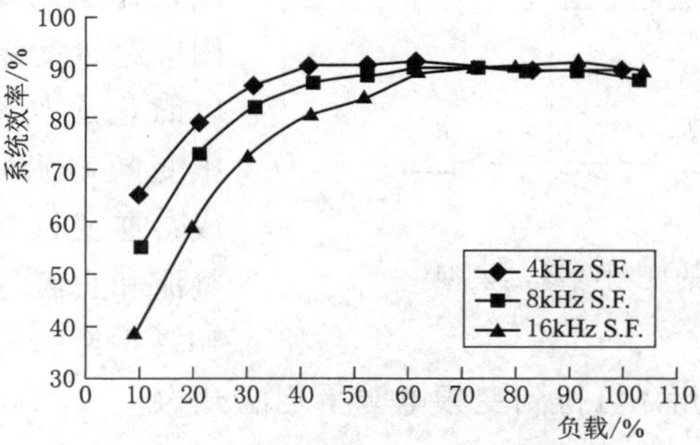

(c) 系统效率

图 1.15 电机额定转速时各效率随负载和开关频率变化的关系

电机的速度和气隙磁链决定了电机的内电势 e，而线路的杂散电感 L 则决定了电机端部的冲击电压 $L\mathrm{d}u/\mathrm{d}t$，则变频电源输出端部的电压 u 可由 $\mathrm{d}i/\mathrm{d}t=(u-e)/L$ 决定。

2. 电机电感和变频电源开关频率

变频集成系统需要大电感来减小电流波动，也需要小电感来加快系统动态响应和减小损耗。为此，选择电感和电源开关频率需进行折中处理；需要选择高的开关频率来减小输出谐波，也需要小开关频率来减小损耗。

3. 变频电源开关损耗

开关损耗包括开通损耗和关断损耗两部分，变频电源开关损耗与器件特性、电路拓扑、PWM 方式、吸收电路和电路杂散电感等有关。估计开关损耗很重要，开关频率受开关损耗限制；随着开关频率的提高，开关损耗在整个器件损耗中的比例也变得比较大。

4. 开关器件的功率损耗模型

可控双稳态开关器件一般具有四种不同的开关状态，分别是通态、阻态、开通和关断。在四种开关器件工作状态下，其功率损耗模型完全不同，可建立相关能量模型来估计能量损耗。

1.4.3 集成系统的热分析

发热和冷却是集成系统设计中考虑的关键问题之一。在电机集成系统运行中的各种损耗都会转化为热量，直接影响电机效率和性能。因此，需计算和分析系统内部的温度分布。

计算温度的方法很多，目前最普遍而有效的方法是等效热网络法。该方法基本步骤如下：

（1）假定热源（损耗）都集中在各节点上，节点之间用热阻连接，将节点温度作为求解变量。这样，由损耗、热流、热阻、热容（稳态计算时不考虑）和某些点上的已知温升构成了等效热网络。

（2）计算损耗、热阻等网络参数，处理边界条件。根据能量守恒定律或应用基尔霍夫热流定律，列出网络节点的温度方程组，建立起数学物理模型。

（3）运用数值方法求解代数方程组，即可求出各节点的温度值。

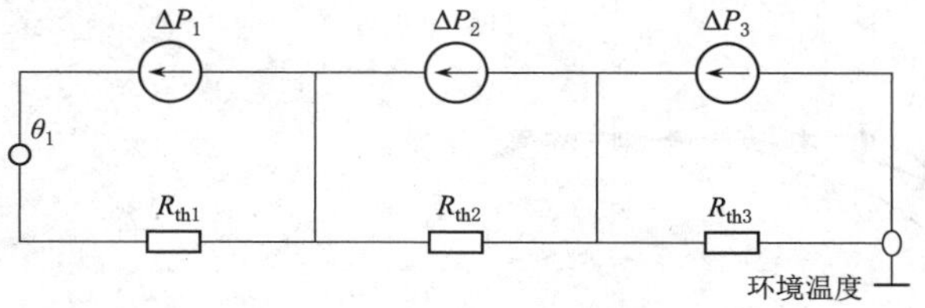

图 1.16　简化的变频电源热模型

热网络法的关键是绘制热网络图，在保证计算精度的前提下，网络图应尽量简单。集成系统的热模型可以简化成如图 1.16 所示的模型。图中变频电源的损耗一般由三部分组成：逆变回路损耗 ΔP_1，约占 50%；整流和直流母排部分损耗 ΔP_2，约占 40%；控制、保护部分和其他部分损耗 ΔP_3，约占 10%。为此，可得到变频电源平均温升为

$$\theta_{avr}=R_{th1}\Delta P_1+R_{th2}\Delta P_2+R_{th3}\Delta P_3 \tag{1.11}$$

式中：R_{th1}、R_{th2} 和 R_{th3} 分别为模型的广义热阻。

当变频电源各部分材料的热特性和冷却条件已知时，热阻便可以计算出来。

变频回路的损耗转化为热，采用散热器将该部分热散出去。通常，越接近散热器的地方温度越高，然后呈指数往下降，图 1.17 是散热器外温度分布曲线。若采用散热器表面强迫通风，其沿散热器外表面风速如图 1.18 所示。由于散热面的阻力，越接近散热器表面的地方，风速越低。为了使温度最高的地方风速最大，一般采用紊流通风方式，使风流不要与散热片平行。

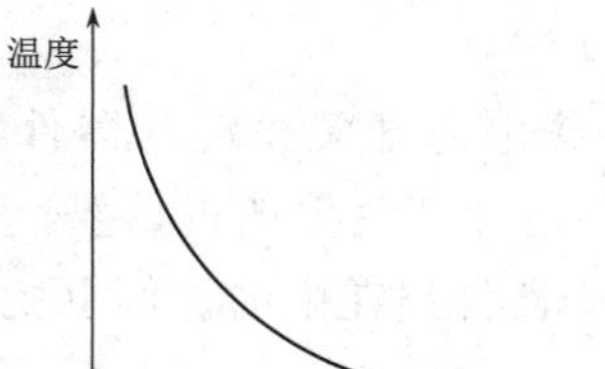

图 1.17　散热器外温度分布曲线

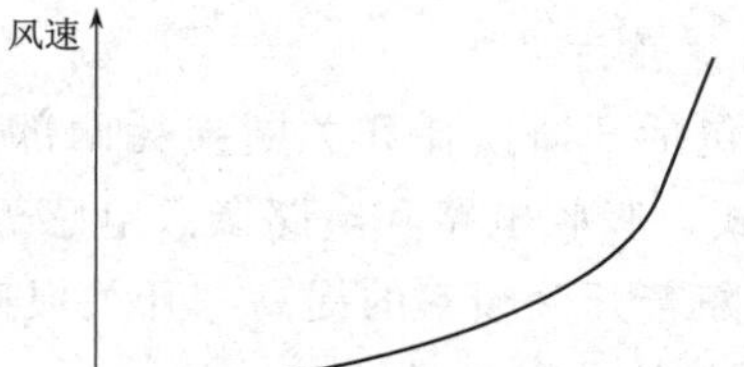

图 1.18　散热器外表面风速曲线

1.4.4　集成电路的过载保护

在集成电路中电机与变频器需要匹配，针对不同的转速，重新设定不同的过载保护值，如图 1.19 所示。通过设置“额定转速过载保护值”“70%额定转速过载保护值”和“零速过载保护值”，可以对低速时散热能力的不足进行补偿。

电机与变频电源的过载保护按 I^2t 曲线实施，如图 1.20 所示。当变频电源驱动容量等级与被驱动电机容量匹配时，电机的过载能力大于变频电源的过载能力，此时变频电源的过载保护会优先动作。当电机的额定电流值与变频电源的额定电流值不匹配时，则要根据具体情况设置电机和变频电源的过载数值。

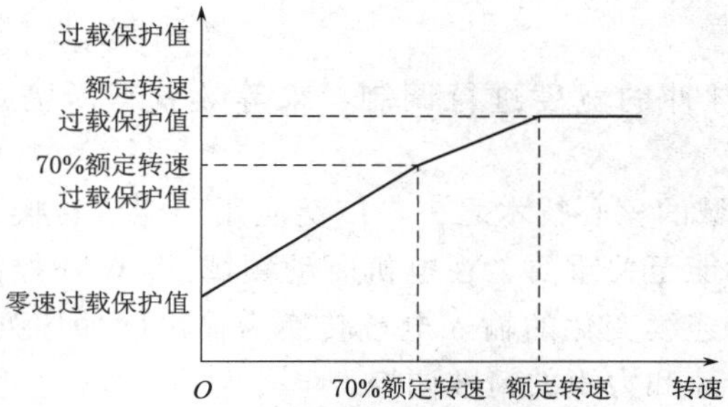

图 1.19　集成系统过载保护值的设定

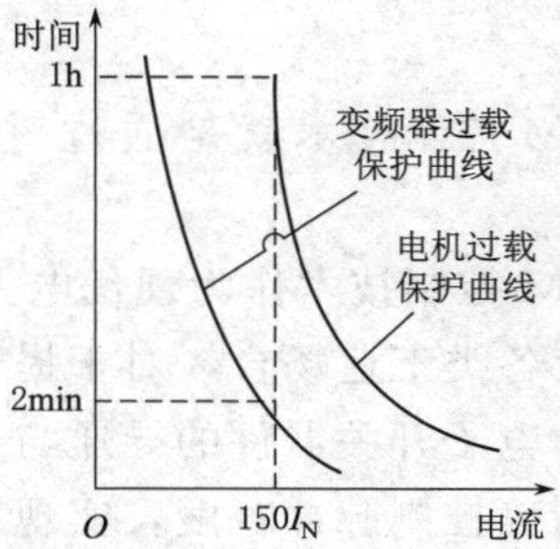

图 1.20　变频电源与电机的过载保护曲线

第 2 章　PWM 控制技术

PWM 控制技术就是通过对一系列脉冲的宽度进行调制，来等效获得所需波形的技术。

PWM 控制技术作为现代电力电子领域的核心技术之一，广泛应用于能源转换、电机驱动以及各类工业场合，对于提升系统性能至关重要。在电机驱动领域，PWM 控制技术通过电力电子开关器件的导通与关断，将连续变化的输入电量转换为输出脉冲序列电量，并通过精确控制脉冲宽度，实现对电机转速和力矩的精准调控。

相较于传统电机控制技术，PWM 控制技术具备显著优势。首先，它能够大幅提升电机的运行效率，减少能源消耗，实现成本的有效节约。其次，PWM 控制技术通过平滑调速，降低机械冲击与磨损，从而显著延长电机的使用寿命，减少维修与更换的频率。另外，PWM 控制技术还具备卓越的动态响应能力，可以快速适应负载变化，能够进一步保障电机的稳定运行。

2.1　直流电机控制中的 PWM 技术

2.1.1　PWM 调速的原理

图 2.1 是一个使用降压斩波电路实现直流 PWM 控制技术的例子。在这个电路中，功率开关 VT 在控制电压 u_{GE} 作用下，以固定的周期 T 重复地接通和断开。在开关 VT 开通时间 t_{on} 内，供电电源 E 通过开关管 VT 施加到直流电机两端，电机在电源作用下旋转，同时电动机电枢电感储存能量；当开关 VT 断开时，在关断时间 t_{off} 内电源停止向电机提供能量，但此时电枢电感所储存的能量将通过续流二极管 VD 使电机电枢电流继续维持，电枢电流仍然产生电磁转矩使得电机继续旋转。开关 VT 重复动作时，在电机电枢两端就形成了一系列的电压脉冲波形，如图 2.2 所示。

直流电机的转速与电机上得到的平均电压 U_0 成正比，而平均电压 U_0 由导通时间与脉冲周期之比及电源电压所决定，即

$$U_0=\frac{t_{on}}{t_{on}+t_{off}}E=\frac{t_{on}}{T}E=\alpha E \tag{2.1}$$

其中

$$\alpha=\frac{t_{on}}{T} \tag{2.2}$$

式中：α 为占空比，定义为开关管导通时间 t_{on} 与开关周期 T 之比。

也就是说，在 PWM 信号的作用下，加于电枢绕组两端的平均电压随 PWM 占空比 α 成比例变化。调节占空比 α 就可以得到变化的电机机械特性，从而实现直流电机的调压调速。虽然在 PWM 信号的作用下，电枢电流在每个 PWM 周期内会出现脉动。电流脉动会

引起电磁转矩的脉动，进而影响转速波动，但由于电机的机械惯性较大，这时转速的波动可以忽略。

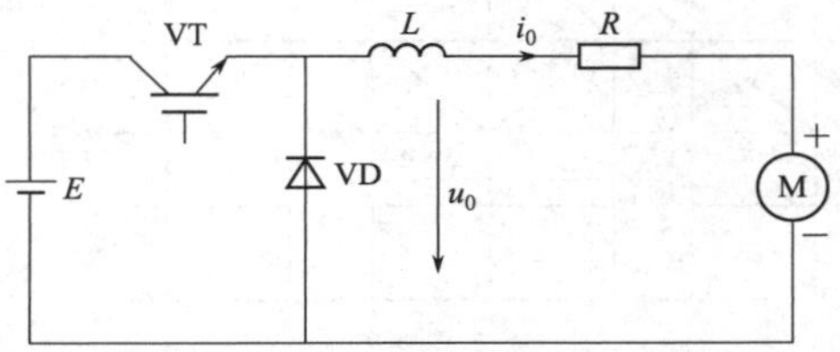

图 2.1 直流 PWM 调速电路

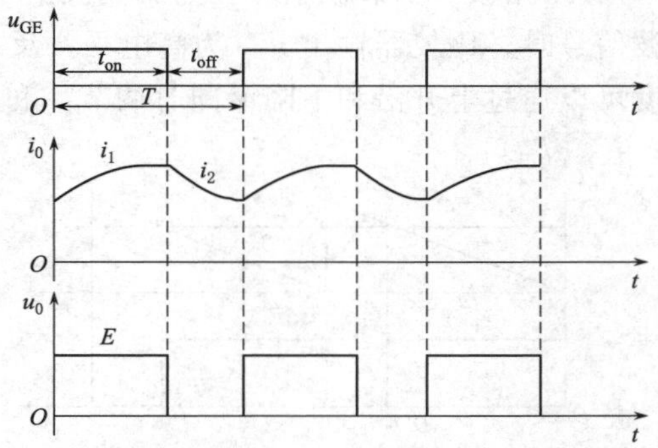

图 2.2 开关管控制电压及电机电流和电压波形

在实际的直流 PWM 控制中，由式（2.2）可知，调节占空比有两种方式：一种是固定开关周期（也就是固定开关频率），通过调整一个开关周期内开关管的导通时间（脉冲宽度）来调节占空比，即 PWM 技术；另一种是固定开关管导通时间或关断时间，通过改变开关周期（也就是开关频率）来调节占空比，即脉冲频率调制（pulse frequency modulation，PFM），简称脉频调制。相比较而言，PWM 相对 PFM 实现电路更简单，且开关频率固定，电路中的电感、电容等可以优化设计，因此在电机调控方面应用更为广泛。

2.1.2 生成 PWM 的载波调制法

从实现方法来看，PWM 控制技术主要分为载波调制法、计算法和滞环脉宽调制法三种。载波调制法就是将控制指令信号与固定频率的三角波或锯齿波载波信号进行比较，从而产生占空比正比于控制指令电压的脉冲信号。计算法通过计算 PWM 波形内各脉冲宽度及其间隔来实现。滞环脉宽调制法，以希望输出的波形为指令信号，把实际波形作为反馈信号，通过比较两者的瞬时值来决定开关器件的通断，也就等效于对 PWM 脉冲的宽度进行调制。本节主要介绍载波调制法，计算法将在 2.2 节介绍，滞环脉宽调制法将在 3.4 节中以电流滞环跟踪控制为例进行介绍。

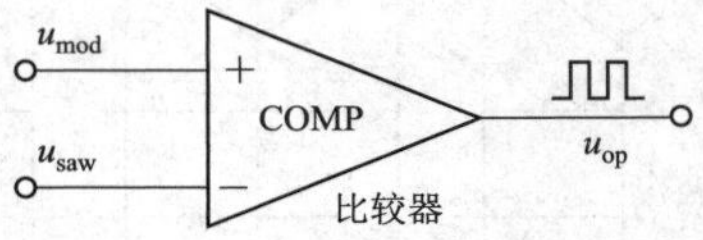

图 2.3 产生 PWM 信号的比较器电路

图 2.3 是采用载波调制法来产生 PWM 信号的比较器电路。将调制信号波和载波进行比较，通过比较器输出就可以实现 PWM 波调制。如果调制波信号 u_{mod} 使用直流信号，就产生直流 PWM 波形；如果 u_{mod} 使用正弦信号，就得出正弦 PWM 波形。

1. 单沿调制和双沿调制

根据形成直流 PWM 信号所用的载波不同，PWM 的载波调制方法可以分为单沿脉宽调制和双沿脉宽调制。

如图 2.4 所示，单沿脉宽调制法以周期为 T_s 的单边锯齿波 u_{saw} 为载波信号，与调制波信号 u_{mod} 进行比较。这种方式下，脉宽只在锯齿波的上升沿调节，故称为单沿调制。当调制波信号高于锯齿波信号时，比较器输出 u_{op} 为高电平；反之，当调制波信号 u_{mod}

低于锯齿波 u_{saw} 时，比较器输出 u_{op} 为低电平。这样就产生一系列高度为 E、宽度可变的脉冲波形，即为直流 PWM 波。而双沿脉宽调制法如图 2.5 所示，以双边锯齿波 u_{saw}（即等腰三角波）为载波信号，与调制波信号 u_{mod} 进行比较。同样，当调制波信号高于锯齿波信号时，比较器输出 u_{op} 为高电平；反之，输出低电平。可以看出，这时产生的脉冲宽度可以通过上升沿和下降沿同时调节，和单沿调制相比，调节起来更加灵活。

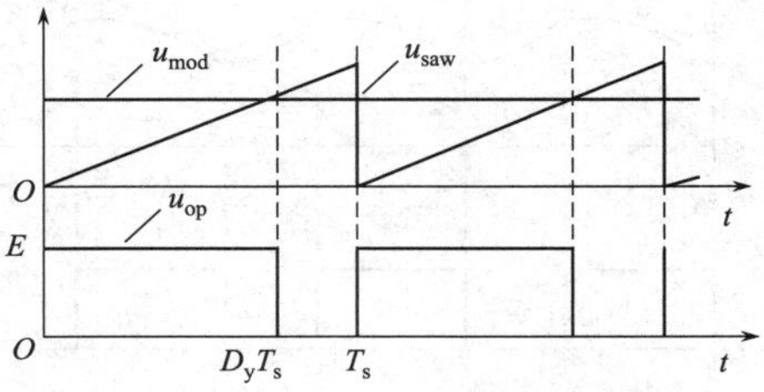

图 2.4　单沿脉宽调制波形

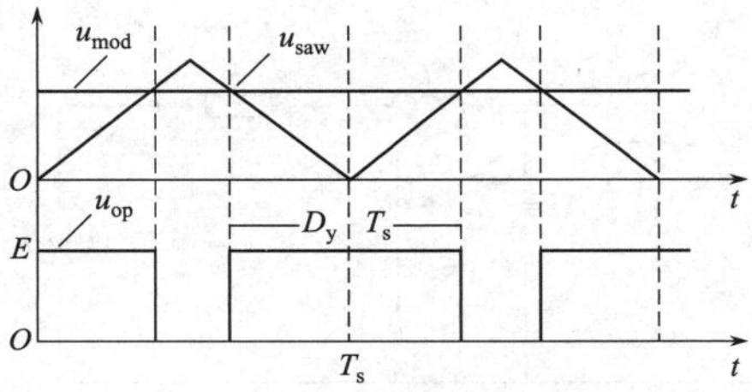

图 2.5　双沿脉宽调制波形

不管是单沿调制还是双沿调制，在载波信号固定的条件下，调制波信号电压越高，PWM 高电平时间越长；反之，调制波信号越低，PWM 高电平时间越短。因此，通过改变调制波信号电压大小即可调整输出占空比。

2. 单极性和双极性

根据输出 PWM 信号极性的不同，可以分为单极性 PWM 信号与双极性 PWM 信号两种。对应的电路则称为单极性 PWM 电路和双极性 PWM 电路。

在单极性 PWM 电路中，载波信号为单极性的锯齿波或三角波，所以输出 PWM 脉冲信号的输出电平为 0 和 E，波形如图 2.4 和图 2.5 所示。在双极性 PWM 电路中，载波信号一般为正、负两个方向变化的等腰三角形，产生的 PWM 脉冲信号的电压分别为 $\pm E$，波形如图 2.6 所示。

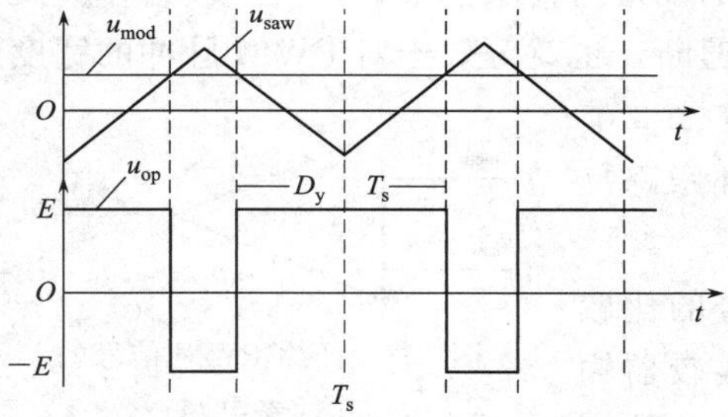

图 2.6　双极性 PWM 信号波形

将图 2.5 和图 2.6 产生的 PWM 波从占空比的角度进行比较，可看出，单极性 PWM 波形与双极性 PWM 波形的调节基准是不同的。当调制波信号 $u_{mod}=0$ 时，单极性 PWM 信号占空比 $\alpha=0$，而双极性 PWM 信号占空比 $\alpha=50\%$。仅仅通过调节占空比，双极性 PWM 模式就可以实现直流电机的双向运行。当占空比 $\alpha>50\%$ 时，电机正向运行；当占空比 $\alpha<50\%$ 时，电机反向运行；当占空比 $\alpha=50\%$ 时，电机两端的平均电压为 0，电机就处于停止状态。

2.2　SPWM 控制技术

交流电机控制中的脉宽调制技术其实就是正弦波脉宽调制（sinusoidal pulse width modulation，SPWM）控制技术。在现代交流电机控制系统中，正弦脉宽调制 PWM 技术主要用于逆变器的控制，通过逆变器实现交流电机的调速、节能和稳定运行。

SPWM控制技术与直流PWM控制技术相类似，差别在于控制信号使用的是幅值和频率均可变化的正弦信号，所以产生的一系列PWM脉冲波的宽度并不固定，而是按照正弦规律周期性地变化。按照冲量等效原理，即冲量相等而形状不同的窄脉冲加在同一惯性环节上，得到的效果基本相同，宽度按正弦规律变化的窄脉冲加在电机电枢这种惯性环节上，得到的效果和正弦电压施加的效果相同。也就是说，SPWM波形就是脉冲宽度按正弦规律变化且和正弦波等效的PWM波形。在使用中通过让PWM脉冲的占空比随着正弦波信号的变化而变化，实现对输出电压的精确控制。这种精确控制不仅有助于减少能量损失，提高系统效率，还能够有效减少谐波干扰和电磁噪声，提高系统的可靠性和稳定性。

从控制目标来看，SPWM控制技术可应用于电压、电流和磁通的控制中，形成电压SPWM、电流SPWM和磁通SPWM。本节介绍电压SPWM，磁通SPWM将在2.3节阐述，电流SPWM将在后面3.5节中说明。

2.2.1 SPWM的载波调制生成法

SPWM按照控制的逆变器的相数来分类，可分为单相SPWM和三相SPWM；按极性分类，又可以分为双极性SPWM、单极性SPWM等。本节以采用IGBT的桥式逆变器控制为例，讲述这些载波调制SPWM控制技术的方法。

1. 单相SPWM

如图2.7所示的单相桥式电路既可以采用双极性PWM控制，也可以采用单极性PWM控制。虽然主电路相同，但开关器件通断控制的规律不同。

(1) 双极性SPWM。在双极性SPWM方式下，单相逆变器中开关管的控制方式如图2.8所示。图中u_{mod}为正弦调制波，u_c为双极性三角载波。当$u_{mod}>u_c$时，比较器输出高电平，保证开关管VT_1和VT_4可以开通，而使VT_2和VT_3关断。若负载电流$i_0 \geqslant 0$，开关管VT_1和VT_4开通；若负载电流$i_0<0$，则二极管D_1和D_4开通续流。不管是开关管导通还是二极管导通，都会使输出负载电压$u_0=U_d$。同理，当$u_{mod}<u_c$时，比较器输出低电平，保证开关管VT_2和VT_3可以开通，而使VT_1和VT_4关断。若负载电流$i_0 \leqslant 0$，开关管VT_2和VT_3开通；若负载电流$i_0>0$，则二极管D_2和D_3开通，使负载电压输出$u_0=-U_d$。这样不断进行，逆变器的负载端就得到了幅值分别为U_d和$-U_d$的双极性SPWM电压脉冲波形，如图2.9所示。

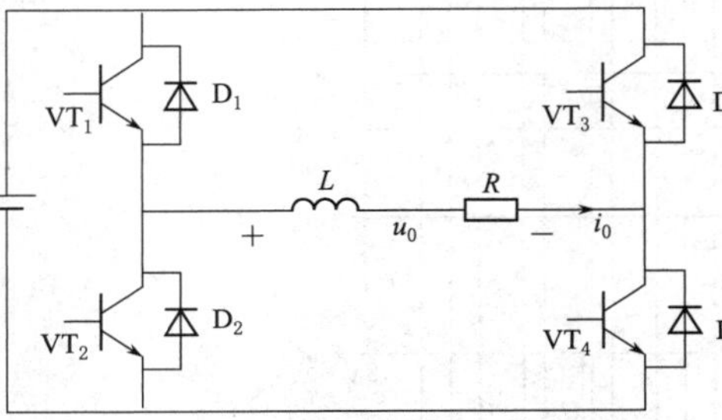

图2.7 单相桥式PWM逆变电路

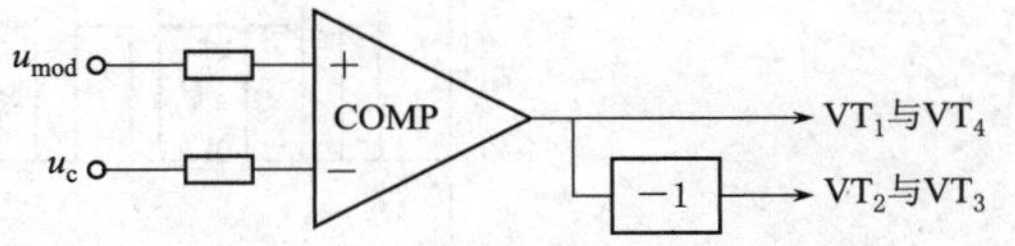

图2.8 双极性SPWM调制电路

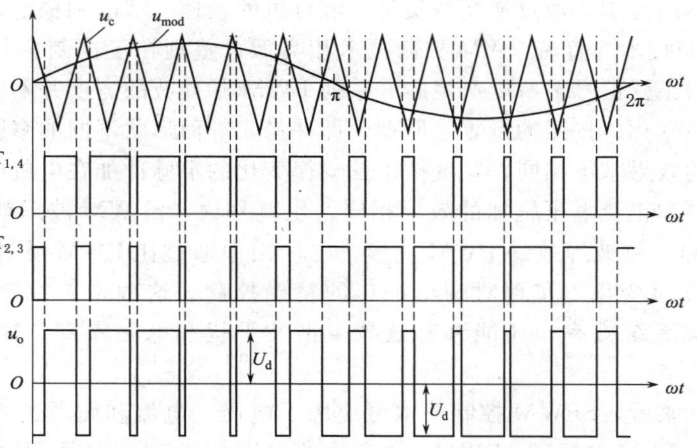

图 2.9　双极性 SPWM 调制波形

（2）单极性 SPWM。单极性 SPWM 调制的控制电路如图 2.10 所示。图中，u_{mod} 为正弦调制波，和双极性 SPWM 调制方式不同的是，u_c 为单极性三角载波，并采用了两个比较器。比较器 U_A 用于调制产生 SPWM 信号，比较器 U_B 用于控制 SPWM 波的极性。在正弦调制波 u_{mod} 的正半周，比较器 U_B 输出高电平，让 VT_4 导通，VT_3 关断；同时比较器 U_A 产生和双极性 PWM 类似的 SPWM 控制信号，控制 VT_1 和 VT_2 轮流导通，这时得到的单极性输出电压脉冲波形如图 2.11 所示。

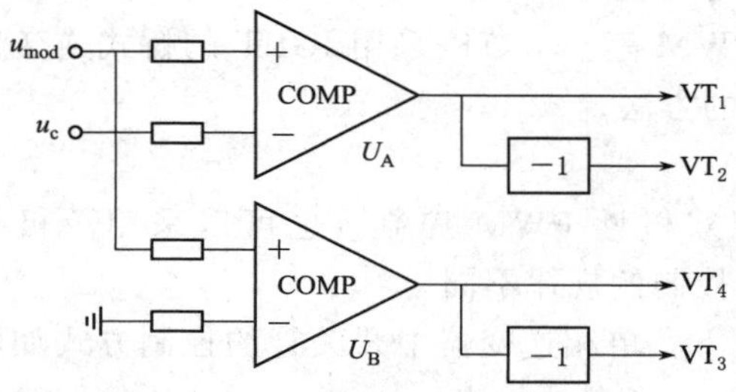

图 2.10　单极性 SPWM 调制电路

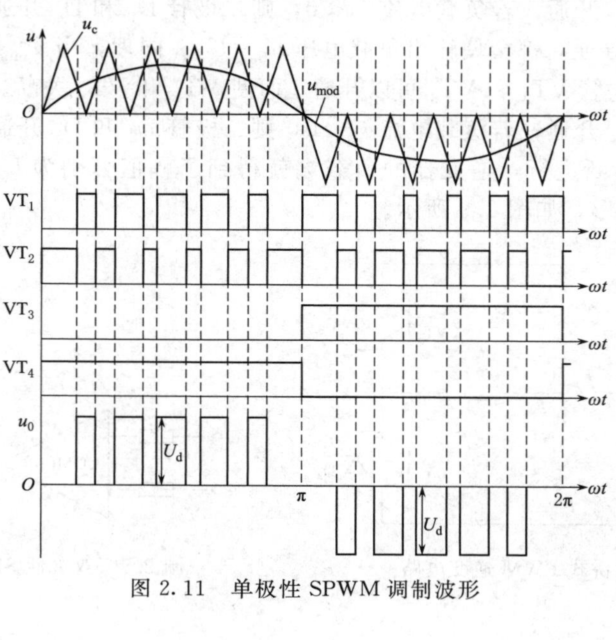

图 2.11　单极性 SPWM 调制波形

双极性 SPWM 和单极性 SPWM 两种控制方式相比，双极性 SPWM 控制方式实现起来更简单。单极性 SPWM 控制方式相对复杂，但四个开关管中，有两个开关管工作在正弦基波频率，工作频率较低，可以很大程度减小开关损耗。

2. 三相 SPWM

对于常规的电压型三相 SPWM 逆变器，如图 2.12 所示，广泛采用的是三相双极性 SPWM 调制方式。这种控制方式类似于前面的单相双极性 SPWM 调制方式。调制时，三相共用一个等腰三角载波，而各相的正弦调制波相位依次相差 120°，其控制电路如图 2.13 所示。

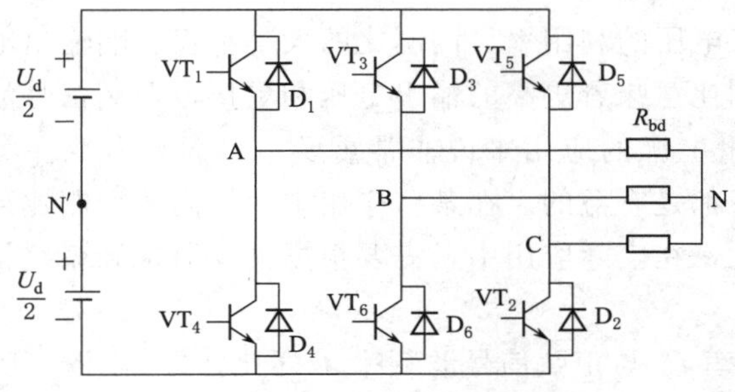

图 2.12　电压型三相 SPWM 逆变器

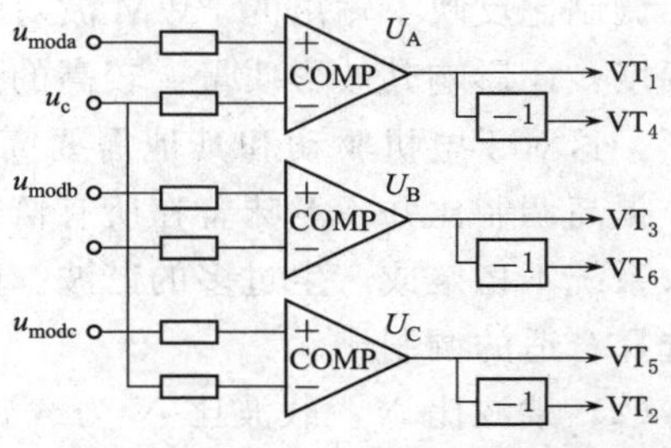

图 2.13　三相双极性 SPWM 调制电路

具体工作时，各相开关管的工作过程也与单相双极性 SPWM 调制过程相同。以 A 相为例，当 $u_{moda}>u_c$ 时，上管 VT_1 或 D_1 开通，则 A 点相对于电源中点 N′的输出电压为 $u_{AN'}=U_d/2$。当 $u_{moda}<u_c$ 时，下管 VT_4 或 D_4 开通，则 A 点相对于电源中点 N′的输出电压为 $u_{AN'}=-U_d/2$。B 相和 C 相同理，得到对电源中点的相电压波形如图 2.14 所示，只有 $\pm U_d/2$ 两种电平。各相之间的线电压可以由各相电压之差得到，如 $u_{AB}=u_{AN'}-u_{BN'}$，

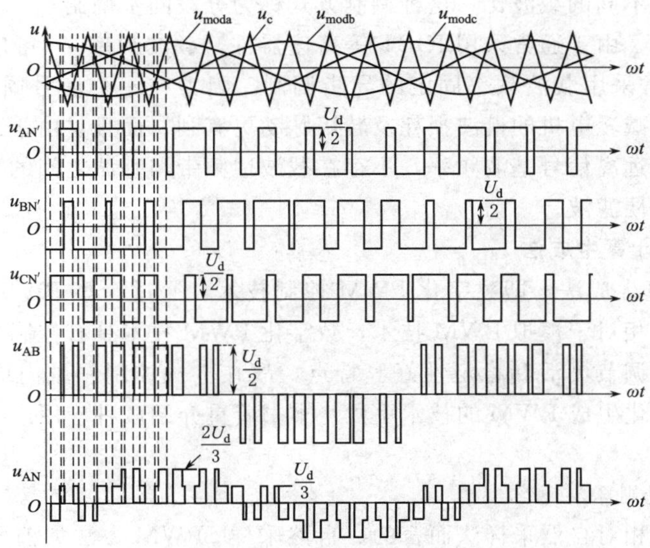

图 2.14　三相双极性 SPWM 控制输出波形

可知线电压有$\pm U_d$和0三种电平。对负载中点的相电压可以由对电源中点相电压与负载中点的差值算出，如$u_{AN}=u_{AN'}-u_{NN'}$，而负载中点电压值$u_{NN'}=(u_{AN'}+u_{BN'}+u_{CN'})/3$，从波形图可以看出负载相电压有$(\pm 2/3)U_d$、$(\pm 1/3)U_d$和0共五种电平。

3. SPWM 调制的重要参数

在 SPWM 载波调制法中，除了占空比，还有两个参数比较重要，分别是调制比和载波比。

（1）调制比m。调制比m为控制信号幅值U_{im}与载波信号最大值U_{om}之比，即

$$m=\frac{U_{im}}{U_{om}} \tag{2.3}$$

调制比反映了输出的 PWM 波对输入电压的利用率。调制比的大小不仅影响输出电压的幅度，还影响其波形质量。较高的调制比意味着更高的输出电压和更接近调制信号波的波形，这对于电机驱动和其他需要高质量电源的应用来说非常重要。然而，需要注意的是，提高调制比并不意味着在所有情况下都是有益的。在某些应用中，过高的调制比可能导致系统不稳定或产生过多的谐波。因此，在实际应用中，需要根据具体需求和系统特性来选择合适的调制比。

（2）载波比N。载波比N为载波频率f_c与正弦信号波频率f之比，即

$$N=\frac{f_c}{f} \tag{2.4}$$

载波比N反映了在调制信号波一个周期内所包含的三角载波的个数，也就是 PWM 波中脉波的个数。如果在调制过程中，在改变正弦信号频率f的同时，成比例地改变载波频率f_c，使载波频率与信号频率的比值即载波比N保持不变，这种调制方式为同步调制。如果载波频率f_c始终保持恒定，不随正弦信号频率改变而改变，此时载波比N是变化的，这种调制方式称为异步调制。如果将频率段分为若干段，每段采用同步调制，但在不同的频率段采用不同的载波比，这种调制方式称为分段同步调制。

在电机控制中，由于通常采用 IGBT 等高速器件，载波频率f_c可以很高，因此载波比N大。这时通常采用载波频率固定的异步调制。因为在一个信号周期内，脉波数多，对抑制谐波电流、减轻电机的谐波损耗及转矩脉动更有利。而且，由于此时载波频率比很大，载波的边频带远离信号基波频率，不存在载波边频带与基波之间的相互干扰问题，且谐波频率固定，方便滤波。

2.2.2 SPWM 的计算生成法

SPWM 的计算生成法，即数字化 PWM 控制技术，通过计算 PWM 波形内各脉冲宽度及间隔而实现。相对于模拟 PWM 技术，数字化 PWM 技术具有控制精度高、抗干扰能力强、响应快速、调节灵活和稳定性好等特点，故在电机控制领域内应用更为广泛。目前，存在多种数字化生成 PWM 的技术手段，本书着重介绍两种应用广泛且计算量相对较小的方法。

1. 平均对称规则采样法

规则采样法是相对自然采样法而言的。自然采样 SPWM 方法如前面调制法所示，将固定频率的高频三角载波与正弦波信号相比较，由其自然交点决定功率器件的开关波形。

这需要求解复杂的超越方程，难以在实时控制中应用。规则采样法效果接近自然采样法，但计算量小了很多。规则采样法也有多种，这里介绍规则采样法之一的平均对称规则采样法。

如图 2.15 所示，取一个采样周期 T_s 的中点，即以三角波的负峰时刻为每个 PWM 脉冲的中点。在这个时刻对正弦信号波采样得到 D 点，过 D 作水平直线和三角波分别交于 A 和 B 点，在 A 点时刻 t_A 和 B 点时刻 t_B 控制之间即为脉冲的宽度 δ 。可以看出平均对称规则采样法得到的脉冲宽度 δ 和用自然采样法得到的脉冲宽度非常接近。

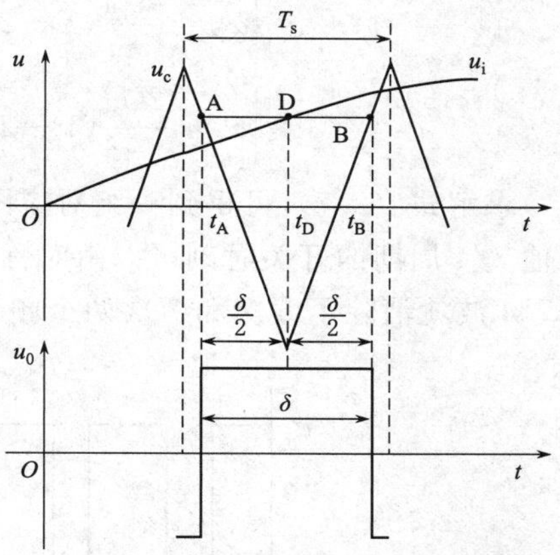

图 2.15　平均对称规则采样法

2. 特定谐波消去法

特定谐波消去法是计算法中一种较有代表性的方法，也是一种优化 PWM 技术，主要用于消除 PWM 波形中的谐波分量，从而提高输出电压波形的质量。其实现方法如下：

特定谐波消去法首先消除 PWM 波形中的偶次谐波。为了实现这一目标，正负两半周期的波形需要被设计成镜像对称。此外，为了消除谐波中的余弦项并简化计算过程，波形在半周期内的前后 1/4 周期应以 $\pi/2$ 为轴线对称。满足这两个条件的波形被称为 1/4 周期对称波形。这时需要求解计算的脉冲时刻就减少到原来的 1/4，其余脉冲时刻可以由对称性得到。

设在这个 1/4 周期有 k 个开关时刻需要计算。将输出电压波形进行傅氏级数展开，得到傅氏级数表达式中 $k-1$ 个谐波幅值的计算式。先确定基波分量的值，然后令需要消去的 $k-1$ 个谐波的幅值为 0。可以建立 k 个方程并求解得到 k 个开关时刻，这样得到的 PWM 波就消去了 $k-1$ 个频率的谐波。

这里以三相桥式 SPWM 逆变电路中 $u_{AN'}$ 波形为例介绍计算过程。设波形如图 2.16 所示，图中除了 0、π、2π 等时刻外，在输出电压的半个周期内，器件开通和关断各三次，共用六个开关时刻可以控制。由于该波形满足 1/4 周期对称，能够独立控制的开关时刻只有 α_1、α_2 和 α_3 三个时刻，故可以用傅里叶级数表示为

$$u(\omega t)=\sum_{n=1,3,5,\cdots} a_n \sin n\omega t \tag{2.5}$$

其中

$$\begin{aligned} a_n &= \frac{4}{\pi}\int_0^{\frac{\pi}{2}} u(\omega t)\sin n\omega t\,\mathrm{d}\omega t \\ &= \frac{4}{\pi}\left[\int_0^{\alpha_1}\frac{U_d}{2}\sin n\omega t\,\mathrm{d}\omega t+\int_{\alpha_1}^{\alpha_2}\left(-\frac{U_d}{2}\sin n\omega t\right)\mathrm{d}\omega t \right.\\ &\quad \left. +\int_{\alpha_2}^{\alpha_3}\frac{U_d}{2}\sin n\omega t\,\mathrm{d}\omega t+\int_{\alpha_3}^{\frac{\pi}{2}}\left(-\frac{U_d}{2}\sin n\omega t\right)\mathrm{d}\omega t\right] \\ &= \frac{2U_d}{n\pi}(1-2\cos n\alpha_1+2\cos n\alpha_2-2\cos n\alpha_3) \end{aligned} \tag{2.6}$$

对 α_1、α_2 和 α_3 三个时刻，根据已知的基波分量幅值 α_1，再考虑消除三相逆变器谐

波幅值最大的 5 次和 7 次谐波，即令

$$\begin{cases} a_1 = \dfrac{2U_d}{\pi}(1-2\cos\alpha_1+2\cos\alpha_2-2\cos\alpha_3) \\ a_5 = \dfrac{2U_d}{5\pi}(1-2\cos5\alpha_1+2\cos5\alpha_2-2\cos5\alpha_3)=0 \\ a_7 = \dfrac{2U_d}{7\pi}(1-2\cos7\alpha_1+2\cos7\alpha_2-2\cos7\alpha_3)=0 \end{cases} \tag{2.7}$$

求解式（2.7）可得到一组对应图 2.16 中 1/4 周期中 α_1、α_2 和 α_3 三个时刻的数值，其他 3/4 周期的开关时刻可以由对称算出，形成完整的一个周期 PWM 波形。这样生成的 PWM 波就消除了 5 次和 7 次两个频率的特定谐波。

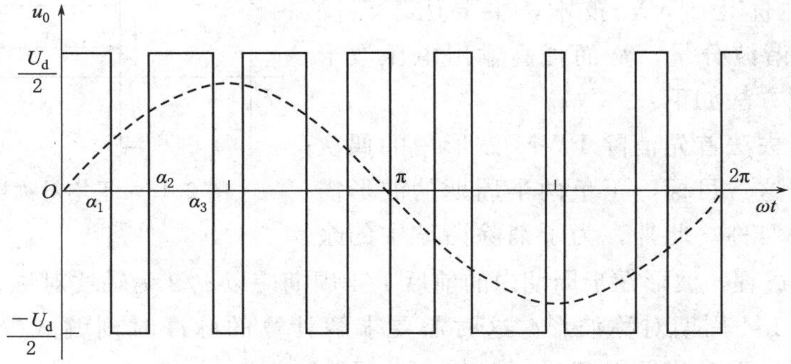

图 2.16　采用特定谐波消去法的双极性 SPWM 脉冲

2.3　SVPWM 控制技术

空间矢量脉宽调制（space vector pulse width modulation，SVPWM）控制技术，也称为磁通正弦 PWM，是一种先进的电机控制策略。在交流电机以三相对称正弦波电压供电时，这种控制方法以电机理想磁通圆为基准，通过逆变器不同的开关模式产生的实际磁通去逼近这一理想状态，从而生成 PWM 波形。SVPWM 的这种控制理念将逆变器和电机视为一个整体进行处理，实现了电力电子与电机系统之间的无缝连接，进一步体现了电力电子与电机系统集成的特性。

在实际应用中，SVPWM 展现出了一系列显著的优点。首先，其模型简单，便于实时控制，这使得它在各种开闭环控制系统中都得到了广泛应用；其次，SVPWM 具有转矩脉动小、噪声低的特点，为电机运行提供了更加平稳、安静的环境；最后，SVPWM 由于电压利用率高，故电机在相同的电压条件下能够获得更高的输出性能。

2.3.1　矢量及空间

交流电机可以用空间矢量来表示其内部按照正弦分布的物理量，包括电压、电流和磁场等交流变量。将交流电机与转轴垂直的轴向断面作为空间复平面，该空间复平面为三相绕组轴线 ABC 构成空间三相静止坐标系。任取一空间矢量 $\boldsymbol{X}$，其在三相静止 ABC 坐标系上分量为 $X_A(t)$、$X_B(t)$和 $X_C(t)$。如电机对称，则有

$$\begin{cases}X_A(t)=X_m\cos\omega t\\ X_B(t)=X_m\cos\left(\omega t+\dfrac{2\pi}{3}\right)\\ X_C(t)=X_m\cos\left(\omega t-\dfrac{2\pi}{3}\right)\end{cases}\tag{2.8}$$

则

$$X_A(t)+X_B(t)+X_C(t)=0\tag{2.9}$$

图 2.17 为 ABC 坐标系下的合成空间矢量 $\boldsymbol{X}$，可以写为

$$\boldsymbol{X}(t)=X_A(t)+aX_B(t)+a^2X_C(t)=X_m e^{j\omega t}\tag{2.10}$$

其中

$$a=e^{j\frac{2\pi}{3}}$$

式（2.10）表明正弦三相变量合成后矢量是一个旋转变量，其幅值为单相交流变量的峰值，旋转角频率为单相交流变量的角频率。

2.3.2 逆变器电压空间矢量

1. 电机磁场与逆变器电压空间矢量的关系

设三相正弦电压表达式可写成

$$\begin{cases}u_{sa}=U_m\cos(\omega_s t)\\ u_{sb}=U_m\cos\left(\omega_s t-\dfrac{2\pi}{3}\right)\\ u_{sc}=U_m\cos\left(\omega_s t+\dfrac{2\pi}{3}\right)\end{cases}\tag{2.11}$$

式中：U_m 为相电压幅值；ω_s 为基波电压角频率；u_{sa}、u_{sb}、u_{sc} 分别为电机定子三相绕组相电压。

根据电机理论，式（2.11）中的三相电压可以定义到由三相定子绕组轴线组成的 ABC 坐标系中，形成了三个电压空间矢量。其方向始终在各相的轴线上，大小则随时间按正弦规律变化。三个相电压空间矢量相叠加，将形成一个空间电压合成矢量 $\boldsymbol{U}_s$，在空间以电动机同步旋转角转速 ω_s 旋转，如图 2.18 所示。$\boldsymbol{U}_s$ 可以表示为

$$\boldsymbol{U}_s=|\boldsymbol{U}_s|e^{j\omega_s t}=\frac{2}{3}(u_{sa}+\alpha u_{sb}+\alpha^2 u_{sc})\tag{2.12}$$

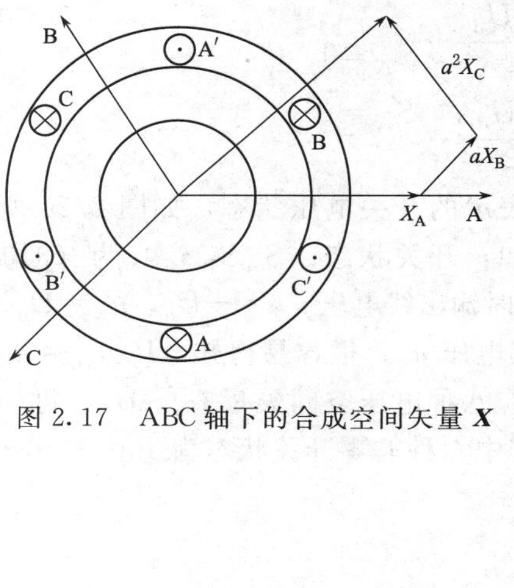

图 2.17 ABC 轴下的合成空间矢量 $\boldsymbol{X}$

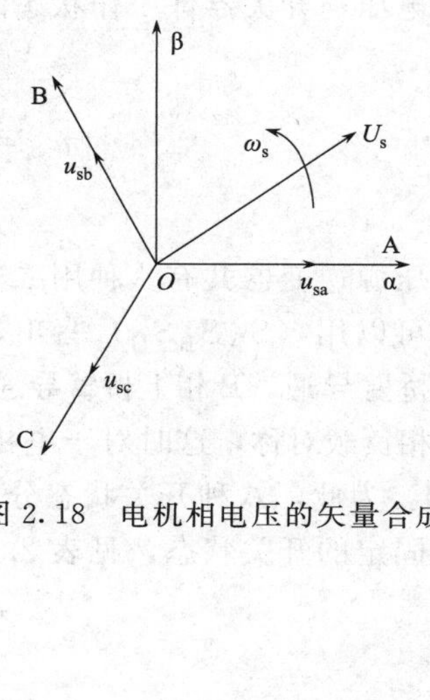

图 2.18 电机相电压的矢量合成

也就是说，电机的电压空间矢量在复平面内，其合成电压矢量 U_s 是一个随时间变化、幅值一定的圆形。不考虑定子电阻影响时，电机定子磁链可以看成是定子电压的积分，因此，产生的磁场也是一个圆形旋转磁场。

此外，还可以将三相静止 ABC 坐标系向两相静止 αβ 坐标系进行转换（3s/2s 变换，也称 Clark 变换），即 α 轴取为与 A 轴重合，β 轴取为滞后 90°，具体原理在 3.2 节介绍。在两相静止 αβ 坐标系中，如图 2.18 所示，任何一个电压空间矢量 $\boldsymbol{U}_s$ 总可以写成

$$\boldsymbol{U}_s = u_{s\alpha} + \mathrm{j}u_{s\beta} \tag{2.13}$$

式中：$u_{s\alpha}$、$u_{s\beta}$ 分别为定子电压在 α 轴、β 轴分量。

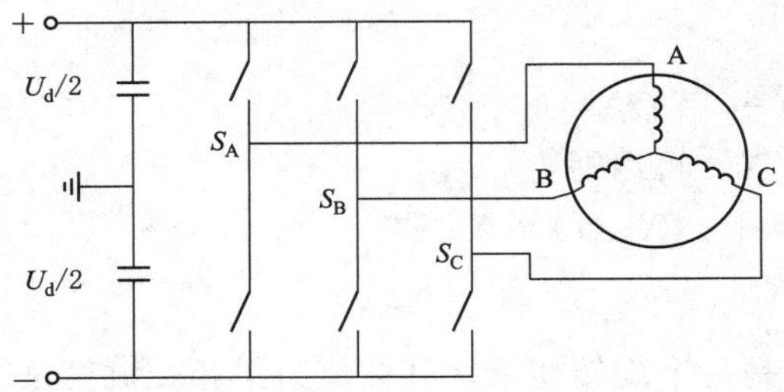

图 2.19 三相电压源逆变器主电路图

电机使用三相逆变器驱动时，如图 2.19 所示。设电机中点电压为 u_n，则电机相电压和逆变器相电压的关系为

$$\begin{cases} u_{sa} = u_a - u_n \\ u_{sb} = u_b - u_n \\ u_{sc} = u_c - u_n \end{cases} \tag{2.14}$$

将式（2.14）代入式（2.12），则有

$$\boldsymbol{U}_s = \frac{2}{3}(u_a + \alpha u_b + \alpha^2 u_c) - \frac{2}{3}u_n(1 + \alpha + \alpha^2) \tag{2.15}$$

也就是说，在电力电子与电机集成系统中，对电机定子电压空间矢量的分析，可以转化为对逆变器输出的电压空间矢量的分析。

2. 逆变器开关状态与电压空间矢量

图 2.19 是理想的电压源逆变器，用三个开关状态 S_A、S_B 和 S_C 表示六个功率开关器件的通断状态。当 $S_A=1$ 时，表示逆变器 A 相上桥臂的开关器件闭合，下桥臂的开关器件断开；当 $S_A=0$ 时，表示逆变器 A 相上桥臂的开关器件断开，下桥臂的开关器件闭合。同样可以用 S_B、S_C 分别表示 B 相、C 相桥臂的开关器件工作状态。以 A 相为例，逆变器输出电压与开关器件工作状态的对应关系可写为

$$u_{sa} = \begin{cases} \dfrac{+U_d}{2}, & S_A = 1 \\ \dfrac{-U_d}{2}, & S_A = 0 \end{cases} \tag{2.16}$$

三相电压源逆变器共有八种用二进制表示的开关电压状态，如图 2.20 所示。这八种开关状态就可以用（$S_AS_BS_C$）写出，例如：开关状态（$S_AS_BS_C$）为（010）就代表 A 相、C 相下桥臂导通，B 相上桥臂导通，这时输出线电压 $u_{ab}=-U_d$，$u_{bc}=U_d$，$u_{ca}=0$，考虑到电机三相负载对称，这时对于电机中点电压 u_n，很容易得知电压 $u_{an}=u_{cn}=-U_d/3$，$u_{bn}=2U_d/3$。为此，八种开关状态分别对应八种电压空间矢量 $\boldsymbol{U}_0 \sim \boldsymbol{U}_7$，每一个基本矢量对应于一个固定的开关状态，见表 2.1。其中六种非零开关状态为 100—110—010—011—

001—101，对应电压空间矢量为 $\boldsymbol{U}_1 \sim \boldsymbol{U}_6$；两种零开关状态为 000 和 111，对应零电压空间矢量 $\boldsymbol{U}_0$ 和 $\boldsymbol{U}_7$，此时电机定子绕组线电压均为零。如果用空间电压矢量 $\boldsymbol{U}_i$ 来表示电机的定子输入电压，则其表达式为

$$\boldsymbol{U}_i(S_A S_B S_C) = \frac{2}{3} U_d (S_A + S_B e^{j\frac{2\pi}{3}} + S_C e^{j\frac{4\pi}{3}}), \quad i = 0,1,2,\cdots,7 \tag{2.17}$$

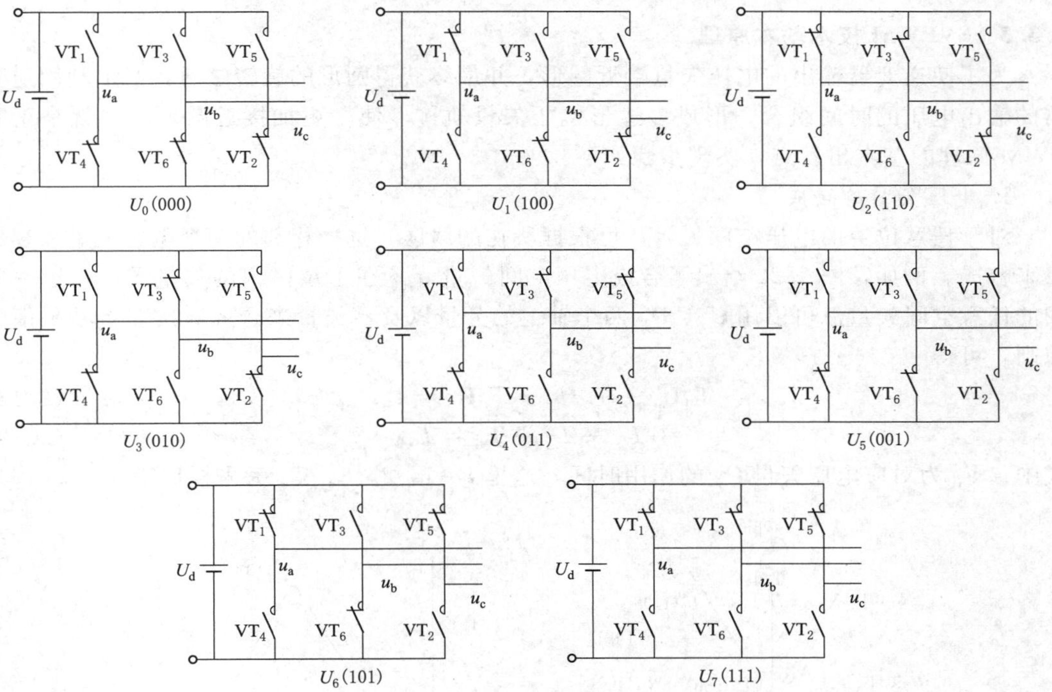

图 2.20　两电平逆变器的开关状态和电压矢量

表 2.1　两电平逆变器的电压空间矢量

逆变器输出电压空间矢量	u_{ab}	u_{bc}	u_{ca}	u_{an}	u_{bn}	u_{cn}	$U_{s\alpha}$	$U_{s\beta}$
$\boldsymbol{U}_0$ (000)	0	0	0	0	0	0	0	0
$\boldsymbol{U}_1$ (100)	U_d	0	$-U_d$	$2/3U_d$	$-1/3U_d$	$-1/3U_d$	U_d	0
$\boldsymbol{U}_2$ (110)	0	U_d	$-U_d$	$1/3U_d$	$1/3U_d$	$-2/3U_d$	$1/2U_d$	$\sqrt{3}/2U_d$
$\boldsymbol{U}_3$ (010)	$-U_d$	U_d	0	$-1/3U_d$	$2/3U_d$	$-1/3U_d$	$-1/2U_d$	$\sqrt{3}/2U_d$
$\boldsymbol{U}_4$ (011)	$-U_d$	0	U_d	$-2/3U_d$	$1/3U_d$	$1/3U_d$	$-U_d$	0
$\boldsymbol{U}_5$ (001)	0	$-U_d$	U_d	$-1/3U_d$	$-1/3U_d$	$2/3U_d$	$-1/2U_d$	$-\sqrt{3}/2U_d$
$\boldsymbol{U}_6$ (101)	U_d	$-U_d$	0	$1/3U_d$	$-2/3U_d$	$1/3U_d$	$1/2U_d$	$-\sqrt{3}/2U_d$
$\boldsymbol{U}_7$ (111)	0	0	0	0	0	0	0	0

可以求得其中六个非零矢量为

$$\boldsymbol{U}_1(100) = \frac{2}{3} U_d e^{j0} \qquad \boldsymbol{U}_2(110) = \frac{2}{3} U_d e^{j\frac{\pi}{3}} \qquad \boldsymbol{U}_3(010) = \frac{2}{3} U_d e^{j\frac{2\pi}{3}}$$

$$U_4(011)=\frac{2}{3}U_d e^{j\pi} \qquad U_5(001)=\frac{2}{3}U_d e^{j\frac{4\pi}{3}} \qquad U_6(101)=\frac{2}{3}U_d e^{j\frac{5\pi}{3}}$$

在空间坐标系中幅值均为$\frac{2}{3}U_d$，相位互差 60°，称为基本空间矢量。两个基本空间矢量之间的区域称为扇区，共 6 个扇区。零矢量 $\boldsymbol{U}_0$ 和 $\boldsymbol{U}_7$ 为自由轮换状态，位于中心，如图 2.21 所示。

2.3.3　SVPWM 技术基本原理

为了使逆变器输出的电压矢量接近圆形，并最终获得圆形的旋转磁通，必须利用逆变器的输出电压的时间组合，形成多边形电压矢量轨迹，使之更加接近圆形。这就是正弦 PWM 原理的基本出发点，实现步骤如下。

1. 电压矢量的合成

对于任意位置的电压空间矢量，可根据所在的扇区，选择相邻的两个电压矢量和零矢量来合成。例如，图 2.22 给出了合成电压空间矢量 $\boldsymbol{u}_{ref}$ 在Ⅰ扇区内的矢量图，在这一区间的任意空间矢量总可以用 $\boldsymbol{U}_1$、$\boldsymbol{U}_2$ 两个轴上的分量以及零矢量来合成。按照伏秒平衡的原则，可得

$$T_1\boldsymbol{U}_1+T_2\boldsymbol{U}_2+T_0\boldsymbol{U}_0=T_s\boldsymbol{u}_{ref} \tag{2.18}$$

$$T_1+T_2+T_0=T_s \tag{2.19}$$

式中：T_i 为对应电压矢量 $\boldsymbol{U}_i$ 的作用时间，这里 $i=1，2，3$；T_s 为采样周期。

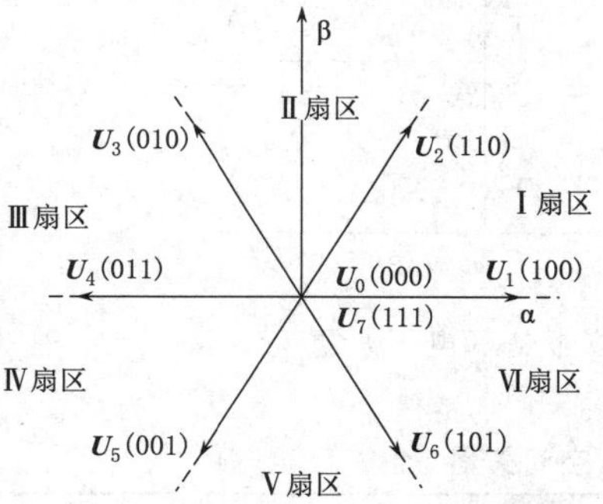

图 2.21　8 个开关电压矢量及扇区

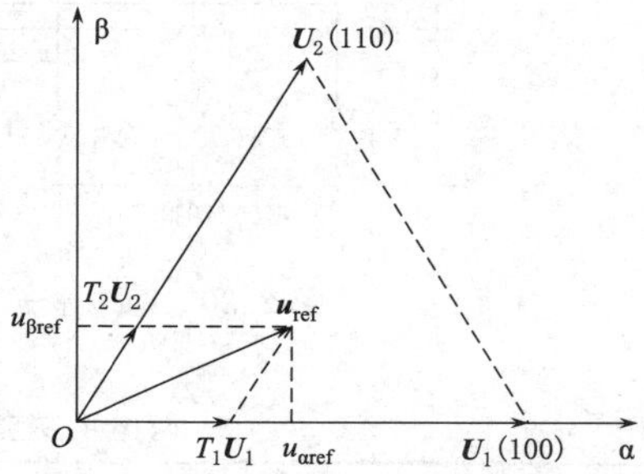

图 2.22　电压矢量在Ⅰ扇区的矢量合成

由此，任意位置的电压矢量可以转换为对开关状态持续时间的求取。

2. 电压矢量作用时间的计算

设六个非零电压矢量为

$$\boldsymbol{U}_{k=1,2,\cdots,6}=\frac{2}{3}U_d e^{\frac{j(k-1)\pi}{3}} \tag{2.20}$$

式中：k 为扇区编号。

取合成矢量 $\boldsymbol{u}_{ref}$ 为

$$\boldsymbol{u}_{ref}=\left|\boldsymbol{u}_{ref}\right|e^{j\theta}=u_{\alpha ref}+ju_{\beta ref} \tag{2.21}$$

式中：θ 为合成矢量与 α 轴的夹角；$u_{\alpha ref}$、$u_{\beta ref}$ 为合成矢量 $\boldsymbol{u}_{ref}$ 在 α、β 坐标轴上的投影。

当合成矢量 $\boldsymbol{u}_{ref}$ 处于不同的扇区，使用 x 和 y 代表如图 2.23 所示的相邻两个基本矢

量编号，有

$$\boldsymbol{u}_{\text{ref}}=u_{\alpha\text{ref}}+\mathrm{j}u_{\beta\text{ref}}=\frac{T_x}{T_s}\boldsymbol{u}_x+\frac{T_y}{T_s}\boldsymbol{u}_y=\frac{2}{3}U_d\left(\frac{T_x}{T_s}e^{\frac{\mathrm{j}(x-1)\pi}{3}}+\frac{T_y}{T_s}e^{\frac{\mathrm{j}(y-1)\pi}{3}}\right) \tag{2.22}$$

式中：$(x,\ y)=(1,\ 2),\ (2,\ 3),\ \cdots,\ (5,\ 6),\ (6,\ 1)$。

可以求解出

$$\begin{cases}T_x=\dfrac{\sqrt{3}T_s}{U_d}\left[u_{\alpha\text{ref}}\sin\left(\dfrac{x\pi}{3}\right)-u_{\beta\text{ref}}\sin\left(\dfrac{x\pi}{3}\right)\right]=\dfrac{\sqrt{3}T_s|\boldsymbol{u}_{\text{ref}}|}{U_d}\sin\left(\dfrac{x\pi}{3}-\theta\right)\\ T_y=\dfrac{\sqrt{3}T_s}{U_d}\left\{-u_{\alpha\text{ref}}\sin\left[\dfrac{(x-1)\pi}{3}\right]+u_{\beta\text{ref}}\sin\left[\dfrac{(x-1)\pi}{3}\right]\right\}=\dfrac{\sqrt{3}T_s|\boldsymbol{u}_{\text{ref}}|}{U_d}\sin\left[\theta-\dfrac{(x-1)\pi}{3}\right]\\ T_0=T_s-T_x-T_y\end{cases} \tag{2.23}$$

3. 矢量合成的范围

从前面的分析可知，通过改变相邻两个基本矢量和零矢量的持续时间，可以改变合成矢量的幅值和角度，得到如图2.23中六边形内的部分。要想得到圆形的旋转磁通，合成的矢量就应该是一个角度随时间连续变化、幅值一定的圆形轨迹。在六边形的范围内面积最大的圆即为内切圆。这时合成矢量的幅值 $u_{\text{ref}}=\dfrac{\sqrt{3}}{2}\times\dfrac{2}{3}U_d=\dfrac{\sqrt{3}}{3}U_d$，对应的等效相电压幅值为$\dfrac{\sqrt{3}}{3}U_d$，等效的线电压幅值为 U_d。相对于常规的SPWM，SVPWM输出线电压更高，基波幅值增加了约15.5%。

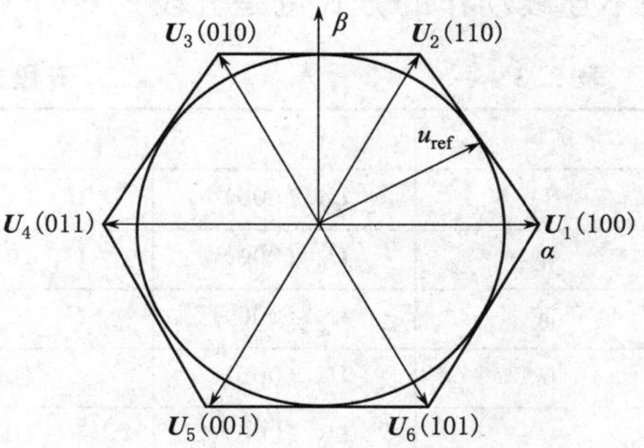

图2.23 矢量合成范围示意图

4. SVPWM开关顺序

在形成圆形轨迹的过程中，各电压矢量的作用次序要遵守以下原则：

(1) 任意一次电压矢量的变化只能有一个桥臂的开关器件工作。这表现在二进制矢量表示中只有一位变化。这是因为如果允许有两个或三个桥臂的开关器件同时工作，则在线电压的半周期内会出现反极性的电压脉冲，产生反向转矩，引起转矩脉动和电磁噪声。

(2) 当合成矢量从一个扇区跨到另一个扇区的时候，要使需要动作的开关数最少，以尽量减少总的开关次数，降低开关损耗。

这里介绍满足上述要求的常规七段式SVPWM开关顺序，见表2.2。可看出，常规七段式SVPWM波形产生，一个周期中都以 $\boldsymbol{U}_0$ 矢量作为开始和结束，$\boldsymbol{U}_7$ 矢量放在中间，并且 $\boldsymbol{U}_0$ 和 $\boldsymbol{U}_7$ 两个零矢量的作用时间是相等的。在每个周期内，都是从 $\boldsymbol{U}_0$ 开始，每次开关状态都只有一位变化，过渡到 $\boldsymbol{U}_7$ 矢量后，然后再反向逐步退回到 $\boldsymbol{U}_0$ 矢量。

此外，根据零矢量 $\boldsymbol{U}_0$ 和 $\boldsymbol{U}_7$ 在时间上的灵活分配，还可以实现更多不同的调制策略以满足特定的应用需求。比如，偶次谐波消除的七段式SVPWM。该方法是在同一扇区内，根据角度的不同调整两个非零矢量和零矢量的顺序，使线电压波形对称度更好，从而消除了偶次谐波。

表 2.2　常规七段式 SVPWM 开关顺序

扇区	开关顺序						
Ⅰ	$\boldsymbol{U}_0$ (000)	$\boldsymbol{U}_1$ (100)	$\boldsymbol{U}_2$ (110)	$\boldsymbol{U}_7$ (111)	$\boldsymbol{U}_2$ (110)	$\boldsymbol{U}_1$ (100)	$\boldsymbol{U}_0$ (000)
Ⅱ	$\boldsymbol{U}_0$ (000)	$\boldsymbol{U}_3$ (010)	$\boldsymbol{U}_2$ (110)	$\boldsymbol{U}_7$ (111)	$\boldsymbol{U}_2$ (110)	$\boldsymbol{U}_3$ (010)	$\boldsymbol{U}_0$ (000)
Ⅲ	$\boldsymbol{U}_0$ (000)	$\boldsymbol{U}_3$ (010)	$\boldsymbol{U}_4$ (011)	$\boldsymbol{U}_7$ (111)	$\boldsymbol{U}_4$ (011)	$\boldsymbol{U}_3$ (010)	$\boldsymbol{U}_0$ (000)
Ⅳ	$\boldsymbol{U}_0$ (000)	$\boldsymbol{U}_5$ (001)	$\boldsymbol{U}_4$ (011)	$\boldsymbol{U}_7$ (111)	$\boldsymbol{U}_4$ (011)	$\boldsymbol{U}_5$ (001)	$\boldsymbol{U}_0$ (000)
Ⅴ	$\boldsymbol{U}_0$ (000)	$\boldsymbol{U}_5$ (001)	$\boldsymbol{U}_6$ (101)	$\boldsymbol{U}_7$ (111)	$\boldsymbol{U}_6$ (101)	$\boldsymbol{U}_5$ (001)	$\boldsymbol{U}_0$ (000)
Ⅵ	$\boldsymbol{U}_0$ (000)	$\boldsymbol{U}_1$ (100)	$\boldsymbol{U}_6$ (101)	$\boldsymbol{U}_7$ (111)	$\boldsymbol{U}_6$ (101)	$\boldsymbol{U}_1$ (100)	$\boldsymbol{U}_0$ (000)

如果在整个 PWM 调制周期中，只采用 $\boldsymbol{U}_0$ 和 $\boldsymbol{U}_7$ 中的一个零矢量，则三相 PWM 在一个开关周期内就只有五段，则为五段式 PWM，也称为不连续 SVPWM，其开关顺序见表 2.3。在这种方式中，每相的开关都会在输出基波周期的 1/3 时间内保持不变。这种开关不连续动作的方式也是五段式 SVPWM 称为不连续 SVPWM 的原因。

表 2.3　五段式 SVPWM 开关顺序

扇区	开关顺序				
Ⅰ	$\boldsymbol{U}_0$ (000)	$\boldsymbol{U}_1$ (100)	$\boldsymbol{U}_2$ (110)	$\boldsymbol{U}_1$ (100)	$\boldsymbol{U}_0$ (000)
Ⅱ	$\boldsymbol{U}_0$ (000)	$\boldsymbol{U}_3$ (010)	$\boldsymbol{U}_2$ (110)	$\boldsymbol{U}_3$ (010)	$\boldsymbol{U}_0$ (000)
Ⅲ	$\boldsymbol{U}_0$ (000)	$\boldsymbol{U}_3$ (010)	$\boldsymbol{U}_4$ (011)	$\boldsymbol{U}_3$ (010)	$\boldsymbol{U}_0$ (000)
Ⅳ	$\boldsymbol{U}_0$ (000)	$\boldsymbol{U}_5$ (001)	$\boldsymbol{U}_4$ (011)	$\boldsymbol{U}_5$ (001)	$\boldsymbol{U}_0$ (000)
Ⅴ	$\boldsymbol{U}_0$ (000)	$\boldsymbol{U}_5$ (001)	$\boldsymbol{U}_6$ (101)	$\boldsymbol{U}_5$ (001)	$\boldsymbol{U}_0$ (000)
Ⅵ	$\boldsymbol{U}_0$ (000)	$\boldsymbol{U}_1$ (100)	$\boldsymbol{U}_6$ (101)	$\boldsymbol{U}_1$ (100)	$\boldsymbol{U}_0$ (000)

2.4 其他 PWM 控制技术

2.4.1 优化 PWM 控制技术

为了实现更好的 PWM 控制效果，人们提出了优化 PWM 的概念。优化 PWM 的实现方法是根据特定的需求，预先计算出所有工作频率范围内开关设备的最佳开关角度，然后通过查表或其他方式快速输出，形成所需的 PWM 波形。

优化 PWM 技术在实际应用中具有诸多优势。首先，由于它预先计算了所有可能的工作频率范围内的开关角度，因此可以确保在任何工作条件下，PWM 波形都能够达到最佳的效果。这不仅可以提高设备的效率，还能减少能量损失，从而实现更高效的能源利用。其次，通过查表或其他方式输出预先计算好的开关角度，可以大大减少实时计算的工作量。这不仅可以提高系统的响应速度，还能减少处理器的负载，使系统更加稳定可靠。由于输出 PWM 波形的过程是预先确定的，因此可以很好地避免由于实时计算引起的波形失真和噪声等问题。

在应用中，由于优化 PWM 技术的控制目标是多种多样的，可以是电流谐波畸变率最小、电压利用率最高、效率最优、转矩脉动最小或其他特定优化目标，所以发展出多种优化 PWM 策略。

比如在 2.2 节讲过的特定谐波消去法就是一种典型的优化 PWM 策略。通过精确地计算并消除特定次数的谐波分量，特定谐波消去法不仅减小了电流或电压的谐波畸变率，还提高了系统的整体性能。所以可以用在一些对电能质量要求较高的场合，如电动汽车充电站、数据中心等。

效率最优 PWM 技术也是一种常用的优化 PWM 技术，其目标是最大化系统的效率，即减小能量转换过程中的损耗。通过精确控制开关设备的开关角度，可以最大限度地减小开关损耗和导通损耗，从而提高系统的整体效率。这种方法在需要高效率的应用场景中，如电动汽车、风力发电等领域，具有广泛的应用前景。

转矩脉动最小 PWM 则是一种针对电机控制的优化策略。通过优化 PWM 波形，可以显著减小转矩脉动，从而提高电机的性能。这种方法在需要高精度控制的应用中，如机器人、精密机床等领域，具有重要的应用价值。

除此之外，还有最大电压利用率 PWM 技术，其特点是能够充分利用电源电压，提高电压利用率，降低能量损耗，提高系统效率。各种 PWM 优化策略分别针对不同的优化目标进行设计和优化，在实际应用中可以根据具体需求进行选择和组合，以实现最佳的 PWM 控制效果。

2.4.2 随机 PWM 控制技术

使用传统的 PWM 控制技术的逆变器，其输出电压和电流在开关频率及其整数倍附近会产生丰富的高次谐波，这可能对电网产生显著的电磁干扰。当逆变器应用于电机系统时，这些谐波会导致电机的输出转矩产生脉动，定子和转子会出现明显的振动，从而使电机无法正常工作，并产生刺耳的噪声。尽管提高功率器件的开关频率可以在一定程度上缓解这些问题，但会导致开关器件的通断损耗增加，引发死区问题，降低系统效率。同时，由于受到功率器件上限开关频率的限制，开关频率也不能过多提升。

随机 PWM 控制技术为解决上述问题提供了一种经济且有效的方法。在不增加硬件成本的前提下，通过改变传统的固定载波周期，可以实现降低电磁噪声和抑制电磁干扰的目的。这种技术特别适用于那些需要高精度控制，同时又要面对严格电磁干扰（electromagnetic interference，EMI）限制的应用场景，如电动汽车、可再生能源系统和工业自动化等。这里简要介绍其原理。

PWM 逆变器的电压控制，关键在于调控开关器件的占空比。值得注意的是，占空比与开关器件的导通位置和开关频率并无直接关联。然而，导通位置和开关频率的调整，却会对输出电压的频谱分布产生显著影响。因此，为达到优化效果，可采取随机方式调整导通位置或开关频率，使逆变器输出电压形成宽广且均匀的连续频谱。这样，就能有效抑制幅值较大的谐波成分，这正是随机 PWM 的基本原理所在。

随机 PWM 控制技术的核心是随机开关函数（图 2.24）。随机开关函数 $g(t)$，可写为

$$g(t)=\lim_{N\to\infty}\sum_{k=1}^{k=N}g_k(t-t_k) \tag{2.24}$$

g (t) 有三个参数，分别为脉冲周期 T_k、脉冲上升沿的位置系数 ε_k 和脉冲宽度系数 α_k。参数（T_k，ε_k，α_k）彼此独立，服从以下两个约束条件：

$$0 \leqslant a_k + \varepsilon_k \leqslant 1 \tag{2.25}$$

$$g(t-t_k)=\begin{cases}1, & \varepsilon_k T_k \leqslant t-t_k \leqslant (\varepsilon_k + a_k)T_k \\ 0, & t-t_k < \varepsilon_k T_k, t-t_k > (\varepsilon_k + a_k)T_k\end{cases} \tag{2.26}$$

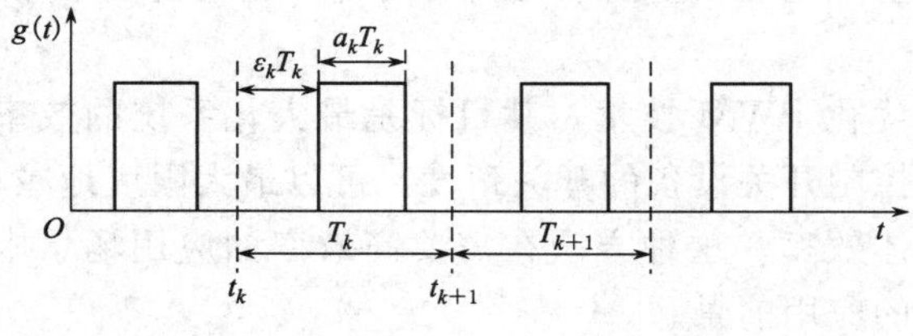

图 2.24　随机开关函数示意图

因此，选取参数（T_k，ε_k，α_k）中一个或多个服从某种随机规律变化就可实现随机 PWM 技术，可分为随机脉冲位置 PWM、随机占空比 PWM 和随机周期 PWM。

1. 随机脉冲位置 PWM

随机脉冲位置 PWM 的脉冲上升沿位置系数 ε_k 随时间随机变化，其随机程度定义为

$$R_\varepsilon = \frac{\varepsilon_{\max} T_s - \varepsilon_{\min} T_s}{T_s} = \varepsilon_{\max} - \varepsilon_{\min} \tag{2.27}$$

式中：$\varepsilon_{\max} T_s$ 和 $\varepsilon_{\min} T_s$ 分别为各个开关周期里脉冲位置可能出现的最大值和最小值。

随机脉冲位置 PWM 控制技术是以在每个载波周期内随机选择超前边沿调制或滞后边沿调制方式来实现的。即，在每个开关周期内，通过随机选择起始位置导通开关管以形成超前模式，如图 2.25（a）所示；或在结束位置导通开关管以形成滞后模式，如图 2.25（b）所示，从而改变每个通断周期内开关信号脉冲的位置。

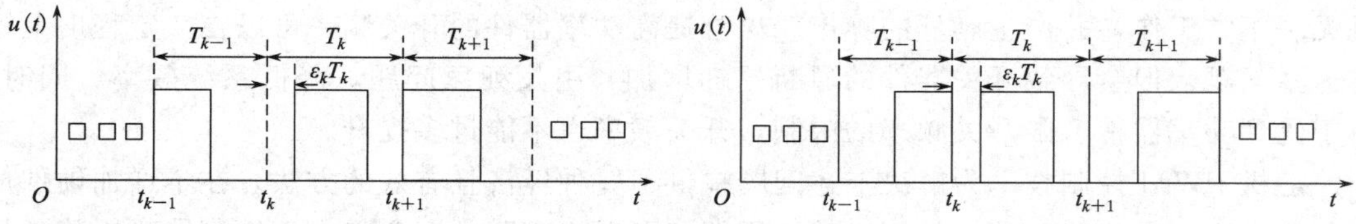

(a) 超前模式　　　　(b) 滞后模式

图 2.25　随机脉冲位置 PWM 示意图

随机脉冲位置 PWM 主要影响功率管的开通与关断位置，而对逆变器的总体输出并无实质性改变。在调制度偏低及载波周期较短的情况下，由于基波幅值明显小于谐波，且二者间隔较远，随机脉冲位置 PWM 虽然可以降低开关频率及其倍频附近的谐波幅值，却会显著增加低次谐波的幅值。因此，在调制度较低和载波周期较小的情况下，随机脉冲位置 PWM 对于谐波能量的分布影响有限，无法达到降低电磁噪声和抑制电磁干扰的预期效果。

2. 随机占空比 PWM

随机占空比 PWM 的脉冲宽度系数 α_k 随时间随机变化，其随机程度 R_α 定义为

$$R_\alpha = \frac{\alpha_{\max} T_s - \alpha_{\min} T_s}{T_s} = \alpha_{\max} - \alpha_{\min} \tag{2.28}$$

式中：α_{max} 和 α_{min} 分别为各个开关周期里脉冲宽度系数可能出现的最大值和最小值。

图 2.26 是随机占空比 PWM 的示意图，其中脉冲位置恒定在每个周期的起始位置，而每个开关周期的长度保持不变。然而，脉冲宽度在每个周期内会发生随机变化，这导致占空比也相应地随机变动，但占空比的期望值是固定的。

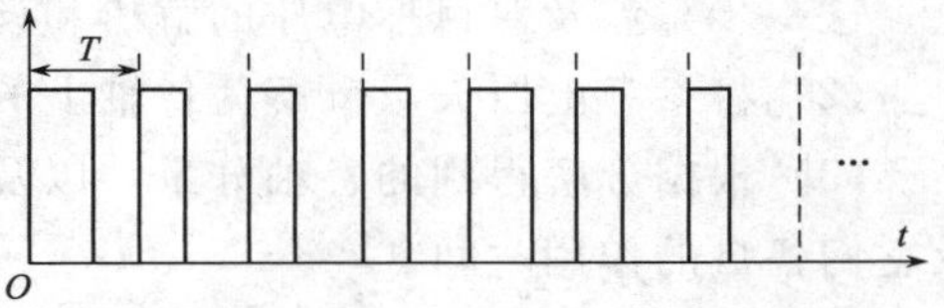

图 2.26 随机占空比 PWM 示意图

随机占空比 PWM 与随机脉冲位置 PWM 存在类似的不足之处。尽管这种方法能够降低高次谐波的幅值，但低次谐波的能量仍然相对较大。此外，这种方法还可能引入低频噪声。

3. 随机周期 PWM

随机周期 PWM 的脉冲周期 T_k 随时间随机变化，其随机程度 R_T 定义如下：

$$R_T = \frac{T_{max} - T_{min}}{T_{s1}} \tag{2.29}$$

式中：T_{max} 和 T_{min} 分别为周期可能出现的最大值和最小值；T_{s1} 为平均周期。

随机周期 PWM 也称随机开关 PWM，它的实现原理是将载波频率在一定范围内按某种随机规律改变，是目前随机 PWM 中最常用的一种方式。采用随机信号作为载波信号，与调制波比较产生 PWM 脉冲信号。如图 2.27 所示，将均匀分布的随机数作为载波与调制波信号进行比较，当随机数的幅值大于调制波时，则输出低电平信号，反之则输出高电平信号。开关信号随着随机数的生成频率越高和分布越均匀而更加越趋近正弦信号。

实现随机周期 PWM 的关键在于生成高质量的随机数。这些随机数需要满足一定的统计特性，如均匀分布、高随机性等。在实际应用中，通常使用专门的随机数生成器或伪随机数生成器来产生这些随机数。

随机周期 PWM 不仅具有其他种类随机 PWM 技术的优点，还能有效地降低系统的热应力。由于载波频率的随机性，开关设备的开关频率也会随机变化，从而避免了在固定频率下可能产生的热累积效应。这不仅可以提高系统的可靠性，还可以延长设备的使用寿命。

2.4.3 3D-SVPWM 控制技术

在三相四线制系统中，例如图 2.28 所示的三相四线制逆变器，由于比三相三线制系统多了一个桥臂，因此无法使用常规 SVPWM 进行控制。另外，传统的 SVPWM 主要应用于两电平逆变器，难以应对多电平逆变器的控制问题。想要解决这类问题，需要将二维空间拓展为三维空间，因此就诞生了 3D-SVPWM 方法。

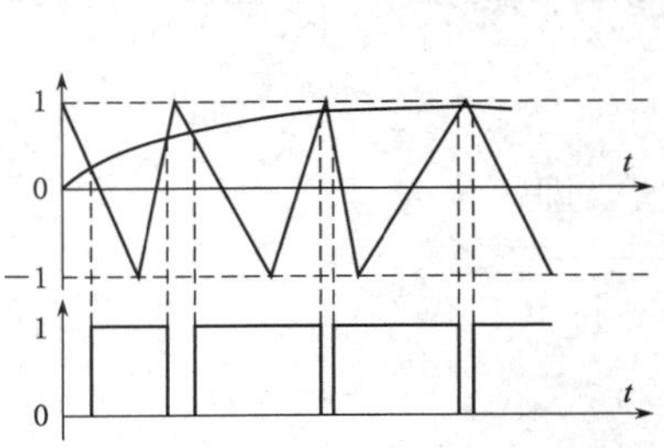

图 2.27 随机开关 PWM 示意图

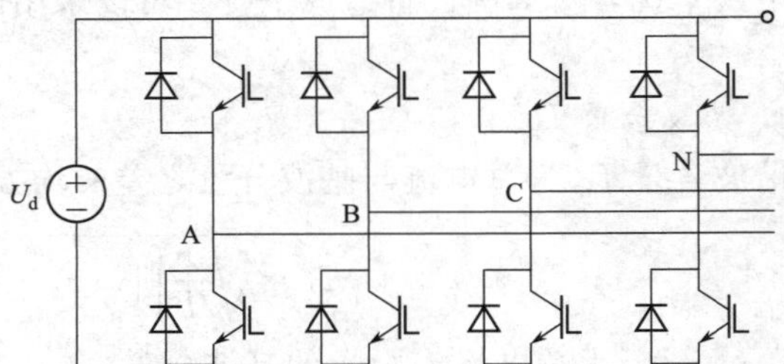

图 2.28 三相四线制逆变器示意图

和传统SVPWM实现方法类似，实现3D-SVPWM需要以下步骤：

（1）在三维空间中，根据所需的输出电压矢量的幅值和方向，确定对应的参考电压矢量。这一步骤涉及对目标电压的解析和计算，以确定其在三维空间中的准确位置。

（2）将参考电压矢量分解为各轴上的分量，这通常涉及空间向量的线性代数运算。

（3）根据分解得到的各轴分量，以及预定义的电压矢量库，计算出需要的基本矢量以及它们各自的作用时间。

（4）将计算出的基本矢量按照其作用时间进行合成，生成最终的输出电压矢量。

（5）根据输出电压矢量的信息，控制对应的开关管，生成相应的PWM波形。

和传统SVPWM实现方法相比，3D-SVPWM实现过程虽然基本原理相似，但由于开关状态从传统的8个提升到16个，在处理三维空间中相应的16个电压矢量时，其算法更为复杂和精细。相对于复杂性的提升，3D-SVPWM的优势也很明显。在3D-SVPWM方法中，电压矢量不再仅仅局限于二维平面上的六个方向，而是可以在三维空间中自由移动。这种自由移动的特性使得3D-SVPWM方法与传统的二维SVPWM方法相比，能够更精确地控制输出电压矢量的幅值和方向，更好地逼近理想的输出电压波形，从而提高了系统的性能和效率。此外，通过增加开关状态的数量，可以适应更广泛的应用场景和更复杂的控制需求，具有较好的鲁棒性和抗干扰能力，灵活性更高。

未来，随着技术的进步和应用需求的增加，3D-SVPWM有望在更多的领域得到广泛的应用和推广。

2.5 PWM性能指标

在电机控制领域，PWM控制方式的应用广泛，然而，它也带来了一系列问题。这些问题主要包括电流畸变、变流器中的开关损耗、负载中的谐波损耗以及电机转矩的脉动。这些问题不仅影响了电机的运行效率，还可能对电机的寿命和稳定性产生负面影响。因此，对这些问题进行深入分析和研究，对于优化PWM控制方式的选择和设计具有重要意义。用性能指标来衡量，可用电流谐波以及开关损耗、谐波转矩和调制度等来分析。

2.5.1 电流谐波指标

在PWM控制方式下，电流的波形会发生畸变，从原本的正弦波变为一系列脉冲波形。这种畸变会导致电流的有效值增加，进而增加电机的热损耗。此外，电流畸变还可能引发电磁干扰，对周围设备造成干扰。可以采用以下指标来衡量PWM控制下电流的谐波问题。

1. 谐波含量 I_h

谐波含量 I_h 为总电流与基波分量之差的均方根值，即

$$I_h=\sqrt{\frac{1}{T}\int[i(t)-i_1(t)]^2\mathrm{d}t} \tag{2.30}$$

式中：$i_1(t)$ 为总电流 $i(t)$ 的基波分量。

I_h 不仅与变流器的PWM方式有关，而且还与电机内部的阻抗特性有关。可以使用功率质量分析仪或示波器进行谐波含量的测量。

2. 总谐波畸变率

总谐波畸变率（total harmonic distortion，THD）为所有谐波电流有效值与基波电流有效值的比率，即

$$THD=\frac{1}{I_1}\sqrt{\sum_{n=2}^{\infty}I_n^2}=\frac{\omega_1 l_\sigma}{U_1}\sqrt{\sum_{n=2}^{\infty}\left(\frac{U_n}{n\omega_1 l_\sigma}\right)^2}=\frac{1}{U_1}\sqrt{\sum_{n=2}^{\infty}\left(\frac{U_n}{n}\right)^2} \tag{2.31}$$

式中：U_1 和 I_1 分别为基波电压和电流的有效值；n 为傅里叶级数展开的谐波分量阶次；U_n 为傅里叶级数展开式的电压分量有效值；ω_1 为基波频率；l_σ 为电机的总漏电感。

负载电路的铜耗与谐波电流的平方成正比。

谐波含量、总谐波畸变率都是表征电流总体谐波含量的，数值越低，说明谐波含量越少，PWM 控制效果越好。除此之外，还可以使用特定谐波含量和谐波频谱来分析 PWM 控制产生的谐波分布。

3. 特定谐波含量 HD_n

特定谐波含量只针对特定谐波进行测量和分析，如第 5、7、11 次谐波等，可以更详细地评估 PWM 控制系统的性能。特定谐波含量为

$$HD_n=\frac{I_n}{I_1} \tag{2.32}$$

式中：I_n 为 n 次谐波有效值；I_1 为基波有效值。

4. 谐波频谱 h_i

谐波频谱为各频率分量在非正弦电流中所占的份额，即

$$h_i \approx hf_1 \tag{2.33}$$

式中：h 为谐波分量阶次；f_1 为基本频率。

谐波频谱比 THD 更能详细说明谐波分布情况。在使用调制实现 PWM 控制时，谐波频谱通常和基波、载波的频率直接相关。如果采用同步调制，载波比要小于功率开关器件的允许开关频率与最高基波频率之比。

2.5.2 其他指标

1. 开关频率和开关损耗

电机电流的谐波含量总体上可通过提高开关频率来降低，从而提升 PWM 控制的效果。然而，提高开关频率并非没有代价。首先，器件的开关损耗与开关频率成正比关系，频率的增加会导致损耗增大。这种损耗不仅降低了变流器的效率，还可能导致开关器件的温度升高，进而影响其可靠性和寿命。其次，高频谐波对电路中的元件，特别是电容器和电感器，会产生更大的压力。这可能会缩短这些元件的寿命，增加系统的维护成本。另外，开关频率还受到电磁兼容（electro magnetic compatibility，EMC）标准的限制。

2. 谐波转矩

在交流电机的定子绕组中流过谐波电流时会产生谐波转速的谐波旋转磁场和相应的电磁转矩。这种谐波转矩通常较小，对一般负载影响不大。但如果电机在低速下运行时，有可能导致电机的振动和噪声增加，影响电机的运行平稳性。对风机和水泵等泵类负载，如

果在调速范围内，某个机械部件的固有振荡频率和脉动转矩的频率一致，就会共振而产生故障。谐波转矩的标幺值可用下式来衡量，即

$$\Delta T = \frac{T_{max} - T_{av}}{T_N} \tag{2.34}$$

式中：T_{max} 为最大气隙转矩；T_{av} 为平均气隙转矩；T_N 为电机额定转矩。

第3章　异步电机矢量控制

异步电机的动态数学模型是一个高阶、强耦合、非线性的时变多变量系统，在20世纪50—60年代，交流调速系统难以取代直流调速系统。矢量控制原理来源于20世纪70年代初期，德国西门子公司F. Blaschke等提出了“异步电机磁场定向的控制原理”，美国P. C. Custman和A. A. Clark申请了“异步电机定子电压的坐标变换控制”专利，而后经过许多学者和工程技术人员的不断努力，异步电机矢量控制技术迅猛发展，得到了广泛应用。

异步电机的矢量控制基本原理就是以异步电机的动态数学模型为基础，利用旋转坐标变换把电机定子电流矢量分解成励磁电流矢量和转矩电流矢量，并分别控制其大小和方向，从而可以像直流电机那样实现快速的转矩和磁通控制。

3.1　异步电机工作原理

异步电机主要由定子（固定部分）和转子（旋转部分）两部分组成并由空气间隙隔开，如图3.1所示。异步电机是工业领域中应用最为广泛的一种交流电机，通常为三相定子绕组组成120°空间分布，按照转子结构不同可以分为绕线式异步电机和鼠笼式异步电机。将三相对称正弦电流通入对称三相定子绕组中，内部气隙中间产生感应磁动势，并形成以同步旋转角转速 ω_s 转动的旋转磁场；旋转磁场切割封闭的转子绕组，在转子绕组上产生感应电动势和感应电流，转子感应电流与旋转磁场相互作用产生驱动转子旋转的电磁转矩，从而带动机械负载以角转速 ω_r（rad/min）按照旋转磁场方向传动，但两者旋转速度并不同步。同步旋转角转速 ω_s 和转子角转速 ω_r 分别为

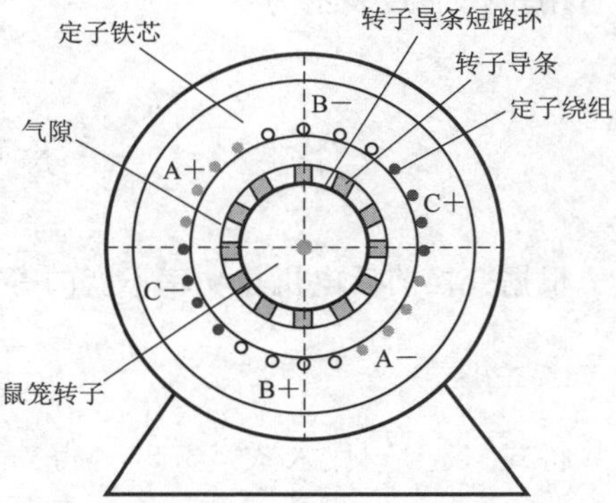

图3.1　三相异步电机剖面图

$$\begin{cases}\omega_s = 2\pi f_s / p_n \\ \omega_r = \omega_s(1-s)\end{cases} \tag{3.1}$$

式中：f_s 为输入定子电流的角频率，Hz；s 为转差率。

3.2　坐　标　变　换

2.3节介绍了矢量及空间的概念，异步电机可以用空间矢量来表示其内部按照正旋分

布的物理量，包括电压、电流、磁场等交流变量。在此基础上，介绍在两相静止 αβ 坐标系和两相旋转 MT 坐标系上表示空间矢量。以三相定子电流 i_{sa}、i_{sb} 和 i_{sc} 为例。

3.2.1　Clark 变换（3s/2s 变换）

三相静止 ABC 坐标系到两相静止 αβ 坐标系的变换（3s/2s 变换）也称为 Clark 变换。将三相对称的正弦交流电流 i_{sa}、i_{sb} 和 i_{sc} 通入三相对称定子绕组 A、B、C 中，将产生按正弦规律分布的以同步转速旋转的合成旋转磁动势；将两相对称的正弦交流电流通入静止的两相绕组 α、β 中，也可以产生完全一样的合成旋转磁动势。将 ABC 坐标系（设 N_3 为每相绕组匝数）和 αβ 坐标系（设 N_2 为每相绕组匝数）的原点并在一起，并让 A 轴和 α 轴重合，得到合并后的坐标系，如图 3.2 所示。依据磁动势相等的等效原则，可得

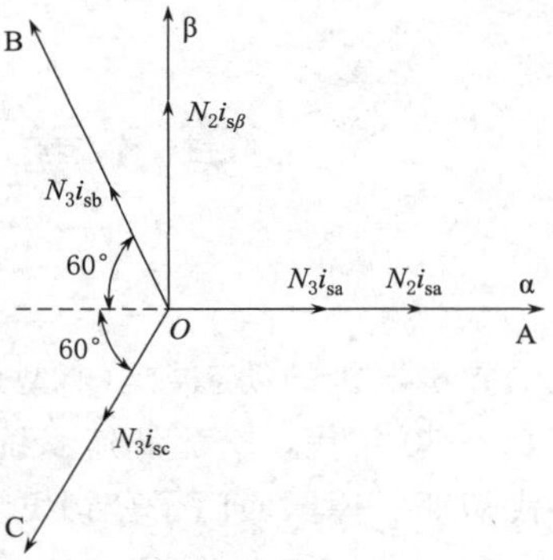

图 3.2　3s/2s 变换前后合成磁动势矢量

$$\begin{cases} N_2 i_{s\alpha} = N_3 i_{sa} - N_3 i_{sb}\cos\pi/3 - N_3 i_{sc}\cos\pi/3 = N_3\left(i_{sa} - \dfrac{1}{2}i_{sb} - \dfrac{1}{2}i_{sc}\right) \\ N_2 i_{s\beta} = N_3 i_{sb}\sin\pi/3 - N_3 i_{sc}\sin\pi/3 = \dfrac{\sqrt{3}}{2}N_3(i_{sb} - i_{sc}) \end{cases} \tag{3.2}$$

式中：$i_{s\alpha}$、$i_{s\beta}$ 分别为定子绕组在 α 轴、β 轴的电流分量。

用矩阵形式表示为

$$\begin{bmatrix} i_{s\alpha} \\ i_{s\beta} \end{bmatrix} = \frac{N_3}{N_2}\begin{bmatrix} 1 & -\dfrac{1}{2} & -\dfrac{1}{2} \\ 0 & \dfrac{\sqrt{3}}{2} & -\dfrac{\sqrt{3}}{2} \end{bmatrix}\begin{bmatrix} i_{sa} \\ i_{sb} \\ i_{sc} \end{bmatrix} \tag{3.3}$$

根据变换前后电机总功率不变的等效原则，可以解得

$$\frac{N_3}{N_2} = \sqrt{\frac{2}{3}} \tag{3.4}$$

将式（3.4）代入式（3.3），得

$$\begin{bmatrix} i_{s\alpha} \\ i_{s\beta} \end{bmatrix} = \sqrt{\frac{2}{3}}\begin{bmatrix} 1 & -\dfrac{1}{2} & -\dfrac{1}{2} \\ 0 & \dfrac{\sqrt{3}}{2} & -\dfrac{\sqrt{3}}{2} \end{bmatrix}\begin{bmatrix} i_{sa} \\ i_{sb} \\ i_{sc} \end{bmatrix} \tag{3.5}$$

令 $\boldsymbol{C}_{3s/2s}$ 表示从 ABC 坐标系变换到 αβ 坐标系的 Clark 变换矩阵，即

$$\boldsymbol{C}_{3s/2s} = \sqrt{\frac{2}{3}}\begin{bmatrix} 1 & -\dfrac{1}{2} & -\dfrac{1}{2} \\ 0 & \dfrac{\sqrt{3}}{2} & -\dfrac{\sqrt{3}}{2} \end{bmatrix} \tag{3.6}$$

相反，如果要从 αβ 坐标系变换到 ABC 坐标系（简称 2s/3s 变换），首先需要将 $\boldsymbol{C}_{3s/2s}$ 扩展成方阵，求其 Clark 变换逆矩阵后，再丢掉增加的一列，即得

$$C_{2s/3s}=\sqrt{\frac{2}{3}}\begin{bmatrix}1 & 0\\ -\frac{1}{2} & \frac{\sqrt{3}}{2}\\ -\frac{1}{2} & -\frac{\sqrt{3}}{2}\end{bmatrix} \tag{3.7}$$

考虑到定子三相电流存在约束关系$\sum i=i_{sA}+i_{sB}+i_{sC}=0$，将该约束关系式代入式(3.5)，其 Clark 变换可以简化为

$$\begin{bmatrix}i_{s\alpha}\\ i_{s\beta}\end{bmatrix}=\begin{bmatrix}\sqrt{\frac{3}{2}} & 0\\ \frac{1}{\sqrt{2}} & \sqrt{2}\end{bmatrix}\begin{bmatrix}i_{sa}\\ i_{sb}\end{bmatrix} \tag{3.8}$$

相应的逆变换为

$$\begin{bmatrix}i_{sa}\\ i_{sb}\end{bmatrix}=\begin{bmatrix}\sqrt{\frac{2}{3}} & 0\\ -\frac{1}{\sqrt{6}} & \frac{1}{\sqrt{2}}\end{bmatrix}\begin{bmatrix}i_{s\alpha}\\ i_{s\beta}\end{bmatrix} \tag{3.9}$$

3.2.2 Park 变换（2s/2r 变换）

两相静止 αβ 坐标系到任意两相旋转 MT 坐标系的变换（2s/2r 变换）也称为 Park 变换。

首先设任意两相旋转 MT 坐标系的旋转角速度为ω_s，M 轴与 α 轴的夹角为θ_1，如图 3.3 所示。αβ 坐标系中通入两相交流电流$i_{s\alpha}$、$i_{s\beta}$，它们将产生合成磁动势F_s，以角速度ω_s旋转；MT 坐标系中分别通入直流电流i_{sM}、i_{sT}，它们也将产生合成磁动势F_s，且随 MT 坐标系以角速度ω_s旋转。

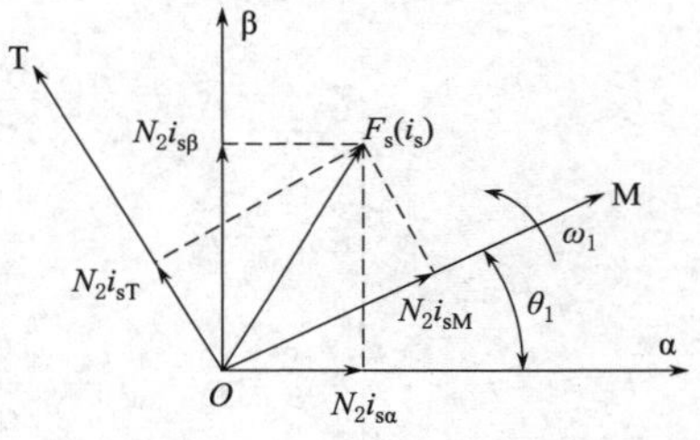

图 3.3　2s/2r 变换前后合成磁动势矢量

设每相绕组匝数都是N_2，按照变换前后的合成磁动势相等原则，变换前后的$i_{s\alpha}$、$i_{s\beta}$以及i_{sM}、i_{sT}之间存在如下数学关系：

$$\begin{bmatrix}i_{sM}\\ i_{sT}\end{bmatrix}=\begin{bmatrix}\cos\theta_1 & \sin\theta_1\\ -\sin\theta_1 & \cos\theta_1\end{bmatrix}\begin{bmatrix}i_{s\alpha}\\ i_{s\beta}\end{bmatrix}=C_{2s/2r}\begin{bmatrix}i_{s\alpha}\\ i_{s\beta}\end{bmatrix} \tag{3.10}$$

其中 Park 变换阵为

$$C_{2s/2r}=\begin{bmatrix}\cos\theta_1 & \sin\theta_1\\ -\sin\theta_1 & \cos\theta_1\end{bmatrix} \tag{3.11}$$

对式（3.10）两边都左乘 Park 变换阵$C_{3s/2s}$的逆矩阵，可得

$$\begin{bmatrix}i_{s\alpha}\\ i_{s\beta}\end{bmatrix}=\begin{bmatrix}\cos\theta_1 & \sin\theta_1\\ -\sin\theta_1 & \cos\varphi\end{bmatrix}^{-1}\begin{bmatrix}i_{sM}\\ i_{sT}\end{bmatrix}=\begin{bmatrix}\cos\theta_1 & -\sin\theta_1\\ \sin\theta_1 & \cos\theta_1\end{bmatrix}\begin{bmatrix}i_{sM}\\ i_{sT}\end{bmatrix} \tag{3.12}$$

其中 Park 变换逆矩阵为

$$C_{2r/2s}=\begin{bmatrix}\cos\theta_1 & -\sin\theta_1\\ \sin\theta_1 & \cos\theta_1\end{bmatrix} \tag{3.13}$$

为此，三相静止 ABC 坐标系到任意两相旋转 MT 坐标系的变换（3s/2r 变换）为

$$C_{3s/2r}=C_{2s/2r}C_{3s/2s}=\sqrt{\frac{2}{3}}\begin{bmatrix}\cos\theta_1 & \cos 2\pi/3 & \cos(\theta_1+2\pi/3)\\ -\sin\theta_1 & -\sin(\theta_1-2\pi/3) & -\sin(\theta_1+2\pi/3)\end{bmatrix} \tag{3.14}$$

对应的反变换式为

$$C_{2r/3s}=\sqrt{\frac{2}{3}}\begin{bmatrix}\cos\theta_1 & -\sin\theta_1\\ \cos(\theta_1-2\pi/3) & -\sin(\theta_1-2\pi/3)\\ \cos(\theta_1+2\pi/3) & -\sin(\theta_1+2\pi/3)\end{bmatrix} \tag{3.15}$$

3.3　异步电机的数学模型分析

异步电机物理模型如图 3.4 所示，θ_r 为转子角位移（电角度）。为了描述电机数学模型，作如下假设：①忽略电机磁路饱和、磁滞和涡流影响；②定转子三相绕组完全对称；③忽略电机磁动势的谐波成分，定转子每相气隙磁动势在空间呈正弦波。在以上假设条件下，异步电机的动态数学模型可以用电压方程、磁链方程、转矩方程和运动方程加以描述。

3.3.1　静止坐标系下的数学模型

1. 电压方程

ABC 坐标系下三相定转子绕组的电压方程为

$$\begin{cases}u_{sa}=R_s i_{sa}+\dfrac{d\psi_{sa}}{dt}\\ u_{sb}=R_s i_{sb}+\dfrac{d\psi_{sb}}{dt}\\ u_{sc}=R_s i_{sc}+\dfrac{d\psi_{sc}}{dt}\\ u_{ra}=R_r i_{ra}+\dfrac{d\psi_{ra}}{dt}\\ u_{rb}=R_r i_{rb}+\dfrac{d\psi_{rb}}{dt}\\ u_{rc}=R_r i_{rc}+\dfrac{d\psi_{rc}}{dt}\end{cases} \tag{3.16}$$

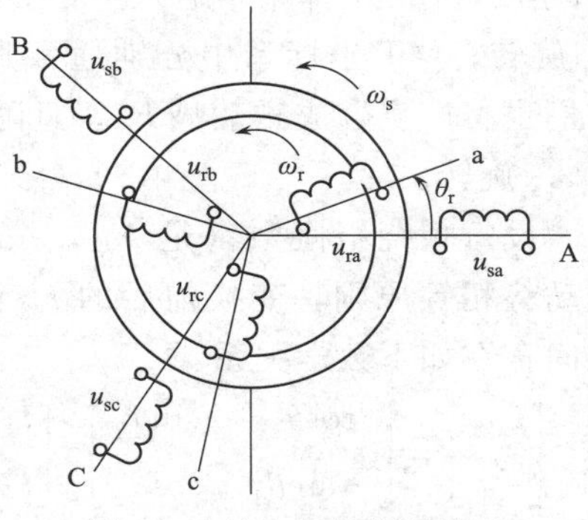

图 3.4　异步电机物理模型

式中：u_{ra}、u_{rb}、u_{rc} 分别为转子三相绕组相电压；i_{ra}、i_{rb}、i_{rc} 分别为转子三相相电流；ψ_{sa}、ψ_{sb}、ψ_{sc} 分别为三相定子磁链；ψ_{ra}、ψ_{rb}、ψ_{rc} 分别为三相转子磁链；R_s 为定子一相绕组电阻；R_r 为转子一相绕组电阻。

式（3.16）用矩阵方程表示为

$$\begin{bmatrix} u_{sa} \\ u_{sb} \\ u_{sc} \\ u_{ra} \\ u_{rb} \\ u_{rc} \end{bmatrix} = \begin{bmatrix} R_s & 0 & 0 & 0 & 0 & 0 \\ 0 & R_s & 0 & 0 & 0 & 0 \\ 0 & 0 & R_s & 0 & 0 & 0 \\ 0 & 0 & 0 & R_r & 0 & 0 \\ 0 & 0 & 0 & 0 & R_r & 0 \\ 0 & 0 & 0 & 0 & 0 & R_r \end{bmatrix} \begin{bmatrix} i_{sa} \\ i_{sb} \\ i_{sc} \\ i_{ra} \\ i_{rb} \\ i_{rc} \end{bmatrix} + \begin{bmatrix} \frac{d\psi_{sa}}{dt} \\ \frac{d\psi_{sb}}{dt} \\ \frac{d\psi_{sc}}{dt} \\ \frac{d\psi_{ra}}{dt} \\ \frac{d\psi_{rb}}{dt} \\ \frac{d\psi_{rc}}{dt} \end{bmatrix} \tag{3.17}$$

或写成

$$\boldsymbol{u} = \boldsymbol{Ri} + \frac{d\boldsymbol{\psi}}{dt} \tag{3.18}$$

通过 Clark 变换，可以得到在两相静止 αβ 坐标系下电机电压方程为

$$\begin{bmatrix} u_{s\alpha} \\ u_{s\beta} \\ u_{r\alpha} \\ u_{r\beta} \end{bmatrix} = \begin{bmatrix} R_s & 0 & 0 & 0 \\ 0 & R_s & 0 & 0 \\ 0 & 0 & R_r & 0 \\ 0 & 0 & 0 & R_r \end{bmatrix} \begin{bmatrix} i_{s\alpha} \\ i_{s\beta} \\ i_{r\alpha} \\ i_{r\beta} \end{bmatrix} + \frac{d}{dt} \begin{bmatrix} \psi_{s\alpha} \\ \psi_{s\beta} \\ \psi_{r\alpha} \\ \psi_{r\beta} \end{bmatrix} + \begin{bmatrix} 0 \\ 0 \\ -\omega_r \psi_{r\beta} \\ \omega_r \psi_{r\alpha} \end{bmatrix} \tag{3.19}$$

式中：$u_{r\alpha}$、$u_{r\beta}$ 分别为转子电压在 α、β 轴的分量；$i_{r\alpha}$、$i_{r\beta}$ 分别为转子电流在 α、β 轴的分量；$\psi_{s\alpha}$、$\psi_{s\beta}$ 分别为定子磁链在 α、β 轴的分量；$\psi_{r\alpha}$、$\psi_{r\beta}$ 分别为转子磁链在 α、β 轴的分量。

对于鼠笼式异步电机，$u_{ra}=u_{rb}=u_{rc}=u_{r\alpha}=u_{r\beta}=0$。

2. 磁链方程

异步电机定子和转子绕组所交链的全部磁链都由两部分组成，即自感磁链和互感磁链，其磁链方程为

$$\begin{bmatrix} \psi_{sa} \\ \psi_{sb} \\ \psi_{sc} \\ \psi_{ra} \\ \psi_{rb} \\ \psi_{rc} \end{bmatrix} = \begin{bmatrix} L_{AA} & L_{AB} & L_{AC} & L_{Aa} & L_{Ab} & L_{Ac} \\ L_{BA} & L_{BB} & L_{BC} & L_{Ba} & L_{Bb} & L_{Bc} \\ L_{CA} & L_{CB} & L_{CC} & L_{Ca} & L_{Cb} & L_{Cb} \\ L_{aA} & L_{aB} & L_{aC} & L_{aa} & L_{ab} & L_{ac} \\ L_{bA} & L_{bB} & L_{bC} & L_{ba} & L_{bb} & L_{bc} \\ L_{cA} & L_{cB} & L_{cC} & L_{ca} & L_{cb} & L_{cc} \end{bmatrix} \begin{bmatrix} i_{sa} \\ i_{sb} \\ i_{sc} \\ i_{ra} \\ i_{rb} \\ i_{rc} \end{bmatrix} \tag{3.20}$$

或写成

$$\boldsymbol{\psi} = \boldsymbol{Li} \tag{3.21}$$

式中：$\boldsymbol{L}$ 为电感矩阵，矩阵中对角线系数都代表自感；L_{AA}、L_{BB}、L_{CC} 为定子自感；L_{aa}、L_{bb}、L_{cc} 为转子自感；其余各项系数分别为定子和转子绕组的互感。

下面分别分析自感与互感系数的数学表达式。

定子和转子绕组中每相所交链的磁通由励磁磁通与漏感磁通组成，励磁磁通占主导。定、转子相绕组的自感分别为

$$\begin{cases}L_{AA}=L_{BB}=L_{CC}=L_m+L_{s\sigma}=L_s\\L_{aa}=L_{bb}=L_{cc}=L_m+L_{r\sigma}=L_r\end{cases}\tag{3.22}$$

式中：L_m 为定转子各相的励磁电感；$L_{s\sigma}$、$L_{r\sigma}$ 分别为定子、转子的漏感；L_s、L_r 分别为定子、转子电感。

异步电机绕组中的任意两相之间都有互感存在，其互感分成两种：三相定子（转子）绕组相互之间的互感和任一相定子绕组与转子绕组之间的互感。三相定子（转子）绕组相互之间的空间位置都是固定的，空间的相位差是±2π/3，因此互感系数为常数。即

$$\begin{cases}L_{AB}=L_{BC}=L_{CA}=L_{BA}=L_{CB}=L_{AC}=L_m\cos 2\pi/3=-\dfrac{1}{2}L_m\\L_{ab}=L_{bc}=L_{ca}=L_{ba}=L_{cb}=L_{ac}=L_m\cos 2\pi/3=-\dfrac{1}{2}L_m\end{cases}\tag{3.23}$$

任一相定子绕组与转子绕组相互之间的空间位置是变化的。当忽略气隙磁场的空间高次谐波，则可以近似认为定转子绕组之间的互感系数是转子角位移 θ_r 的函数，分别表示为

$$\begin{cases}L_{Aa}=L_{aA}=L_{Bb}=L_{bB}=L_{Cc}=L_{cC}=L_m\cos\theta_r\\L_{Ab}=L_{bA}=L_{Bc}=L_{cB}=L_{Ca}=L_{aC}=L_m\cos(\theta_r+2\pi/3)\\L_{Ac}=L_{cA}=L_{Ba}=L_{aB}=L_{Cb}=L_{bC}=L_m\cos(\theta_r-2\pi/3)\end{cases}\tag{3.24}$$

当每相对应的定转子两相绕组的轴线重合时，两者之间互感可达最大值 L_m。

将上面的分析结果代入磁链方程，可表示为

$$\begin{bmatrix}\boldsymbol{\psi}_s\\\boldsymbol{\psi}_r\end{bmatrix}=\begin{bmatrix}\boldsymbol{L}_s & \boldsymbol{L}_{sr}\\\boldsymbol{L}_{rs} & \boldsymbol{L}_r\end{bmatrix}\begin{bmatrix}\boldsymbol{i}_s\\\boldsymbol{i}_r\end{bmatrix}\tag{3.25}$$

式中：$\boldsymbol{\psi}_s=[\psi_{sa}\quad\psi_{sb}\quad\psi_{sc}]^T$；$\boldsymbol{\psi}_r=[\psi_{ra}\quad\psi_{rb}\quad\psi_{rc}]^T$；$\boldsymbol{i}_s=[i_{sa}\quad i_{sb}\quad i_{sc}]^T$；$\boldsymbol{i}_r=[i_{ra}\quad i_{rb}\quad i_{rc}]^T$。

其中

$$\boldsymbol{L}_s=\begin{bmatrix}L_m+L_{s\sigma} & -\dfrac{1}{2}L_m & -\dfrac{1}{2}L_m\\-\dfrac{1}{2}L_m & L_m+L_{s\sigma} & -\dfrac{1}{2}L_m\\-\dfrac{1}{2}L_m & -\dfrac{1}{2}L_m & L_m+L_{s\sigma}\end{bmatrix};\boldsymbol{L}_r=\begin{bmatrix}L_m+L_{r\sigma} & -\dfrac{1}{2}L_m & -\dfrac{1}{2}L_m\\-\dfrac{1}{2}L_m & L_m+L_{r\sigma} & -\dfrac{1}{2}L_m\\-\dfrac{1}{2}L_m & -\dfrac{1}{2}L_m & L_m+L_{r\sigma}\end{bmatrix}\tag{3.26}$$

$$\boldsymbol{L}_{rs}=\boldsymbol{L}_{sr}^T=L_m\begin{bmatrix}\cos\theta_r & \cos(\theta_r-2\pi/3) & \cos(\theta_r+2\pi/3)\\\cos(\theta_r+2\pi/3) & \cos\theta_r & \cos(\theta_r-2\pi/3)\\\cos(\theta_r-2\pi/3) & \cos(\theta_r+2\pi/3) & \cos\theta_r\end{bmatrix}\tag{3.27}$$

通过 Clark 变换，可以得到在两相静止 αβ 坐标系下的磁链方程为

$$\begin{bmatrix}\psi_{s\alpha}\\ \psi_{s\beta}\\ \psi_{r\alpha}\\ \psi_{r\beta}\end{bmatrix}=\begin{bmatrix}L_s & 0 & L_m & 0\\ 0 & L_s & 0 & L_m\\ L_m & 0 & L_r & 0\\ 0 & L_m & 0 & L_r\end{bmatrix}\begin{bmatrix}i_{s\alpha}\\ i_{s\beta}\\ i_{r\alpha}\\ i_{r\beta}\end{bmatrix} \tag{3.28}$$

3. 转矩方程

异步电机输出的电磁转矩等于机械角位移变化时磁共能的变化率，即

$$T_e=\left.\frac{\partial W_m}{\partial \theta_m}\right|_{i=常数}=p_n\left.\frac{\partial W'_m}{\partial \theta_r}\right|_{i=常数} \tag{3.29}$$

其中

$$W_m=W'_m=\frac{1}{2}\boldsymbol{i}^T\boldsymbol{\psi}=\frac{1}{2}\boldsymbol{i}^T\boldsymbol{L}\boldsymbol{i}$$

$$\theta_m=\theta_r/p_n$$

式中：W_m、W'_m分别为异步电机内磁场的储能和磁共能；θ_m 为机械角位移。

由前面分析可得

$$T_e=\frac{1}{2}p_n\left[\boldsymbol{i}_r^T\frac{\partial \boldsymbol{L}_{rs}}{\partial \theta_r}\boldsymbol{i}_s+\boldsymbol{i}_s^T\frac{\partial \boldsymbol{L}_{sr}}{\partial \theta_r}\boldsymbol{i}_r\right] \tag{3.30}$$

将式（3.27）代入式（3.30），可以得到电磁转矩为

$$\begin{aligned}T_e=p_nL_m[&(i_{sa}i_{ra}+i_{sb}i_{rb}+i_{sc}i_{rc})\sin\theta_r+(i_{sa}i_{rb}+i_{sb}i_{rc}+i_{sc}i_{ra})\sin(\theta_r+2\pi/3)\\&+(i_{sa}i_{rc}+i_{sb}i_{ra}+i_{sc}i_{rb})\sin(\theta_r-2\pi/3)]\end{aligned} \tag{3.31}$$

或

$$T_e=p_nL_m(i_{s\beta}i_{r\alpha}-i_{s\alpha}i_{r\beta})=p_n\boldsymbol{\psi}_s\times\boldsymbol{i}_s=p_n(i_{s\beta}\psi_{s\alpha}-i_{s\alpha}\psi_{s\beta}) \tag{3.32}$$

4. 运动方程

将式（1.6）进行变换，即

$$T_e=T_L+\frac{J}{p_n}\frac{d\omega_r}{dt} \tag{3.33}$$

3.3.2 旋转坐标系下的数学模型

通过 Park 变换，可将静止坐标系下异步电机的数学模型变换为任意两相旋转 MT 坐标系下的数学模型。由于运动方程与式（3.33）一致，下面不再重复表述。

1. 电压方程

$$\begin{bmatrix}u_{sM}\\ u_{sT}\\ u_{rM}\\ u_{rT}\end{bmatrix}=\begin{bmatrix}R_s & 0 & 0 & 0\\ 0 & R_s & 0 & 0\\ 0 & 0 & R_r & 0\\ 0 & 0 & 0 & R_r\end{bmatrix}\begin{bmatrix}i_{sM}\\ i_{sT}\\ i_{rM}\\ i_{rT}\end{bmatrix}+\frac{d}{dt}\begin{bmatrix}\psi_{sM}\\ \psi_{sT}\\ \psi_{rM}\\ \psi_{rT}\end{bmatrix}+\begin{bmatrix}-\omega_1\psi_{sT}\\ \omega_1\psi_{sM}\\ -(\omega_1-\omega_r)\psi_{rT}\\ (\omega_1-\omega_r)\psi_{rM}\end{bmatrix} \tag{3.34}$$

式中：u_{sM}、u_{sT} 分别为定子电压在 M、T 轴的分量；u_{rM}、u_{rT} 分别为转子电压在 M、T 轴的分量；i_{sM}、i_{sT} 分别为定子电流在 M、T 轴的分量；i_{rM}、i_{rT} 分别为转子电流在 M、T 轴的分量；ψ_{sM}、ψ_{sT} 分别为定子磁链在 M、T 轴的分量；ψ_{rM}、ψ_{rT} 分别为转子磁

链在 M、T 轴的分量；$\omega_1-\omega_r$ 为 MT 坐标系相对于转子的角转速。

2. 磁链方程

$$\begin{bmatrix}\psi_{sM}\\ \psi_{sT}\\ \psi_{rM}\\ \psi_{rT}\end{bmatrix}=\begin{bmatrix}L_s & 0 & L_m & 0\\ 0 & L_s & 0 & L_m\\ L_m & 0 & L_r & 0\\ 0 & L_m & 0 & L_r\end{bmatrix}\begin{bmatrix}i_{sM}\\ i_{sT}\\ i_{rM}\\ i_{rT}\end{bmatrix} \tag{3.35}$$

3. 转矩方程

$$T_e=p_n L_m(i_{sT}i_{rM}-i_{sM}i_{rT}) \tag{3.36}$$

设 M、T 轴旋转角速度为异步电机同步角转度，即 $\omega_1=\omega_s$。令转差 $\omega_{sl}=\omega_s-\omega_r$，从而得到异步电机在两相旋转 MT 坐标系下的数学模型，其中磁链方程和转矩方程不变，电压方程变为

$$\begin{bmatrix}u_{sM}\\ u_{sT}\\ u_{rM}\\ u_{rT}\end{bmatrix}=\begin{bmatrix}R_s & 0 & 0 & 0\\ 0 & R_s & 0 & 0\\ 0 & 0 & R_r & 0\\ 0 & 0 & 0 & R_r\end{bmatrix}\begin{bmatrix}i_{sM}\\ i_{sT}\\ i_{rM}\\ i_{rT}\end{bmatrix}+\frac{d}{dt}\begin{bmatrix}\psi_{sM}\\ \psi_{sT}\\ \psi_{rM}\\ \psi_{rT}\end{bmatrix}+\begin{bmatrix}-\omega_s\psi_{sT}\\ \omega_s\psi_{sM}\\ -\omega_{sl}\psi_{rT}\\ \omega_{sl}\psi_{rM}\end{bmatrix} \tag{3.37}$$

3.3.3 状态空间模型

异步电机的状态空间模型对于研究高性能电机控制系统及其分析快速动态特性尤其重要。一般 MT 坐标系上选取的状态变量为电流或者磁链，或者两者皆有。异步电机是 5 阶系统且具有多变量特性，可供选择的状态变量包括：定子绕组电流 i_{sM} 和 i_{sT}；转子绕组电流 i_{rM} 和 i_{rT}；定子绕组磁链 ψ_{sM} 和 ψ_{sT}；转子磁链绕组 ψ_{rM} 和 ψ_{rT}；电机角转速 ω_r。不同控制策略，选取的状态变量可能不一样。

针对鼠笼式异步电机，在旋转 MT 坐标系下，以 ω_r、i_{sM}、i_{sT}、ψ_{rM}、ψ_{rT} 作为状态变量的状态方程为

$$\begin{cases}\dfrac{di_{sM}}{dt}=\dfrac{L_m}{\sigma L_s L_r T_r}\psi_{rM}+\dfrac{L_m}{\sigma L_s L_r}\omega_r\psi_{rT}-\dfrac{R_s L_r^2+R_r L_m^2}{\sigma L_s L_r^2}i_{sM}+\omega_s i_{sT}+\dfrac{u_{sM}}{\sigma L_s}\\ \dfrac{di_{sT}}{dt}=\dfrac{L_m}{\sigma L_s L_r T_r}\psi_{rT}-\dfrac{L_m}{\sigma L_s L_r}\omega_r\psi_{rM}-\dfrac{R_s L_r^2+R_r L_m^2}{\sigma L_s L_r^2}i_{sT}-\omega_s i_{sM}+\dfrac{u_{sT}}{\sigma L_s}\\ \dfrac{d\psi_{rM}}{dt}=-\dfrac{1}{T_r}\psi_{rM}+\omega_{sl}\psi_{rT}+\dfrac{L_m}{T_r}i_{sM}\\ \dfrac{d\psi_{rT}}{dt}=-\dfrac{1}{T_r}\psi_{rT}-\omega_{sl}\psi_{rM}+\dfrac{L_m}{T_r}i_{sT}\end{cases} \tag{3.38}$$

$$\frac{d\omega_r}{dt}=\frac{p_n{}^2 L_m}{JL_r}(i_{sT}\psi_{rM}-i_{sM}\psi_{rT})-\frac{p_n}{J}T_L \tag{3.39}$$

其中

$$\sigma=1-\frac{L_m^2}{L_s L_r};\quad T_r=\frac{L_r}{R_r}$$

式中：σ 为电机漏磁系数；T_r 为转子时间常数。

状态变量、输入变量分别为 $\boldsymbol{X}=[\omega_r \quad \psi_{rM} \quad \psi_{rT} \quad i_{sM} \quad i_{sT}]^T$ 和 $\boldsymbol{U}=[u_{sM} \quad u_{sT} \quad \omega_s \quad T_L]^T$。

针对异步电机，两相静止 αβ 坐标系下，以 ω_r、$i_{s\alpha}$、$i_{s\beta}$、$\psi_{r\alpha}$、$\psi_{r\beta}$ 作为状态变量的状态方程为

$$\begin{cases}\dfrac{di_{s\alpha}}{dt}=\dfrac{L_m}{\sigma L_s L_r T_r}\psi_{r\alpha}+\dfrac{L_m}{\sigma L_s L_r}\omega_r\psi_{r\beta}-\dfrac{R_s L_r^2+R_r L_m^2}{\sigma L_s L_r^2}i_{s\alpha}+\dfrac{u_{s\alpha}}{\sigma L_s}\\ \dfrac{di_{s\beta}}{dt}=\dfrac{L_m}{\sigma L_s L_r T_r}\psi_{r\beta}-\dfrac{L_m}{\sigma L_s L_r}\omega_r\psi_{r\alpha}-\dfrac{R_s L_r^2+R_r L_m^2}{\sigma L_s L_r^2}i_{s\beta}+\dfrac{u_{s\beta}}{\sigma L_s}\\ \dfrac{d\psi_{r\alpha}}{dt}=-\dfrac{1}{T_r}\psi_{r\alpha}-\omega_r\psi_{r\beta}+\dfrac{L_m}{T_r}i_{s\alpha}\\ \dfrac{d\psi_{r\beta}}{dt}=-\dfrac{1}{T_r}\psi_{r\beta}+\omega_r\psi_{r\alpha}+\dfrac{L_m}{T_r}i_{s\beta}\end{cases} \tag{3.40}$$

$$\frac{d\omega_r}{dt}=\frac{p_n{}^2 L_m}{J L_r}(i_{s\beta}\psi_{r\alpha}-i_{s\alpha}\psi_{r\beta})-\frac{p_n}{J}T_L \tag{3.41}$$

3.4　矢量控制原理

异步电机的矢量控制建立在磁场定向基础上，所谓的定向就是指选择特定的同步旋转坐标系，即确定 MT 轴系的取向。下面介绍几种常见的磁场定向矢量控制方法。

3.4.1　转子磁场定向矢量控制原理

在磁链定向矢量控制中，一般把同步旋转 MT 坐标系用同步旋转 dq 坐标系代替，M 轴与 d 轴重合。转子磁链定向矢量控制的基本原理是建立在转子磁链矢量 ψ_r 与 d 轴重合的 dq 坐标系上，$\psi_{rd}=\psi_r$、$\psi_{rq}=0$ 且 $\theta_1=\theta_s$、$\omega_1=\omega_s$。此时，电压方程、磁链方程和转矩方程为

$$\begin{cases}u_{sd}=R_s i_{sd}+p\psi_{sd}-\omega_s\psi_{sq}\\ u_{sq}=R_s i_{sq}+p\psi_{sq}+\omega_s\psi_{sd}\\ u_{rd}=R_r i_{rd}+p\psi_{rd}\\ u_{rq}=R_r i_{rq}+\omega_{sl}\psi_{rd}\end{cases} \tag{3.42}$$

$$\begin{cases}\psi_{sd}=L_s i_{sd}+L_m i_{rd}\\ \psi_{sq}=L_s i_{sq}+L_m i_{rq}\\ \psi_{rd}=L_m i_{sd}+L_s i_{rd}\\ \psi_{rq}=0=L_m i_{sq}+L_s i_{rq}\end{cases} \tag{3.43}$$

式中：p 为微分算子；u_{sd}、u_{sq} 分别为定子电压在 d、q 轴的分量；u_{rd}、u_{rq} 分别为转子电压在 d、q 轴的分量；i_{rd}、i_{rq} 分别为转子电流在 d、q 轴的分量；ψ_{sd}、ψ_{sq} 分别为定子磁链在 d、q 轴的分量；ψ_{rd}、ψ_{rq} 分别为转子磁链在 d、q 轴的分量。

整理式（3.42）和式（3.43），消除定子磁链、转子电流，得到旋转角速度为

$$\omega_{sl}=\omega_r+\frac{L_m}{T_r\psi_r}i_{sq} \tag{3.44}$$

转差角频率 ω_{sl} 为

$$\omega_{sl}=\omega_s-\omega_r=\frac{L_m}{T_r\psi_r}i_{sq} \tag{3.45}$$

转子磁链 ψ_r 为

$$\psi_r=\frac{L_m}{T_rp+1}i_{sd} \tag{3.46}$$

转矩方程 T_e 为

$$T_e=p_n\frac{L_m}{L_r}i_{sq}\psi_r=\frac{p_n}{R_r}\psi_r{}^2\omega_{sl} \tag{3.47}$$

式（3.45）和式（3.46）表明，在转子磁链定向 dq 坐标系下，异步电机数学模型与直流电机数学模型完全一致，如图 3.5 所示。可将三相定子电流分解（解耦）为在 dq 坐标系下的电流分量 i_{sd} 和 i_{sq}；其中 i_{sd} 是励磁分量，i_{sq} 是转矩分量。由 i_{sd} 按式（3.46）决定转子磁链 ψ_r 的大小，通过控制 i_{sd} 可以控制 ψ_r 恒定；从而，控制 i_{sq} 按式（3.47）决定 T_e 的大小。可见，异步电机的矢量控制系统就相当于直流调速系统，因此矢量控制的异步电机调速系统在静态、动态性能上可与直流调速系统媲美。

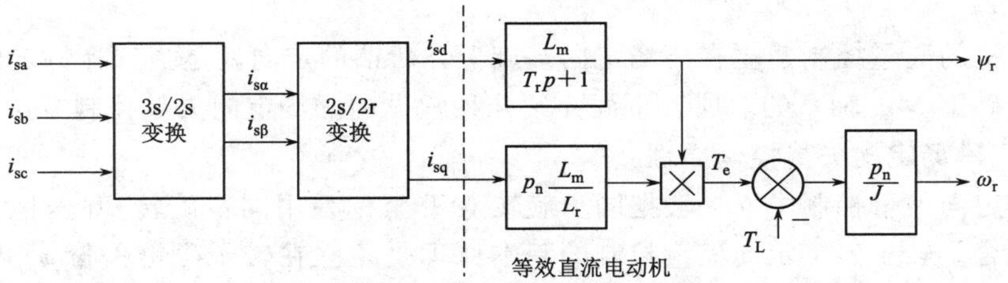

图 3.5 异步电机矢量变换及等效直流电机模型

下面分别以电压源逆变器和电流源逆变器为例，介绍几种常见的矢量控制系统。

图 3.6 是电压源逆变器下转子磁通矢量控制基本框图。在忽略反电动势引起的交叉耦合项后，可以由 d 轴分量控制转子磁链，q 轴分量控制转矩。目前大部分矢量控制系统采用该方法，这种含转子磁链反馈的矢量控制系统也称为直接转子磁链定向矢量控制系统，优点是系统达到完全解耦，缺点是磁链闭环控制系统中转子磁链的检测精度受转子时间常数 T_r 的影响较大，在一定程度上影响系统的性能。

图 3.7 电流源逆变器矢量控制系统结构图，图中 AΨR 为磁链控制器，ASR 为速度控制器。定子电流控制模式主要采用电流滞环跟踪控制，为分析简化起见，图 3.8 给出了逆变电路一条桥臂的电流滞环跟踪控制图。该控制法的基本思想是将参考电流 i^* 与实际输出电流 i 进行比较，其偏差 Δi 作为滞环特性比较器的输入信号，并借助滞环特性比较器的输出来控制功率器件 VT_1、VT_2 的通断。当 Δi 为正时，功率器件 VT_1 导通，则实际电流 i 增大；当 Δi 为负时，功率器件 VT_2 导通，则实际电流 i 的绝对值减小，这样，借助滞环比较器（环宽为 $2\Delta I$）的控制，实际电流 i 就在 $i^*+\Delta I$ 到 $i^*-\Delta I$ 范围内呈锯齿

形状地跟踪参考电流 i^* 的变化而变化。电流滞环控制的缺点是如果出现零电压矢量，会使电机处于空转状态，无法继续控制电机。修正方法是消除空转期或控制空转期的持续时间。

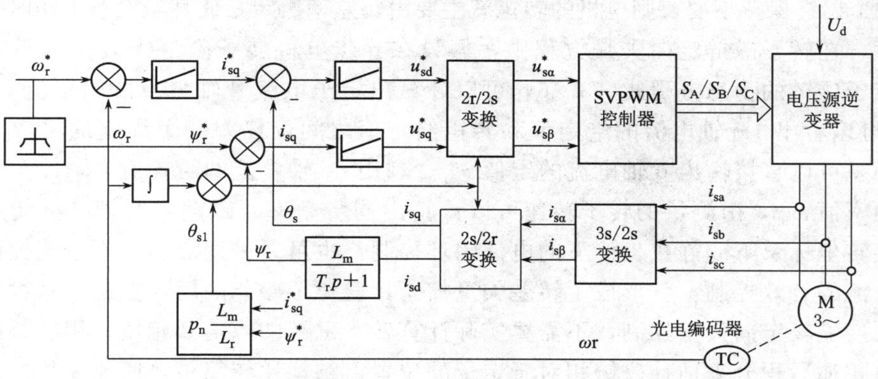

图 3.6 电压源逆变器下转子磁通矢量控制基本框图

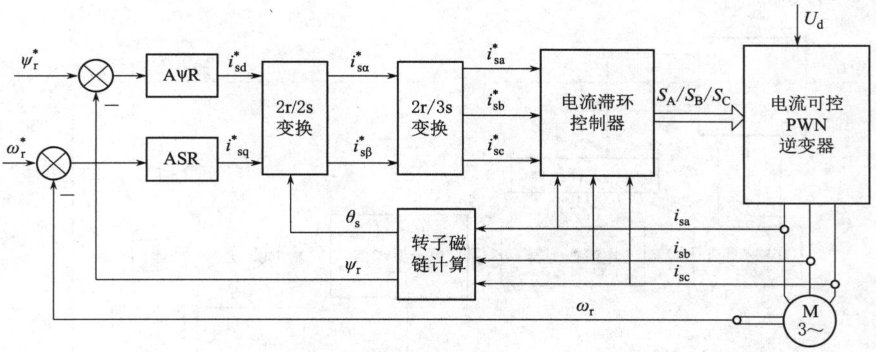

图 3.7 电流源逆变器矢量控制系统结构图

采用电压源逆变器和电流源逆变器的矢量控制系统，从结构上看，两类方法均表现为双闭环控制的系统结构，内环为电流环，外环为转子磁链或转速环；从控制作用上看，两类方法的闭环控制作用相同。两类方法的相异点为：电压源逆变器方法采用连续的 PI 控制，一般电流纹波略小（与 SVPWM 有关）；电流源逆变器方法采用电流的两点式控制，动态响应快，但电流纹波相对较大。

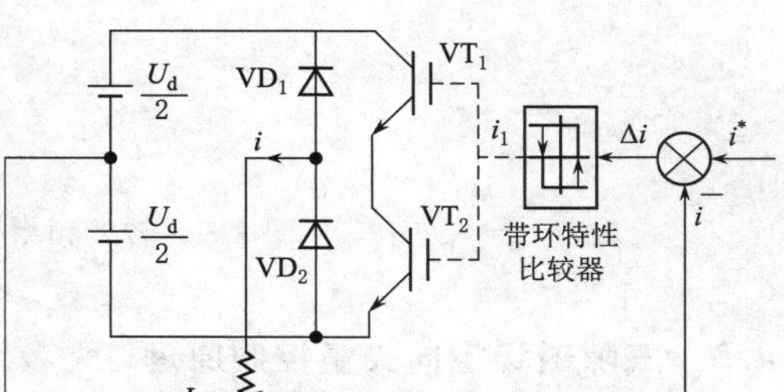

图 3.8 电流滞环跟踪控制

3.4.2 转差频率矢量控制原理

转差频率矢量控制的方法是日本学者 Yamamura、Nabae 等提出的，借鉴了矢量控制的思想，应用稳态转差频率，得到转子磁场的位置。其基本思想是，在转子磁链定向矢量控制中，由式（3.47）可以看出异步电机的转矩主要取决于电机的转差频率 ω_{sl}；但在运行状态突变的动态过程中，电机的转矩会出现偏差，其原因是电机中出现了暂态电流，它阻碍着运行状态的突变，影响了动作的快速性。如果在运行中控制电机定子、转子或气隙磁场中有一个始终保持不变，则电机的转矩就主要由转差率决定，使其与稳态工作时一样。

为此，在转子磁链定向矢量方程中，假设在异步电机转子磁链幅值保持不变的前提下，由转子磁链的稳态方程式（3.46）可以计算出定子电流 d 轴分量的给定值 i_{sd}^*；由式（3.47）可以看出，q 轴电流的给定值和转矩给定值之间仅仅差一个固定的系数，因此转速闭环偏差可以直接输出 q 轴电流的定值 i_{sq}^*。利用 dq 轴电流的给定值 i_{sd}^*、i_{sq}^* 可以估算出转差频率值 ω_{sl}，由测量的转子转速可以计算出同步频率、磁链角度等。电流的控制可以采用旋转坐标系下或静止坐标下的电流闭环控制，也可以采用滞环定子电流控制。通过对定子电流的有效控制，就形成了转差矢量控制，避免了磁能的闭环控制。这种控制方法也称为间接磁场定向矢量控制，不需要实际计算转子磁链的幅值和相位，用转差频率和量测的转速相加后积分来估计磁链相对于定子的位置，结构比较简单，所能获得的动态性能基本上可以达到直流双闭环控制系统的水平，因此得到了较多的推广应用，其控制基本框图如图 3.9 所示。

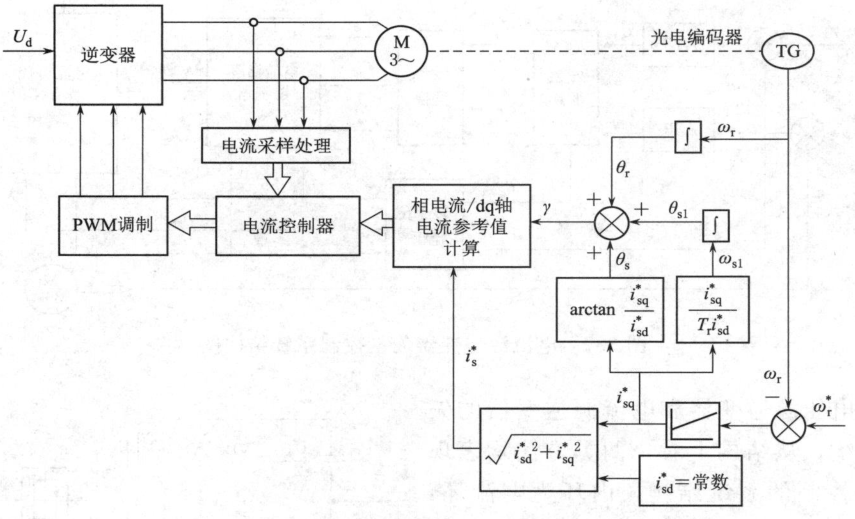

图 3.9　转差频率矢量控制系统基本框图

3.4.3　气隙磁场定向矢量控制原理

气隙磁场定向指将同步旋转 MT 坐标系的 M 轴与气隙磁链重合，气隙磁场在 MT 轴上的分量可表示为

$$\begin{cases}\psi_{mM}=L_m(i_{sM}+i_{rM})\\ \psi_{mT}=0=L_m(i_{sT}+i_{rT})\end{cases}\tag{3.48}$$

通过使用类似定子磁场定向的推导方法，可以求得

$$(1+T_r)p\psi_{mM}=L_m(1+T_rp)i_{sM}-\omega_{sl}T_rL_mi_{sT}+\omega_{sl}\frac{L_m^2}{R_r}i_{sT}-\frac{L_m^2}{R_r}i_{sM}\tag{3.49}$$

由式（3.49）不难看出，在磁链和电流的关系中存在着耦合，这类控制比转子磁链控制方式复杂。由于电机磁链的饱和程度与气隙磁链一致，因而基于气隙磁场的控制方式更适合处理饱和效应，但是需要增设解耦器，其解耦器的设计方法与下面介绍的定子磁场定向解耦器类似。

3.4.4 定子磁场定向矢量控制原理

定子磁场定向是将同步旋转 MT 坐标系的 M 轴与定子磁链矢量 ψ_s 重合。此时，定子磁链的 q 轴分量为 0，即 $\psi_{sM}=\psi_s$、$\psi_{sT}=0$。矢量控制方程为

$$\begin{cases}u_{sM}=R_s i_{sM}+p\psi_{sM}\\u_{sT}=R_s i_{sT}+\omega_s\psi_{sM}\\(1+pT_r)\psi_{sM}=(1+\sigma T_r p)L_s i_{sM}-\omega_{sl}\sigma T_r L_s i_{sT}\\0=(1+\sigma T_r p)L_s i_{sT}-\omega_{sl}T_r(\psi_{sM}-\sigma L_s i_{sM})\\T_e=p_n\psi_{sM}i_{sT}\end{cases}\tag{3.50}$$

根据以上推导模型，可得到以下四点结论：

（1）由式（3.50）可知，在定子磁场定向矢量控制中，没有直接出现易于变化的转子电阻，克服了转子磁场定向控制对难以估测的转子参数的严重依赖性，这是它的显著优点。

（2）当转子磁场定向时，励磁电流只与定子电流的励磁分量有关；而在进行定子磁链定向的开环控制时，定子电流的励磁分量 i_{sM} 和转矩分量 i_{sT} 都影响定子磁链。因此，与按转子磁场定向的矢量控制系统中转子磁链可以开环控制不同，定子磁链的控制比较复杂，必须采用闭环控制以抑制定子电流的不同分量对磁链的影响。

（3）式（3.50）第 3 项表明，定子磁链 ψ_{sM} 是 i_{sM} 和 i_{sT} 的函数，也就是彼此间存在着耦合现象。用 i_{sT} 改变转矩，那么它同时也会影响磁链。因此，必须采用前馈控制方法消除这种耦合效应，从而获得完全解耦的矢量控制。

（4）根据式（3.50）的电磁转矩可知，定子磁场定向和转子磁场定向的矢量控制一样，电磁转矩都由定子电流的转矩分量和磁场共同产生，转矩可以获得较好的平滑控制，克服了同样按定子磁场定向控制的直接转矩控制中，滞环比较控制导致的转矩脉动。

图 3.10 是定子磁链定向矢量控制系统的基本框图。异步电机按定子磁场定向的矢量控制虽然在很大程度上克服了转子磁场定向控制对转子参数的依赖性，但同时依赖于另一容易变化的电机参数——定子电阻 R_s。在前面的分析中都是假设 R_s 是恒定不变的参数，还未考虑其变化会给控制系统带来的影响。若能有效避免 R_s 对控制系统的影响，提高电机控制系统的鲁棒性，将显著提高基于定子磁场定向矢量控制系统的各方面控制性能。

定子磁链定向矢量控制中的前馈解耦方法如图 3.11 所示，图中定子电阻 R_s 只受定子绕组温度的影响，很容易被补偿。其原理如下：

解耦信号 i_{MT} 被加入到磁链控制器的输出中，两者一起产生 i_{sM}^* 指令信号，即

$$i_{sM}^*=G(\psi_{sM}^*-\psi_{sM})+i_{MT}\tag{3.51}$$

其中

$$G=K_1+K_2/s$$

将式（3.51）代入式（3.50）中，且令 $(1+\sigma sT_r)i_{MT}-\sigma T_r\omega_{sl}i_{sT}=0$，可得

$$i_{MT}=\frac{\sigma T_r \omega_{sl} i_{sT}}{1+\sigma s T_r} \tag{3.52}$$

根据电压方程和磁链方程，ω_{sl} 又可被表示为

$$\omega_{sl}=\frac{(1+\sigma s T_r)L_s i_{sT}}{T_r(\psi_{sM}-\sigma L_s i_{sM})} \tag{3.53}$$

将式（3.53）代入式（3.52），有

$$i_{MT}=\frac{\sigma L_s i_{sT}^2}{\psi_{sM}-\sigma L_s i_{sM}} \tag{3.54}$$

式（3.54）说明解耦电流 i_{MT} 是 ψ_{sM}、i_{sM} 和 i_{sT} 的函数，电磁转矩的一般表达式为

$$T_e=\frac{3}{2}\left(\frac{p_n}{2}\right)\psi_{sM} i_{sT} \tag{3.55}$$

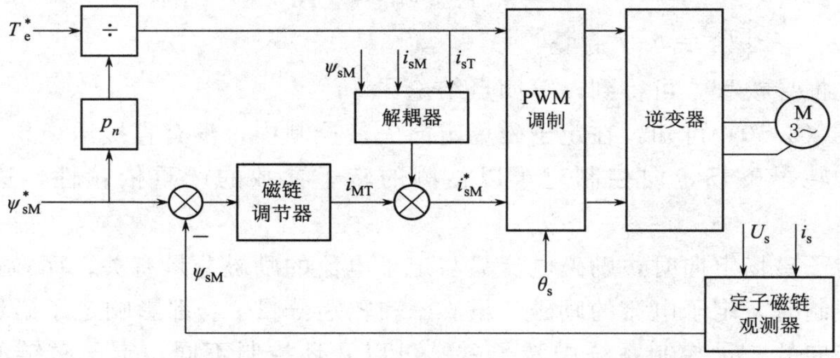

图 3.10　定子磁链定向矢量控制系统的基本框图

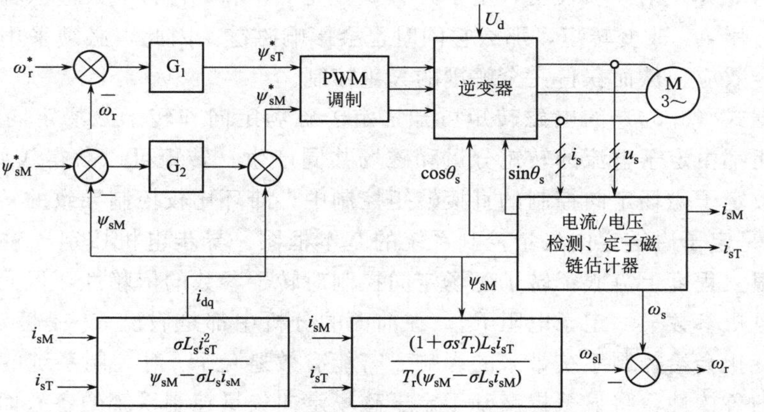

图 3.11　基于解耦器的定子磁链定向矢量控制框图

3.4.5　定子电压定向矢量控制原理

定子电压定向是将同步旋转 MT 坐标系的 M 轴与定子电压矢量 u_s 方向重合。此时，定子电压的 q 轴分量为 0，即 $u_{sM}=\sqrt{3}U_s$、$u_{sT}=0$；其中 U_s 为定子电压有效值。电机的磁链方程和转矩方程不变；对于鼠笼式异步电机，电压方程为

$$\begin{cases} u_{sM}=R_s i_{sM}+p\psi_{sM}-\omega_s\psi_{sT} \\ u_{sT}=0=R_s i_{sT}+p\psi_{sT}+\omega_s\psi_{sM} \\ u_{rM}=0=R_r i_{rM}+p\psi_{rM}-\omega_{sl}\psi_{rT} \\ u_{rT}=0=R_r i_{rT}+p\psi_{rT}+\omega_{sl}\psi_{rM} \end{cases} \tag{3.56}$$

当转矩及电机负载发生变化时，要求定子磁链和转子磁链始终保持恒定，即 $\psi_{sM}{}^2+\psi_{sT}{}^2$＝常数，$\psi_{rM}{}^2+\psi_{rT}{}^2$＝常数。可以使电机工作在额定磁链下，从而有效地利用电机的容量，并同时避免电机磁路饱和。为此，现对关系式“$\psi_{sM}{}^2+\psi_{sT}{}^2$＝常数”和“$\psi_{rM}{}^2+\psi_{rT}{}^2$＝常数”分别进行微分，得 $\psi_{sM}'\psi_{sM}+\psi_{sT}'\psi_{sT}=0$ 和 $\psi_{rM}'\psi_{rM}+\psi_{rT}'\psi_{rT}$，将式（3.56）中的两个定子电压表达式分别乘以 ψ_{sT} 和 ψ_{sM} 后相加，可以得到

$$i_{sM}\psi_{sM}+i_{sT}\psi_{sT}=u_{sM}\psi_{sM}/R_s \tag{3.57}$$

将式（3.56）中的两个转子电压表达式分别乘以 ψ_{rT} 和 ψ_{rM} 后相加，可以得到

$$i_{rM}\psi_{rM}+i_{rT}\psi_{rT}=0 \tag{3.58}$$

将磁链方程式中的转子量都用定子分量代替，并代入式（3.57）和式（3.58）中，可以推导出

$$u_{sM}=\sqrt{3}U_s=\frac{3R_s(\psi_{sref}^2+\sigma L_s I_s^2)}{L_s(1+\sigma)\psi_{sM}} \tag{3.59}$$

式中：ψ_{sref} 为给定的定子磁链有效值；I_s 为定子相电流有效值，且 $i_{sM}^2+i_{sT}^2=3I_s^2$。

可见，定子电压定向矢量控制具有在电机暂态过程中也保持磁链恒定的动态控制规律。图 3.12 为定子电压定向矢量控制框图，由于系统不需要复杂的坐标变换和反变换即可实现速度动态磁链控制闭环，整个系统的结构比传统的矢量控制系统大大简化。

对于上述几种矢量控制方法，如何实现高精度的定子磁链观测器是非常关键的，人们也提出了不同方法。在实际系统实现时，由于定子电压、电流均为可测量，通过它们可较直接地（不用进行坐标变换）构成定子磁链观测器。另外，转矩的观测精度也取决于定子磁链观测的精度。

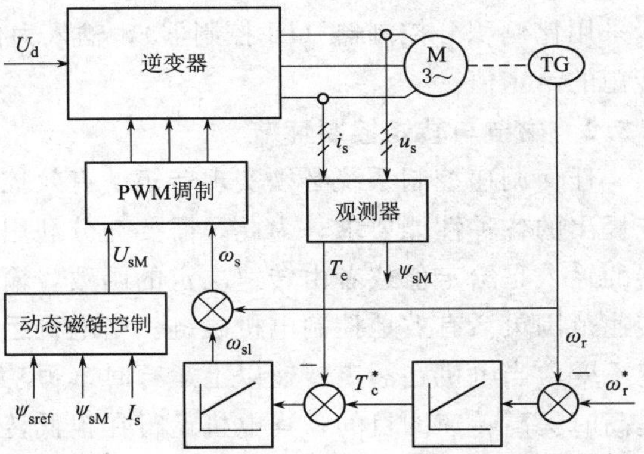

图 3.12 定子电压定向矢量控制框图

本节介绍的三种矢量控制方法是目前应用较多、比较成熟的方法。其中，转差频率矢量控制方法仅考虑转子磁链的稳态过程，动态性能较差，但系统结构最简单，能满足中低性能工业应用的要求，因而应用范围也较广。转子磁场定向、气隙磁场定向、定子磁场定向三种矢量控制方法均属于高性能调速方法。这三种方法各有优缺点，转子磁场定向能做到完全解耦，该方法应用较多；气隙磁场定向、定子磁场定向方法中磁通关系和转差关系中存在耦合，需要增加解耦器，其控制方法要复杂一些。但转子磁链检测受转子参数影响大，一定程度上影响了系

统性能，气隙磁链、定子磁链的检测基本不受转子参数影响。在处理饱和效应时，应用气隙磁场定向更为适宜，而对于大范围弱磁运行情况，定子磁场定向方法当为最佳选择。因此，在实际系统控制过程中，需要针对不同的运行情况与要求选择不同的矢量控制方案。

3.5　异步电机矢量控制系统基本环节

异步电机的矢量控制是建立在同步旋转坐标系上，后面介绍的永磁同步电机也是如此。磁场定向矢量控制方法可以实现转矩与磁链，或者有功与无功的解耦控制，从而达到把一个复杂的、强耦合的交流电机系统变成一个简单的、解耦的系统的目的。本节主要介绍矢量控制系统的基本组成，为系统设计打下基础。矢量控制系统一般由一些基本控制环节组成，在实际应用中，根据运行要求不同在基本框架下灵活变化，组成不同的控制策略和算法。图 3.13 为矢量控制系统的基本组成框图。

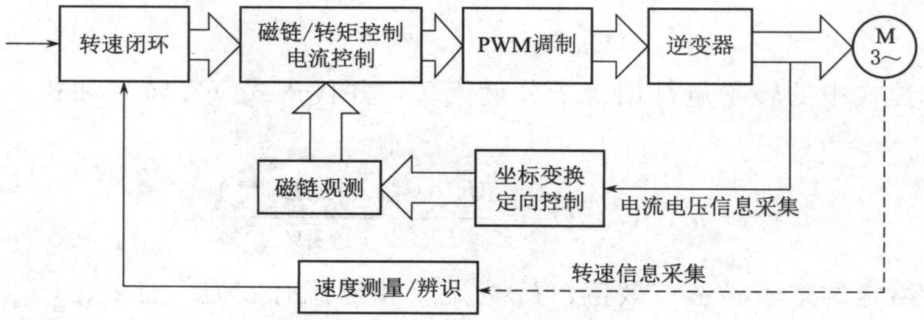

图 3.13　矢量控制系统的基本组成框图

3.5.1　转速或位置调节环节

对于位置控制系统，位置闭环为外环，转速闭环为内环。位置调节器或转速调节器一般采用比例积分控制器（PI 控制器），输入为位置或转速的给定值，输出一般对应转速或转矩的给定值。

3.5.2　磁链与转矩控制环节

任何调速控制系统必须实现转矩的有效控制，以快速准确地跟踪给定指令，满足对系统提出的各种性能要求。为此，需要充分利用电机的导磁能力和转矩控制能力。磁链调节器的输入是给定值或者由转速决定的函数，输出是电流值。矢量控制系统可以根据电机的转速范围灵活有效地控制电机磁链。当电机运行在额定转速以下时，一般要求磁链维持恒定不变；当电机在额定转速以上运行时（恒功率负载），要求减小磁通，达到定子电压不提高时提高转速的目的；当电机运行在很低转速时，可以使电机过饱和运行（视不同电机而定），增强每安培电流产生转矩的能力。例如电机的定子相电压 $U \approx 4.44 f_s \psi_m$，其中 ψ_m 为主磁通，约为 1Wb；当电机在额定转速以下时，磁链的给定值约为 1Wb；当超过额定转速时，电压只能为 220V，因此 $f_s \psi_m \approx 220/4.44=$常数，磁链和转速近似反比关系；电机在很低转速下，可以过饱和运行。

转矩调节器的输入为转速调节器的输出或者给定值，输出为电流量或者电压量。交流电机的转矩和磁链无法直接测量，要形成磁链或转矩闭环控制环节，电机实际的磁链和转矩需要通过磁链观测器和转矩观测器计算得到。在交流电机矢量控制中，磁链和转矩的控制往往是通过电流控制来实现的。

3.5.3 电流调节环节

从前面矢量控制原理可知，定子电流的控制直接影响电机的调速性能，所以实际的矢量控制系统往往采用 d、q 轴电流调节器来代替磁链或转矩调节器。另外，电流调节器在一定意义上可以看成具有理想电流源的特性，可以不考虑电机的定子侧由于电阻、电感或反电势造成的动态行为，使控制系统的阶数降低，从而降低系统控制的复杂性。电流源逆变器（CSI）和电压源逆变器（VSI）都可以运行在电流控制状态。由于 CSI 本身是一个电流源，很容易实现电流控制。而 VSI 需要较复杂的电流调节器，但它比 CSI 的硬件结构更简单、谐波电流更少，因而实际应用更广泛。下面以 VSI 为例，详细介绍电流调节器的控制技术。

电流调节器是电机调速系统的最内环，其作用不仅是控制定子电流跟踪所需要的电流指令，而且同时选择合适电压矢量，进而对 VSI 进行 PWM 控制，输出优化电压。为此，人们研究了不同的电流调节技术，下面介绍几种典型的定子电流控制方法。

1. 电流滞环跟踪控制技术

滞环脉宽调制法是一类典型的非线性控制方法，具有响应速度快、鲁棒性好等优点。下面介绍电流源逆变器矢量控制系统中电流滞环跟踪控制的方法。图 3.14 给出了 VSI 下电流滞环控制器原理框图，图中三相电流的参考信号 i_{sa}^*、i_{sb}^*、i_{sc}^* 与实际电流测量值 i_{sa}、i_{sb}、i_{sc} 进行比较，得到偏差 Δi_{sa}、Δi_{sb}、Δi_{sc}，将其分别作为每相滞环电流控制器的输入信号，每相输出信号来控制每相功率开关器件的通断。这种控制器非常简单，并且可以对定子电流的幅值进行良好的控制，使其误差限制在滞环宽度的两倍以内。但是这种控制器最大的缺点是开关频率不固定，随着滞环宽度和电机运行条件的变化而变化，导致逆变器开关器件动作的随机性大，不利于逆变器的保护，使得系统可靠性降低。同时，如果减小定子电流误差，则需减小滞环宽度；但逆变器的开关频率将增高，这加大了开关损耗。针对以上缺点，对滞环控制器采取了一些相应的改进措施，例如：通过变滞环宽度方法来一定程度地降低开关频率；另外，采用固定开关频率的控制器，也称为 dela 调制器。目前，改进滞环控制器的研究仍然很活跃。

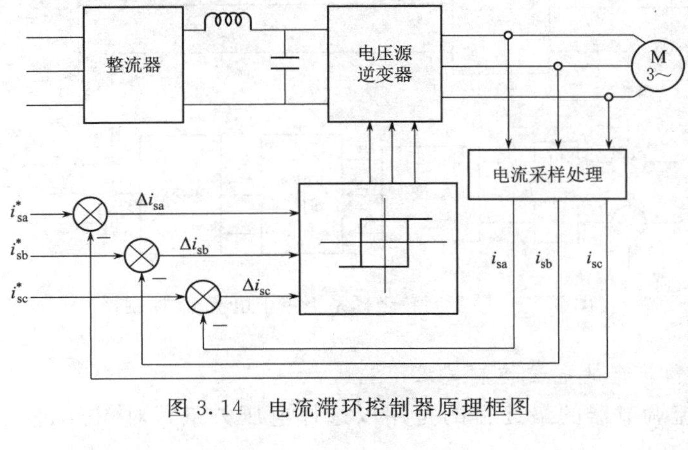

图 3.14 电流滞环控制器原理框图

2. PI电流控制器技术

PI调节器通常用来提供高的直流增益，以消除稳态误差和提供可控的高频响应衰减。在矢量控制系统中，通过PI控制器实现电流控制的典型方法如下。

图3.15是静止坐标系下a相的PI电流控制器，其输出信号u_{ain}^*与三角载波进行比较后送给比较器，得到逆变器a相桥臂的开关信号。由于逆变器开断频率受到三角波的频率限制，其输出电压正比于PI控制器输出的电压指令信号。该控制器在一定频率范围下可以减小输出电流的跟踪误差。但与直流调速系统PI电流控制器相比，相互区别在于：

1）对于直流调速下PI电流控制器，由于积分作用，使得稳态响应具有零电流误差的特征。

2）对于交流调速下PI电流控制器，稳态时需要具有参考频率的正弦输出，显然PI电流控制器中的积分作用并不会使电流误差为0。可以通过同步旋转坐标系解决，当选择同步旋转坐标系时定子电流在其中的稳态电流表现为直流，采用PI电流控制器就可以使稳态误差为0。

3）三相交流PI电流控制器的另一个问题在于，用三个PI控制器的目的是调节三个独立的状态，可是实际上只有两个独立状态（三相电流之和为0）。为此，一种方法是采用两个PI调节器，同时根据三相电流关系调节第三相，这在许多情况下是可行的；另一种方法可以通过合成零序电流，并将其反馈至三个调节器，使相互解耦，达到独立调节的目的。当然，也可以在dq坐标系下考虑问题，同样只需两个PI调节器，并同时可以解决稳态误差问题。图3.16是同步旋转dq坐标系下定子电流PI控制器，它是通过两个PI调节器分别对dq坐标系下电流矢量的两个分量进行控制。

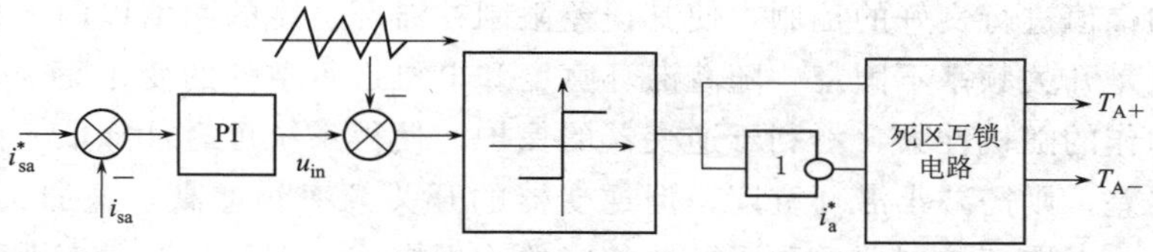

图3.15 静止坐标系下a相的PI电流控制器

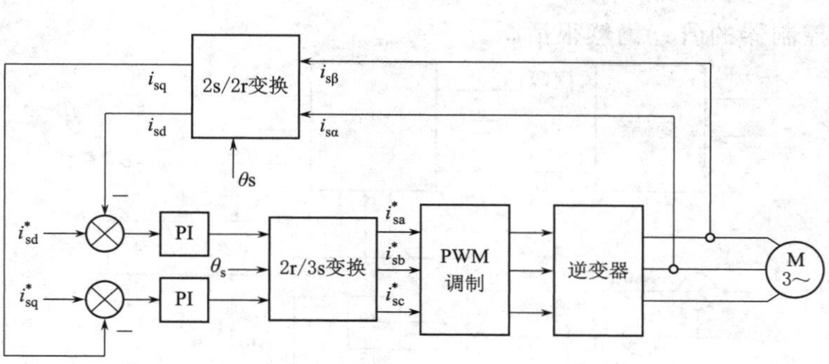

图3.16 同步旋转坐标系下定子电流PI控制器

3. 基于磁通和转矩的电流控制技术

前面提到电流调节器的最终目的是用以选择电压矢量，对VSI进行PWM控制，输出优化电压。在转子磁场定向控制中，由于 T_e 完全解耦，并分别由 i_{sd} 和 i_{sq} 控制，因而可简化电流调节环节，图 3.17 是基于磁通和转矩的电流控制技术，实际上是由电压直接控制的调节方式。由于磁通和转矩控制本质上就是 i_{sd} 和 i_{sq} 控制，因而在图中用转矩和磁通的调节器代替电流调节器控制手段更加直接，控制目的也更加明了。值得注意的是，因为在转子磁场定向控制下，定子电压方程式中的 dq 轴分量并没有完全解耦，这一点从式（3.43）可以看出，所以需加上相应的补偿量 u_{sqc} 和 u_{sdc} 方可形成目标电压矢量，然后通过 SVPWM 法输出 VSI 的桥臂开关信号。显然，这种调节方式比常规 PI 调节器方法结构简单，但又保持了常规 PI 型方法的优点。

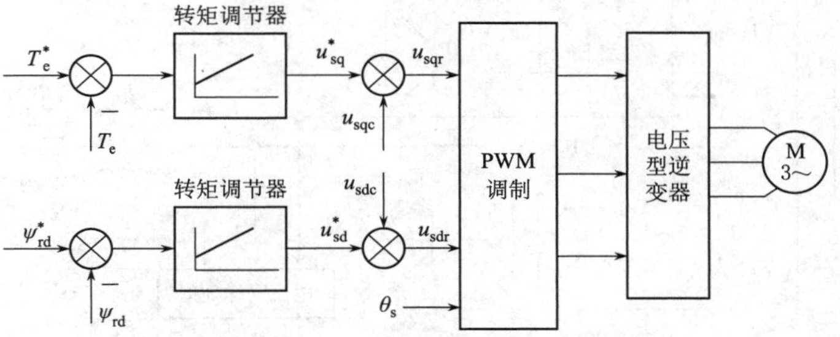

图 3.17　基于磁通和转矩的电流控制技术

4. 预测电流控制技术

预测电流控制技术的基本思想是根据定子电流误差和相应的性能指标（如定子电流纹波减少、VSI 功率器件开关次数最少和电磁转矩脉动小等），在每个周期 T_s 内预测电流轨迹，然后通过选择合适的定子电压矢量，使定子电流尽快跟踪参考信号。

目前模型预测控制（model predictive control，MPC）发展迅猛，这里介绍一种常见的模型预测电流控制技术。在每一个采样时刻，基于异步电机离散的状态空间方程，利用定子电流的反馈向量 $\boldsymbol{i}_s(k)$和控制指令 $\boldsymbol{i}_s^*(k)$，通过优化目标函数来选择逆变器最佳的开关状态组合。

图 3.18 是异步电机模型预测电流控制基本原理图。在两相静止 αβ 坐标系下，将异步电机的状态方程［式（3.40）］改成矩阵形式：

$$\frac{\mathrm{d}}{\mathrm{d}t}\begin{bmatrix}\boldsymbol{i}_s\\ \boldsymbol{\psi}_r\end{bmatrix}=\begin{bmatrix}\boldsymbol{A}_{11} & \boldsymbol{A}_{12}\\ \boldsymbol{A}_{21} & \boldsymbol{A}_2\end{bmatrix}\begin{bmatrix}\boldsymbol{i}_s\\ \boldsymbol{\psi}_r\end{bmatrix}+\begin{bmatrix}\boldsymbol{B}_1\\ 0\end{bmatrix}\boldsymbol{u}_s \tag{3.60}$$

其中
$$\boldsymbol{i}_s=[i_{s\alpha}\quad i_{s\beta}]^{\mathrm{T}};\ \boldsymbol{\psi}_r=[\psi_{r\alpha}\quad \psi_{r\beta}]^{\mathrm{T}};\ \boldsymbol{u}_s=[u_{s\alpha}\quad u_{s\beta}]^{\mathrm{T}}$$

$$\boldsymbol{A}_{11}=-\frac{R_sL_r^2+R_rL_m^2}{\sigma L_sL_r^2}\boldsymbol{I};\ \boldsymbol{A}_{12}=\frac{L_m}{\sigma L_sL_rT_r}\boldsymbol{I}-\frac{\omega_rL_m}{\sigma L_sL_r}\boldsymbol{J};$$

$$\boldsymbol{A}_{21}=\frac{L_m}{T_r}\boldsymbol{I};\ \boldsymbol{A}_{22}=-\frac{1}{T_r}\boldsymbol{I}+\omega_r\boldsymbol{J};\ \boldsymbol{B}_1=\frac{1}{\sigma L_s}\boldsymbol{I}$$

式中：$\boldsymbol{i}_s$、$\boldsymbol{\psi}_r$、$\boldsymbol{u}_s$ 分别为定子电流、转子磁链和定子电压矢量。

选取 $\boldsymbol{x}=[\boldsymbol{i}_s\quad \boldsymbol{\psi}_r]^{\mathrm{T}}$ 为状态变量，$\boldsymbol{y}=\boldsymbol{i}_s$ 为输出变量，开关状态组成输入矢量 $\boldsymbol{U}_i=[S_a\quad S_b\quad S_c]^{\mathrm{T}}\in[-1\quad 0\quad 1]^{\mathrm{T}}$。建立基于状态空间的离散电流预测模型。由于异步

电机的机电时间常数远大于预测时域长度，因此在预测时域内近似可认为 ω_r 恒定，采用前向欧拉法对式（3.60）进行离散化，得到离散电流预测模型为

$$\begin{cases}\boldsymbol{x}(k+1)=[\boldsymbol{I}_{4\times4}+\boldsymbol{A}T_s]\boldsymbol{x}(k)+\boldsymbol{B}T_s\boldsymbol{u}(k)\\ \boldsymbol{y}(k)=\boldsymbol{C}\boldsymbol{x}(k)\end{cases} \tag{3.61}$$

其中 $\boldsymbol{A}=\begin{bmatrix}\boldsymbol{A}_{11} & \boldsymbol{A}_{12}\\ \boldsymbol{A}_{21} & \boldsymbol{A}_2\end{bmatrix}$；$\boldsymbol{B}=\dfrac{U_d}{2}\begin{bmatrix}B_1\\ 0\end{bmatrix}C_{3s/2s}$；$\boldsymbol{C}=\begin{bmatrix}1 & 0 & 0 & 0\\ 0 & 1 & 0 & 0\end{bmatrix}$

式中：$\boldsymbol{I}_{4\times4}$ 为 4 阶的单位矩阵。

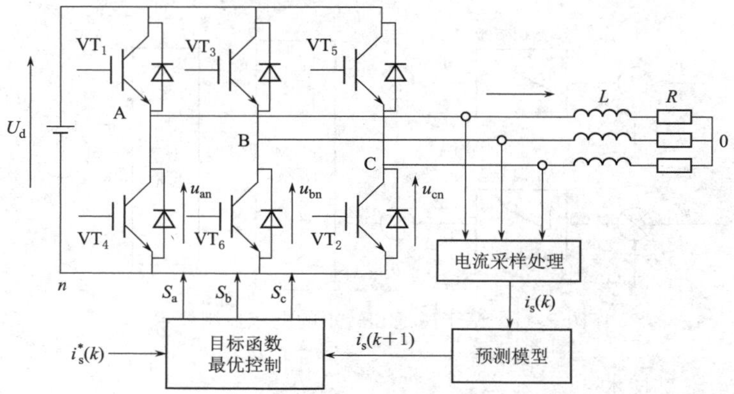

图 3.18　异步电机模型预测电流控制基本原理图

MPC 最常用的目标函数建立方法是采用二次型性能指标。例如，希望异步电机的定子电流能够快速跟踪其参考电流，则定义目标优化函数为

$$\begin{cases}\min J=[i_{s\alpha}^{*}-i_{s\alpha}(k+1)]^2+[i_{s\beta}^{*}-i_{s\beta}(k+1)]^2\\ s.t.\quad \boldsymbol{u}_s(k)\in\{u_0,u_1,\cdots,u_7\}\end{cases} \tag{3.62}$$

式中：$i_{s\alpha}^{*}$、$i_{s\beta}^{*}$ 分别为定子电流 α、β 轴分量的参考给定值；$i_{s\alpha}(k+1)$、$i_{s\beta}(k+1)$分别为预测模型预测出的下一时刻定子电流 α、β 轴分量的预测值。

分别计算 $\boldsymbol{u}_s(k)$中 8 个电压矢量对应的价值函数 J 的值，选择出使价值函数最小的电压矢量并作用于逆变器，从而驱动异步电机。

MPC 电流控制首先要求建立逆变器系统数学预测模型和控制目标函数，图 3.18 所示的三相逆变器的预测电流控制过程可以描述为，在每一个采样周期内：①获取预测控制电流指令 $i_{s\alpha}^{*}$、$i_{s\beta}^{*}$ 和负载电流反馈 $i_{s\alpha}$（k）、$i_{s\beta}$（k）；②利用预测模型对逆变器所有的 7 个不同电压矢量（也即开关状态组合）对下一个采样时刻负载电流值 $i_{s\alpha}$（$k+1$）、$i_{s\beta}$（$k+1$）进行预测；③利用目标函数对第（$k+1$）个采样时刻的电流指令和负载电流预测值之间的误差进行计算，选择使电流误差最小的电流预测值对应的电压矢量并进行作用。

人们也提出了不同的电流预测控制技术，例如在式（3.62）中可以加入逆变器开关次数的约束，降低开关的频率。

5. 智能控制技术

随着模糊逻辑、人工神经网络（artificial neural network，ANN）和遗传算法（genetic algorithm，GA）等智能控制技术的发展，基于智能控制思想的控制策略也开始应用于交流调速系统中。由于传统 PI 控制器不能解决非线性和时变特性，滞环控制属于非线性控制方法，预测控制属于最优控制方法，二者可以在一定程度上改善线性控制器的不足，但不能很好解决非线性控制系统的问题。智能控制策略建立在不依赖对象的数学模型的基础上，具有很强的鲁棒性，能够很好地克服异步电机系统中参数时变特性和非线性等问题，目前开展智能调节器的研究方兴未艾。例如，基于模糊控制技术、ANN 等技术，可以构成参数自调整的 PID 控制器，当控制系统参数变化或有干扰时可以实现 PID 参数在线自整定。例如，基于不同的神经网络技术，设计参数在线辨识器，实时更新电流预测控制器中的参数，提高在线跟踪电机参数的变化准确度，同时有效抑制了参数失配导致的响应电流偏差。

目前，上面介绍的控制方法，除了智能控制法外，其他方法已应用到交流电机控制系统中。在使用过程中，根据其优缺点选择合适的使用范围，电流调节方法的选择应注意几点共性要求：①具有较好的鲁棒性，能够克服异步电机参数变化；②能克服定转子间的状态耦合效应；③在功率器件开关速度有限制情况下，能够实现电流的快速控制；④实现比较方便，硬件、软件成本尽可能低。

3.6 磁链观测器与转矩估计

前面介绍在异步电机矢量控制系统的基本环节中，需要对磁链进行检测；但直接测量电机磁链很困难，需要间接求出转子磁链或定子磁链。本节介绍异步电机开环磁链观测器、闭环磁链观测器和转矩估计方法。

3.6.1 开环磁链观测器

3.6.1.1 转子磁链观测器

借助转子磁链模型，实时计算出空间位置与磁链幅值。转子磁链模型可以从电机数学模型中推导出来，按照实测信号的不同，一般分为电流模型法、电压模型法、组合模型法。

1. 电流模型法

电流模型是在不同的坐标系下，使用描述磁链与电流关系的磁链方程计算出转子磁链的模型。下面分析在两相静止 αβ 坐标系上的电流模型。

式（3.40）中转子磁链方程也可以表示为

$$\begin{cases}\psi_{r\alpha}=\dfrac{1}{T_r p+1}(L_m i_{s\alpha}-\omega_r T_r \psi_{r\beta})\\[2ex] \psi_{r\beta}=\dfrac{1}{T_r p+1}(L_m i_{s\beta}+\omega_r T_r \psi_{r\alpha})\end{cases} \tag{3.63}$$

可以计算出转子磁链矢量的幅值 ψ_r 和空间位置 θ_s：

$$\begin{cases}\psi_r=\sqrt{\psi_{r\alpha}^2+\psi_{r\beta}^2}\\[1ex] \sin\theta_s=\dfrac{\psi_{r\beta}}{\psi_r}\\[2ex] \cos\theta_s=\dfrac{\psi_{r\alpha}}{\psi_r}\end{cases} \tag{3.64}$$

图 3.19 为在两相静止 αβ 坐标系上转子磁链的电流模型结构图。采用数字控制时，可将式（3.63）进行离散化，由于 $\psi_{r\alpha}$ 与 $\psi_{r\beta}$ 之间有交叉反馈关系，离散计算时有可能不收敛。

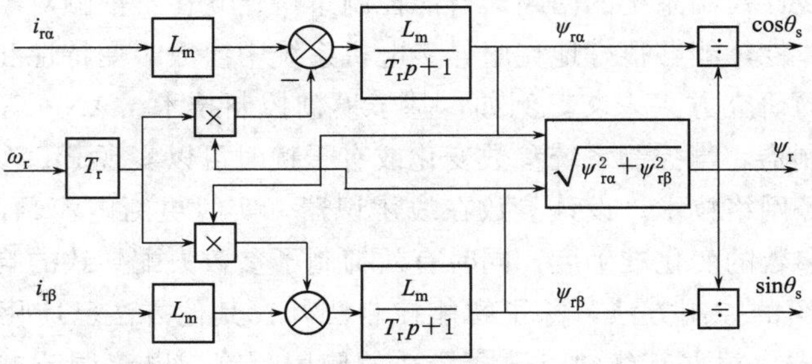

图 3.19　在两相静止 αβ 坐标系上转子磁链的电流模型结构图

下面分析在任意两相旋转 MT 坐标系上转子磁链的电流模型。图 3.20 是电流模型图，图中定子三相电流 i_{sa}、i_{sb}、i_{sc}（实际只用 i_{sa} 和 i_{sb} 即可）经 3s/2r 变换可得 MT 坐标系上的电流 i_{sd} 和 i_{sq}，再借助式（3.45）和式（3.46）可以计算出 ω_{sl} 和 ψ_r，将 ω_{sl} 加上实测转速 ω_r，求得定子频率信号 ω_s 或转子磁链相位角 θ_s。

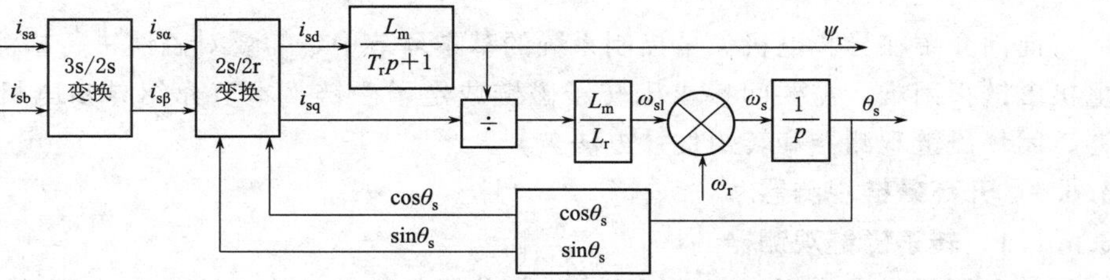

图 3.20　两相旋转 MT 坐标系上转子磁链的电流模型图

上述两种电流模型都受电机参数变化的影响，例如电机温升和频率变化都会影响转子电阻 R_r，磁饱和程度将影响电感 L_m 和 L_r。这些影响都将导致磁链幅值与位置信号失真，而反馈信号的失真必然使磁链闭环控制系统的性能降低。

2. 电压模型法

在式（3.19）中，两相静止 αβ 坐标系上异步电机定子绕组的电压平衡方程为

$$\begin{cases}\dfrac{d\psi_{s\alpha}}{dt}=-R_s i_{s\alpha}+u_{s\alpha}\\[2ex]\dfrac{d\psi_{s\beta}}{dt}=-R_s i_{s\beta}+u_{s\beta}\end{cases}\tag{3.65}$$

由定转子绕组磁链方程式（3.28）前 2 行解出

$$\begin{cases}i_{r\alpha}=\dfrac{\psi_{s\alpha}-L_s i_{s\alpha}}{L_m}\\[2ex]i_{r\beta}=\dfrac{\psi_{s\beta}-L_s i_{s\beta}}{L_m}\end{cases}\tag{3.66}$$

代入式（3.28）后两行得

$$\begin{cases}\psi_{r\alpha}=\dfrac{L_r}{L_m}(\psi_{s\alpha}-\sigma L_s i_{s\alpha})\\[2mm]\psi_{r\beta}=\dfrac{L_r}{L_m}(\psi_{s\beta}-\sigma L_s i_{s\beta})\end{cases}\tag{3.67}$$

将式（3.66）和式（3.67）联立求解，可以得到转子磁链在 αβ 坐标系上两个分量的计算公式：

$$\begin{cases}\psi_{r\alpha}=\dfrac{L_r}{L_m}\left[\displaystyle\int(u_{s\alpha}-R_s i_{s\alpha})\mathrm{d}t-\sigma L_s i_{s\alpha}\right]\\[2mm]\psi_{r\beta}=\dfrac{L_r}{L_m}\left[\displaystyle\int(u_{s\beta}-R_s i_{s\beta})\mathrm{d}t-\sigma L_s i_{s\beta}\right]\end{cases}\tag{3.68}$$

式（3.68）就是转子磁链计算的电压模型，结构框图如图 3.21 所示。其物理意义是：通过实测的定子电压和电流信号，先计算定子磁链，再计算转子磁链。电压模型在运算过程中只与定子电阻 R_s 有关，与转速和转子电阻 R_r 无关，具有计算简单、受电机参数变化影响小的优点。但是，由于电压模型中包含纯积分项，其积分初值的大小以及在积分运算过程中产生的累积误差都将影响最终计算结果，特别在低速时误差很大。

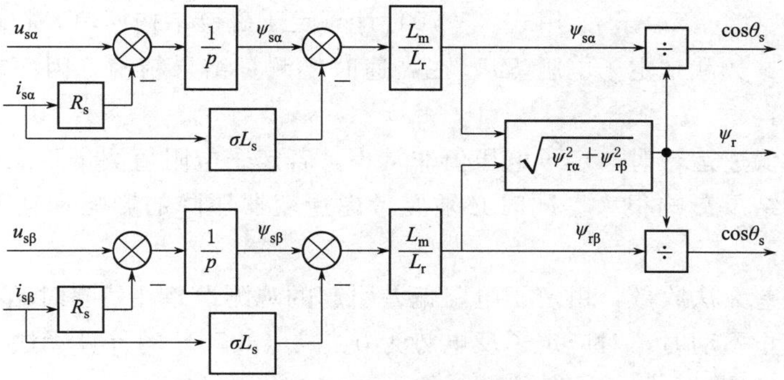

图 3.21　转子磁链的电压模型结构框图

3. 组合模型法

组合模型法是一种电压、电流模型相结合的方法，在工业生产的实际应用中，为了提高异步电机转速控制的精度，考虑电压模型和电流模型的各自特点，将两者结合起来使用。在较高转速时，让电压模型起作用，通过低通滤波器将电流模型的观测值滤掉；在 $n_r\leqslant 15\% n_N$ 的低转速范围内，让电流模型起作用，通过高通滤波器将电压模型观测值滤掉。为了实现两个模型的平滑过渡，可令它们的转折频率相等，即模型这种过渡用数字方式实现起来是很方便的，结果也是令人较为满意的。由于电压模型中不需要转子转速，而电流模型中需要转子转速，所以这种组合在实际应用中将受到一定限制。

$$\begin{cases}\psi_{r\alpha}=\dfrac{Ts}{Ts+1}\psi_{r\alpha\ (\text{电压模型})}+\dfrac{1}{Ts+1}\psi_{r\alpha\ (\text{电流模型})}\\[2mm]\psi_{r\beta}=\dfrac{Ts}{Ts+1}\psi_{r\beta\ (\text{电压模型})}+\dfrac{1}{Ts+1}\psi_{r\beta\ (\text{电流模型})}\end{cases}\tag{3.69}$$

3.6.1.2　定子磁链观测器

电压-电流模型法（$u-i$ 模型法）、电流-速度模型法（$i-\omega_r$ 模型法）和组合模型法（$u-\omega_r$ 模型法）是常见的三种定子磁链观测方法。

1. 电压-电流模型法（$u-i$ 模型法）

在式（3.19）前两项中，用定子磁链 ψ_s 的两个分量（$\psi_{s\alpha}$ 和 $\psi_{s\beta}$）来估计它的幅值和空间相位，即

$$\begin{cases}\psi_{s\alpha}=\int(u_{s\alpha}-R_s i_{s\alpha})\mathrm{d}t\\ \psi_{s\beta}=\int(u_{s\beta}-R_s i_{s\beta})\mathrm{d}t\end{cases}\tag{3.70}$$

于是可得到如图 3.22 所示的电压-电流模型结构图。

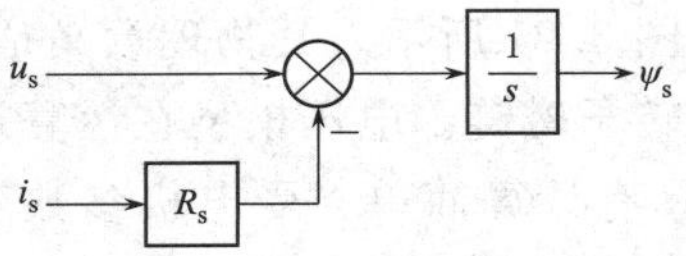

图 3.22　定子磁链的电压-电流模型结构图

受参数的误差影响，测量的稳态误差量为

$$\Delta\psi_s=\frac{\Delta R_s i_s}{\mathrm{j}\omega_s}\tag{3.71}$$

可以看出：在定子磁场同步转速 ω_s 较低时，稳态误差量受定子电阻偏差的影响较大。所以 $u-i$ 模型法一般运用在电机 30% 基速以上调速区域的定子磁链观测中。

用式（3.70）计算定子磁链结构简单，在计算过程中唯一需要知道的电机参数就是定子电阻 R_s，在高速时候测量结果精确，因而较常用。但该模型存在以下问题：

（1）在电机低速运行时，定子电压值非常小，若定子电阻值测量不准确，定子电阻压降的偏差对积分结果影响很大。同时必须要考虑逆变器压降的影响和逆变器开关死区的影响。

（2）计算误差无法收敛，由定子电阻偏差引起的观测误差在稳态时始终存在。

（3）电机静止不动时，对应定子反电势为 0，式（3.70）的计算无法进行，初始磁场无法建立。

（4）在实际检测定子电压和电流时，要产生幅值偏差和相位偏差。

积分器存在误差积累和直流温漂问题，这些问题在电机低速运行时十分突出。为此，常采用大时间常数的低通滤波器来代替纯积分环节，即

$$\psi_s=\frac{1}{Ts+1}(u_s-R_s i_s)\tag{3.72}$$

2. 电流-速度模型法（$i-\omega_r$ 模型法）

该方法通过建立定子磁链与定子电流以及转速间的数学运算关系，计算出定子磁链。图 3.23 为 αβ 坐标系上异步电机等效电路，由图 3.23 可以得到电机的磁链关系式为

$$\begin{cases}\boldsymbol{\psi}_s=\boldsymbol{\psi}_\sigma+\boldsymbol{\psi}_r\\ \boldsymbol{\psi}_s=L_s\boldsymbol{i}_\mu\\ \boldsymbol{\psi}_\sigma=L_\sigma\boldsymbol{i}_r\end{cases}\tag{3.73}$$

可进一步写为

$$\psi_s=\frac{L_s}{L_\sigma+L_s}(L_\sigma i_s+\psi_r) \quad 或 \quad \begin{cases}\psi_{s\alpha}=\dfrac{L_s}{L_\sigma+L_s}(L_\sigma i_{s\alpha}+\psi_{r\alpha})\\ \psi_{s\beta}=\dfrac{L_s}{L_\sigma+L_s}(L_\sigma i_{s\beta}+\psi_{r\beta})\end{cases} \tag{3.74}$$

又由转子电压方程得

$$\frac{\mathrm{d}\boldsymbol{\psi}_r}{\mathrm{d}t}=\mathrm{j}\omega_r\boldsymbol{\psi}_r+\boldsymbol{i}_rR_r=\mathrm{j}\omega_r\boldsymbol{\psi}_r+\frac{R_r}{L_\sigma}(\boldsymbol{\psi}_s-\boldsymbol{\psi}_r)=\mathrm{j}\omega_r\boldsymbol{\psi}_r+\frac{1}{T_\sigma}(\boldsymbol{\psi}_s-\boldsymbol{\psi}_r) \tag{3.75}$$

或

$$\begin{cases}\dfrac{\mathrm{d}\psi_{r\alpha}}{\mathrm{d}t}=-\omega_r\psi_{r\beta}+\dfrac{1}{T_\sigma}(\psi_{s\alpha}-\psi_{r\alpha})\\ \dfrac{\mathrm{d}\psi_{r\beta}}{\mathrm{d}t}=\omega_r\psi_{r\alpha}+\dfrac{1}{T_\sigma}(\psi_{s\beta}-\psi_{r\beta})\end{cases} \tag{3.76}$$

其中

$$T_\sigma=\frac{L_\sigma}{R_r}$$

得到 $i-\omega_r$ 模型法的定子磁链观测模型如图 3.24 所示。

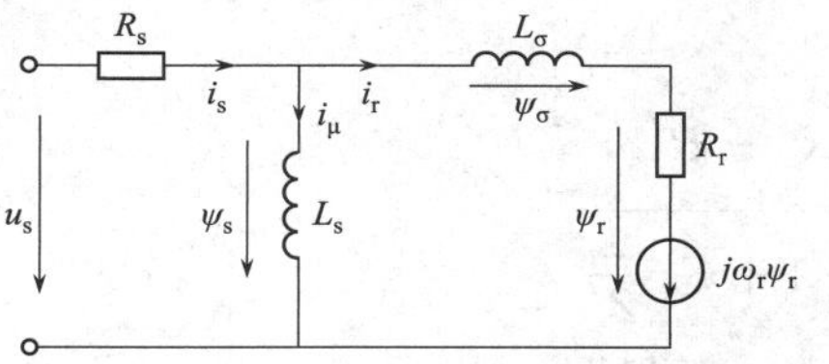

图 3.23 在 αβ 坐标系上异步电机等效电路

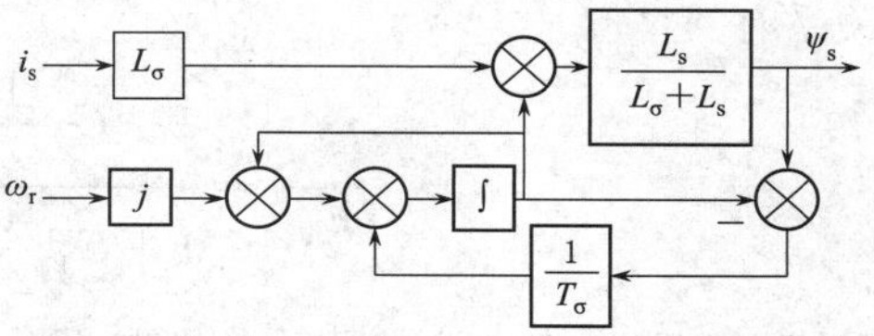

图 3.24 $i-\omega_r$ 模型法定子磁链的观测模型

下面进行误差分析。由式（3.75）和式（3.76）可知，定子磁链的计算与定子电阻无关。定子磁链的微分为

$$\frac{\mathrm{d}\boldsymbol{\psi}_r}{\mathrm{d}t}=\left(-\frac{R_r}{L_s+L_\sigma}+\mathrm{j}\omega_r\right)\boldsymbol{\psi}_r+\frac{R_rL_s}{L_s+L_\sigma}\boldsymbol{i}_s \tag{3.77}$$

解得其特征根为

$$\lambda_{1,2}=-\frac{R_r}{L_s+L_\sigma}\pm\mathrm{j}\omega_r=-\frac{1}{T_r}\pm\mathrm{j}\omega_r \tag{3.78}$$

特征根 λ_1、λ_2 的大小决定了系统定子磁链观测方法所用参数与实际参数完全吻合情况下的收敛速度，其观测误差最终会渐近收敛到 0。在实际运用中，由于系统某些观测参数常常与实际值不完全相同，即 $\Delta T_r=\dot{T}_r-T_r$，最终会形成稳态观测误差，即

$$\Delta\boldsymbol{\psi}_s=\left(\frac{\dot{L}_s}{\dot{L}_s+\dot{L}_\sigma}\frac{1}{1+\mathrm{j}\omega_r\Delta T_r}-\frac{L_s}{L_s+L_\sigma}\right)\boldsymbol{\psi}_r+\left(\frac{\dot{L}_s}{\dot{L}_s+\dot{L}_\sigma}-\frac{L_s}{L_s+L_\sigma}\right)\boldsymbol{i}_s \tag{3.79}$$

式中：$\dot{L}_s$、$\dot{L}_\sigma$ 分别为观测计算所用参数。

可以看出：$i-\omega_r$ 观测法与定子电阻无关，可克服电机低速运行时 $u-i$ 法中因定子电阻偏差而导致不能正确工作的问题。$i-\omega_r$ 观测法引入了定子电感、漏电感和转子电阻参数，鲁棒性会变差，有太多因素会形成观测误差，在观测参数偏差一定的条件下，其稳态观测误差与电机转差频率成反比。测量转子转速的误差对转子磁链精度有很大影响，从而形成定子磁链较大的计算误差。

3. 组合模型法（$u-\omega_r$ 法）

综合 $u-i$ 法和 $i-\omega_r$ 法各自的优点，$u-\omega_r$ 法是借助电机定子电压和转子转速估算出定子磁链大小，目的是解决上面两种方法之间的平滑切换。使电机高速运行时，工作于 $u-i$ 法；电机低速运行时，工作于 $i-\omega_r$ 法。$u-\omega_r$ 法的模型框图如图 3.25 所示。该模型的关键是加入了 PI 电流调节器，它的作用是强迫模型电流和实际的电机电流相等。否则，调节器输出补偿信号以修正定子磁链和电流值，直至两电流值相等。因此，在高速时，由于电机的定子反电势高，该模型基本工作在图中虚框中的 $u-i$ 模型下；在低速时，因电机定子反电势低，由 $u-i$ 法产生的积分误差经 PI 电流调节器得到修正，故基本工作在 $i-\omega_r$ 模型下。

$u-\omega_r$ 法的误差情况与 PI 调节器的参数有很大关系，在保证模型系统稳定的情况下，PI 调节器的时间常数 T 的取值应大于 $40T_\sigma$。此时，模型中因参数偏差而造成的定子磁链误差与 PI 调节器的放大倍数 K 的关系可根据图 3.26 进行分析。图 3.26 中 Z 为从励磁端看进去的等效阻抗，可知它与转子参数和定子电感相关。G_f 为电流调节器通道。根据图中的关系有

$$\frac{E'_{\psi_s}}{E_{\psi_s}}=\frac{1+G_f\dfrac{1}{Z}}{1+G_f\dfrac{1}{Z'}}+\frac{(R_s-R'_s)\dfrac{1}{Z}}{1+G_f\dfrac{1}{Z'}} \tag{3.80}$$

对式（3.80）中右边的两项分别取 $K=|G_f|\to\infty$ 的极限，得

$$\begin{cases}\lim\limits_{|G_f|\to\infty}\dfrac{(R_s-R'_s)\dfrac{1}{Z}}{1+G_f\dfrac{1}{Z'}}=0\\[2ex]\lim\limits_{|G_f|\to\infty}\dfrac{1+G_f\dfrac{1}{Z}}{1+G_f\dfrac{1}{Z'}}=\dfrac{Z'}{Z}\end{cases} \tag{3.81}$$

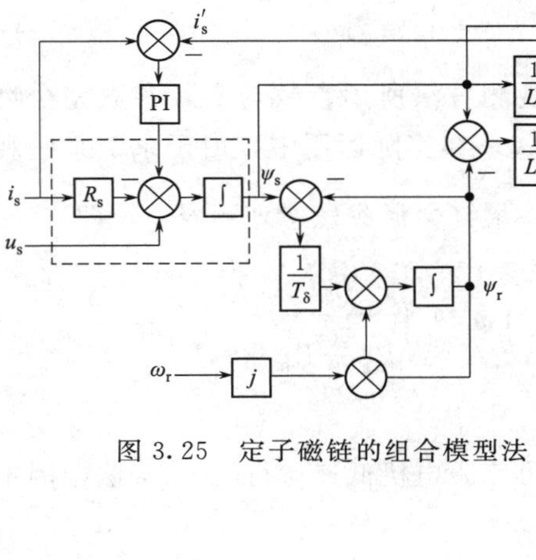

图 3.25　定子磁链的组合模型法

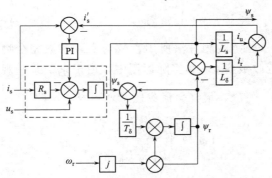

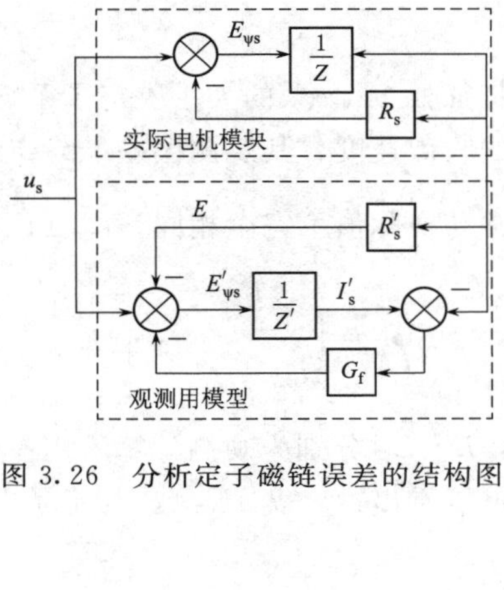

图 3.26　分析定子磁链误差的结构图

由式（3.81）中$|E'_{\psi_s}/E_{\psi_s}|=Z'/Z$的模可知，当取足够大的$K$值时，可以消除模型定子电阻和实际定子电阻之间偏差形成的定子磁链误差。与此同时，定子磁链误差取决于模型定子电抗与和电机实际电抗之间的电抗比，增大电流PI调节器的调节系数K，可以大大降低定子电阻偏差形成的磁链观测误差，但不能消除由电机定子电感和漏电感以及转子电阻的偏差而形成的磁链观测误差。电机高速运行时，定子磁链观测模型工作于$u-i$模型下，增大K值可改善由定子电阻偏差而引起的磁链观测误差；电机低速运行时，定子磁链观测模型工作于$i-\omega_r$模型下，调节K值不能克服电机转子参数变化所带来的影响。由式（3.79）可知，转速测量误差会形成转子磁链误差，进而形成转子电流观测误差。综上，对$u-\omega_r$法而言，存在着转子和转速两种参数的测量偏差而引起的定子磁链误差。

3.6.2 闭环磁链观测器

前面介绍的自适应观测器是基于电机模型的开环估计，但实际工作中，电机实际模型与观测器模型之间必然存在一定偏差，如估计精度易受电机参数变化的影响（特别是定子、转子电阻）、电机转速实际值与估计值之间的偏差，特别是在低速时表现尤其严重。为此，可以采用全阶闭环磁链观测器（也称为全阶速度自适应观测器、闭环观测器），其实质是在状态估计方程中加入一个校正环节，从而利用观测器的输出误差修正模型的输入。

对鼠笼式异步电机，在αβ坐标系下，在转子磁场定向矢量控制中，以式（3.60）作为状态观测器的电机模型。其中定子电流的微分方程、$\boldsymbol{i}_s$和$\boldsymbol{u}_s$的表达式为

$$\begin{cases}\dfrac{\mathrm{d}\boldsymbol{i}_s}{\mathrm{d}t}=\boldsymbol{A}_{11}\boldsymbol{i}_s+\boldsymbol{A}_{12}\boldsymbol{\psi}_r+\boldsymbol{B}_1\boldsymbol{u}_s\\ \boldsymbol{i}_s=\dfrac{1}{\boldsymbol{A}_{11}}\left(\dfrac{\mathrm{d}\boldsymbol{i}_s}{\mathrm{d}t}-\boldsymbol{A}_{12}\boldsymbol{\psi}_r-\boldsymbol{B}_1\boldsymbol{u}_s\right)\\ \boldsymbol{u}_s=\boldsymbol{B}_1{}^{-1}\left(\dfrac{\mathrm{d}\boldsymbol{i}_s}{\mathrm{d}t}-\boldsymbol{A}_{11}\boldsymbol{i}_s-\boldsymbol{A}_{12}\boldsymbol{\psi}_r\right)\end{cases}\tag{3.82}$$

由式（3.82）可以得到估计值的表达式如下：

$$\begin{cases}\dfrac{\mathrm{d}\hat{\boldsymbol{i}}_s}{\mathrm{d}t}=\boldsymbol{A}_{11}\boldsymbol{i}_s+\boldsymbol{A}_{12}\hat{\boldsymbol{\psi}}_r+\boldsymbol{B}_1\boldsymbol{u}_s\\ \hat{\boldsymbol{i}}_s=\dfrac{1}{\boldsymbol{A}_{11}}\left(\dfrac{\mathrm{d}\boldsymbol{i}_s}{\mathrm{d}t}-\boldsymbol{A}_{12}\hat{\boldsymbol{\psi}}_r-\boldsymbol{B}_1\boldsymbol{u}_s\right)\\ \hat{\boldsymbol{u}}_s=\boldsymbol{B}_1{}^{-1}\left(\dfrac{\mathrm{d}\boldsymbol{i}_s}{\mathrm{d}t}-\boldsymbol{A}_{11}\boldsymbol{i}_s-\boldsymbol{A}_{12}\hat{\boldsymbol{\psi}}_r\right)\end{cases}\tag{3.83}$$

由式（3.82）和式（3.83）各项对应相减，可以得到

$$\begin{cases}\dfrac{\mathrm{d}}{\mathrm{d}t}(\hat{\boldsymbol{i}}_s-\boldsymbol{i}_s)=\boldsymbol{A}_{12}(\hat{\boldsymbol{\psi}}_r-\boldsymbol{\psi}_r)\\ (\hat{\boldsymbol{i}}_s-\boldsymbol{i}_s)=\boldsymbol{A}_{11}{}^{-1}\boldsymbol{A}_{12}(\hat{\boldsymbol{\psi}}_r-\boldsymbol{\psi}_r)\\ (\hat{\boldsymbol{u}}_s-\boldsymbol{u}_s)=\boldsymbol{B}_1{}^{-1}\boldsymbol{A}_{12}(\hat{\boldsymbol{\psi}}_r-\boldsymbol{\psi}_r)\end{cases}\tag{3.84}$$

式（3.83）、式（3.84）给出了定子电流时间导数、定子电流和定子电压的误差表达式。基于误差反馈的转子磁链观测器可写为

$$\frac{\mathrm{d}\hat{\boldsymbol{\psi}}_{\mathrm{r}}}{\mathrm{d}t}=\boldsymbol{A}_{22}\hat{\boldsymbol{\psi}}_{\mathrm{r}}+\frac{L_{\mathrm{m}}}{T_{\mathrm{r}}}\boldsymbol{i}_{\mathrm{s}}+\boldsymbol{G}(\hat{\boldsymbol{y}}-\boldsymbol{y}) \tag{3.85}$$

式中：$\boldsymbol{y}$ 代表 $\boldsymbol{i}_{\mathrm{s}}$ 或 $\mathrm{d}\boldsymbol{i}_{\mathrm{s}}/\mathrm{d}t$ 或 $\boldsymbol{u}_{\mathrm{s}}$；$\hat{\boldsymbol{y}}$ 代表 $\hat{\boldsymbol{i}}_{\mathrm{s}}$ 或 $\mathrm{d}\hat{\boldsymbol{i}}_{\mathrm{s}}/\mathrm{d}t$ 或 $\hat{\boldsymbol{u}}_{\mathrm{s}}$。

因为对角阵元素相等，故从式（3.84）可以看出：$\mathrm{d}\hat{\boldsymbol{i}}_{\mathrm{s}}/\mathrm{d}t-\mathrm{d}\boldsymbol{i}_{\mathrm{s}}/\mathrm{d}t$、$\hat{\boldsymbol{i}}_{\mathrm{s}}-\boldsymbol{i}_{\mathrm{s}}$ 和 $\hat{\boldsymbol{u}}_{\mathrm{s}}-\boldsymbol{u}_{\mathrm{s}}$ 之间的差异仅表现在比例系数上，为此从观测器设计角度来看，三者是一致的。

下面以基于定子电流误差反馈的转子磁链观测器的设计为例。将式（3.84）中第二项代入式（3.85）中，得观测器表达式如下：

$$\frac{\mathrm{d}\hat{\boldsymbol{\psi}}_{\mathrm{r}}}{\mathrm{d}t}=\boldsymbol{A}_{22}\hat{\boldsymbol{\psi}}_{\mathrm{r}}+\frac{L_{\mathrm{m}}}{T_{\mathrm{r}}}\boldsymbol{i}_{\mathrm{s}}-\boldsymbol{G}\boldsymbol{A}_{11}{}^{-1}\boldsymbol{A}_{12}(\hat{\boldsymbol{\psi}}_{\mathrm{r}}-\boldsymbol{\psi}_{\mathrm{r}}) \tag{3.86}$$

其状态估计误差为

$$\frac{\mathrm{d}\boldsymbol{e}}{\mathrm{d}t}=\frac{\mathrm{d}}{\mathrm{d}t}(\boldsymbol{\psi}_{\mathrm{r}}-\hat{\boldsymbol{\psi}}_{\mathrm{r}})=(\boldsymbol{A}_{22}-\boldsymbol{G}\boldsymbol{A}_{11}{}^{-1}\boldsymbol{A}_{12})\boldsymbol{e} \tag{3.87}$$

根据 $\boldsymbol{A}_{11}$、$\boldsymbol{A}_{12}$、$\boldsymbol{A}_{22}$ 的表达式可将上式整理为

$$\frac{\mathrm{d}\boldsymbol{e}}{\mathrm{d}t}=(\boldsymbol{I}-\boldsymbol{G}')\boldsymbol{A}_{22}\boldsymbol{e} \tag{3.88}$$

其中

$$\boldsymbol{G}'=\left[\frac{L_{\mathrm{m}}R_{\mathrm{s}}}{\sigma^{2}L_{\mathrm{s}}^{2}L_{\mathrm{r}}}+\frac{(1-\sigma)L_{\mathrm{m}}R_{\mathrm{r}}}{\sigma^{2}L_{\mathrm{s}}L_{\mathrm{r}}^{2}}\right]\boldsymbol{G}$$

因此，状态估计的收敛特性完全取决于矩阵$(\boldsymbol{I}-\boldsymbol{G}')\boldsymbol{A}_{22}$ 的特征根分布。同时，$\boldsymbol{A}_{22}$ 矩阵为二阶满秩矩阵，状态观测器的极点可以通过选择误差校正矩阵 $\boldsymbol{G}$ 或 $\boldsymbol{G}'$ 的元素来任意配置，从而保证能获得优良动态特性和收敛特性的状态观测器。

为了简单起见，设

$$\boldsymbol{G}=\boldsymbol{I}-\frac{1}{T_{\mathrm{r}}\omega}k\boldsymbol{I}-k\boldsymbol{J} \tag{3.89}$$

式（3.88）可写为

$$\frac{\mathrm{d}\boldsymbol{e}}{\mathrm{d}t}=-\lambda\boldsymbol{e} \tag{3.90}$$

其中

$$\lambda=\frac{1+T_{\mathrm{r}}\omega^{2}}{T_{\mathrm{r}}\omega}\frac{1}{T_{\mathrm{r}}}k$$

式中：k 为常数。

λ 的选择决定观测器估计的收敛特性，一般 $\lambda=10/T_{\mathrm{r}}$，$\lambda$ 过大往往会造成系统的抗干扰能力下降。用式（3.89）来确定误差校正矩阵 $\boldsymbol{G}$，可以保障具有快速收敛能力，并对噪声有一定抑制能力。

下面给出基于定子电流误差反馈的转子磁链观测器的实现方法。求 $\hat{\boldsymbol{i}}_{\mathrm{s}}$ 的式（3.83）中存在导数项 $\mathrm{d}\hat{\boldsymbol{i}}_{\mathrm{s}}/\mathrm{d}t$，为了消除导数项带来的影响，可引入辅助变量 $\boldsymbol{Z}$：

$$\boldsymbol{Z}=\boldsymbol{A}_{11}\boldsymbol{G}^{-1}\hat{\boldsymbol{\psi}}_{\mathrm{r}}-\boldsymbol{i}_{\mathrm{s}} \tag{3.91}$$

由此可构成转子磁链观测器为

$$\frac{\mathrm{d}\boldsymbol{Z}}{\mathrm{d}t}=(\boldsymbol{A}_{11}\boldsymbol{G}^{-1}\boldsymbol{A}_{22}-\boldsymbol{A}_{12})\hat{\boldsymbol{\psi}}_{\mathrm{r}}+(\boldsymbol{A}_{11}\boldsymbol{G}^{-1}\boldsymbol{A}_{21}-\boldsymbol{A}_{11})\boldsymbol{i}_{\mathrm{s}}-\boldsymbol{B}_{1}\boldsymbol{u}_{\mathrm{s}} \tag{3.92}$$

$$\widehat{\boldsymbol{\psi}}_{\mathrm{r}}=\boldsymbol{G}\boldsymbol{A}_{11}{}^{-1}(\boldsymbol{Z}+\boldsymbol{i}_{\mathrm{s}}) \tag{3.93}$$

以上给出了基于定子电流误差反馈的转子磁链观测器的设计方法，图 3.27 为全阶状态观测器结构图。

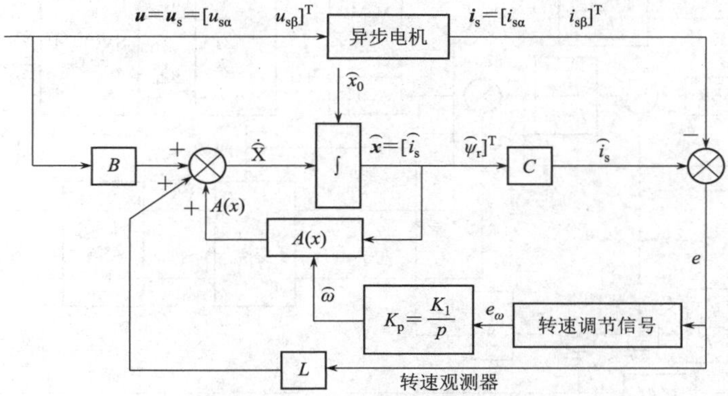

图 3.27　全阶状态观测器结构图

同样，可以设计基于定子电压反馈或者定子电流时间导数反馈的转子磁链观测器。与开环观测模型相比，这种状态观测器收敛速度和估计精度可达到较高的估计精度，同时也具备理想的收敛速度。然而，当电机参数和转速存在较大测量偏差时，必须在收敛速度和估计精度之间进行折中，从这种意义上，基于误差反馈的转子磁链观测器没有显著提高电机参数变化的鲁棒性。

目前也提出了其他不同的观测器，例如基于龙贝格状态观测器理论的异步电机全阶状态观测器、基于模型参考自适应的状态观测器、基于神经网络的状态观测器等，实现转子磁链或者定子磁链的观测。为了实现高性能磁链观测器，设计应满足以下几点要求：①估计算法是稳定的；②估计值对实际值的收敛速度要尽可能快；③对受控对象参数变化和测量噪声应具有较好的鲁棒性；④实现起来要尽可能方便，结构上不过于复杂。

现有的观测器模型都不能同时满足以下几点要求，但又都有各自的适用范围。因此，根据实际需要，采取何种观测模型需进行全面的折中考虑。

3.6.3 转矩估计

在静止坐标系下，由式（3.32）得到电磁转矩估计，即

$$T_{\mathrm{e}}=p_{\mathrm{n}}(i_{\mathrm{s}\beta}\psi_{\mathrm{s}\alpha}-i_{\mathrm{s}\alpha}\psi_{\mathrm{s}\beta}) \tag{3.94}$$

转矩估计模型如图 3.28 所示。可以看出，磁链模型的准确观测不仅影响磁链的准确控制，而且影响转矩的控制性能。

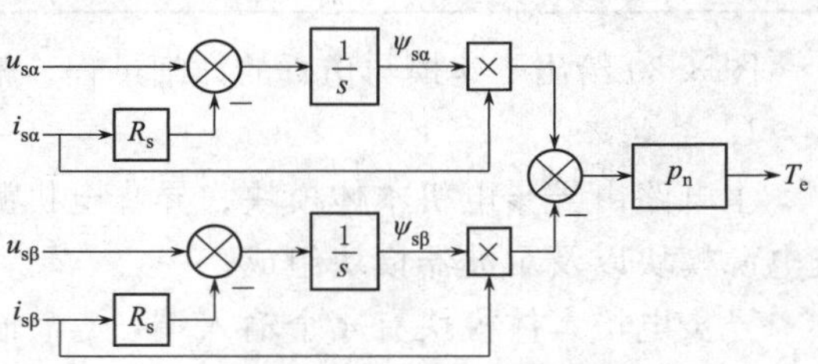

图 3.28　转矩估计模型

3.7 异步电机矢量控制系统的仿真

本书均采用 MATLAB 中 Simulink/Power System 工具箱搭建系统的仿真模型。本节

以图 3.29 的典型转子磁通矢量控制的调速系统为例。仿真采用的异步电机本体模块仿真参数设置见表 3.1，三个 PI 调节器的仿真参数设置见表 3.2。

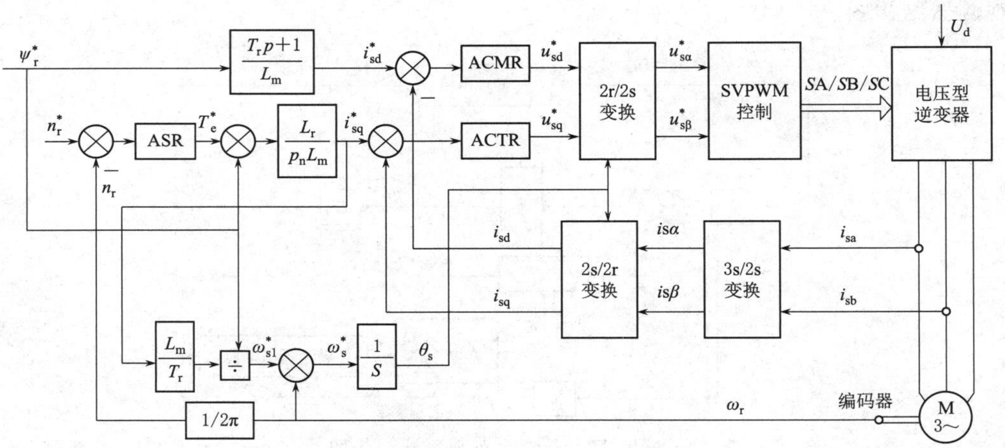

图 3.29　典型转子磁通矢量控制的调速系统

表 3.1　异步电机本体模块仿真参数设置

额定功率 P_n=2.2kW	额定电压 U_n=380V	额定频率 f_n=50Hz
转动惯量 J=0.19 kg·m^2	极对数 p_n=2	定子电阻 R_s=0.435Ω
定子、转子电感 L_s=0.002H	转子电阻 R_r=0.816Ω	转子电感 L_r=0.071H
励磁电感 L_m=0.096H	转子时间常数 T_r=0.087	

表 3.2　三个 PI 调节器的仿真参数设置

PI 调节器	比例系数	积分系数	输出限幅下限	输出限幅上限
转速 PI 调节器 ASR	3.8	0.8	0.75	75
磁链 PI 调节器 ACMR	1.8	100	0.13	13
转矩 PI 调节器 ACTR	4.5	12	0.60	60

图 3.30 给出了建模与仿真的详细过程。整个调速系统由主电路和控制电路两部分组成。

1. 主电路

主电路由异步电机本体模块、异步电机测量模块、负载转矩模块、逆变电路模块、直流电源模块以及示波器模块组成。

异步电机本体模块有 4 个输入端，1 个输出端。其中前 3 个输入端 A、B、C 为定子电压输入端，第 4 个输入端 T_m 为负载转矩输入端；1 个输出端为电机内部信号输出端 m。电机测量模块的输入端 m 与电机内部信号输出端 m 相连，输出端为各种反应电机内部工作状态的物理量。

逆变电路模块由 SimPowerSystem 工具箱中的通用逆变模块 Universal Bridge 组成，模块里面包括 6 个 IGBT 功率管，可以实现功率变换与调节功能。主电路上的直流电源通过模块的“+”“−”两端向该模块供电；“g”端用于接收 6 路 PWM 控制信号。

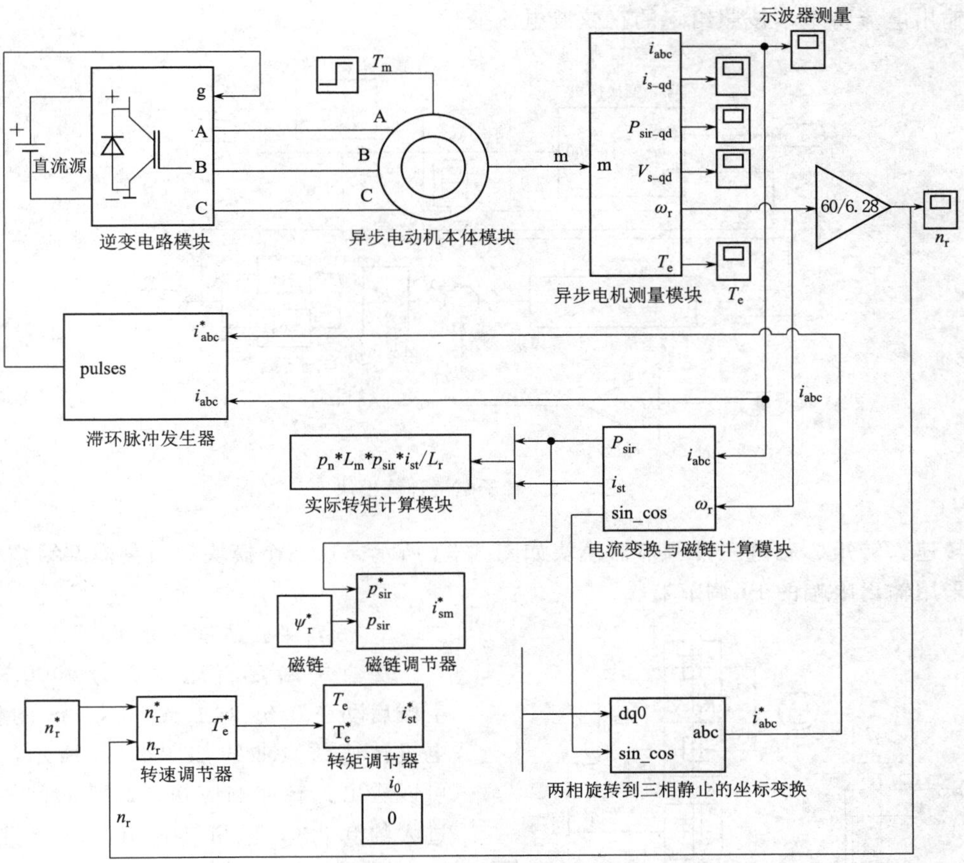

图 3.30 按转子磁链定向的矢量控制调速系统的仿真模型

2. 控制电路

控制电路由坐标变换模块、转子磁链计算模块以及转速、转矩、磁链三种调节器模块、滞环脉冲发生器模块组成。

坐标变换模块如图 3.31 所示，主要包括三相静止坐标 ABC 到两相旋转坐标 dq 的 3s/2r 变换模块和两相旋转坐标 dq 到三相静止坐标 ABC 的 2r/3s 变换模块，其中三相静止坐标 ABC 到两相旋转坐标 dq 的变换模块是包含在转子磁链计算模块中。

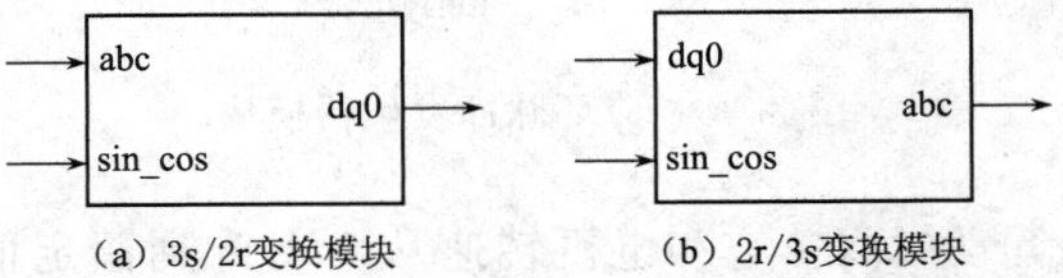

（a）3s/2r变换模块 （b）2r/3s变换模块

图 3.31 坐标变换模块

转子磁链计算模块如图 3.32 所示。为了便于进行微机的实时计算，该模块采用了按转子磁链定向两相旋转坐标系上计算转子磁链的电流模型（3.6.1 节）来搭建仿真模型。

滞环脉冲发生器模块如图 3.33 所示。通过对三相参考电流 i^*_{abc} 与三相实际电流 i_{abc} 的比较，电流滞环控制器实现了电流的实时跟踪控制。当实际电流大于参考电流且偏差大于滞环比较器的环宽时，则通过逆变器开关器件的动作使之减小；反之则使之增加。这样实际输出电流将基本按照给定的正弦波电流变化。

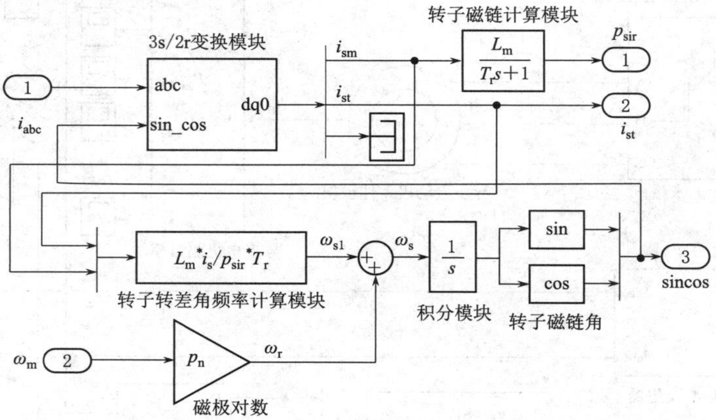

图 3.32　转子磁链计算模块

转速、转矩、磁链三种调节器模块如图 3.34 所示。这三个模块的仿真模型结构相同，都是采用输出限幅的 PI 调节器。

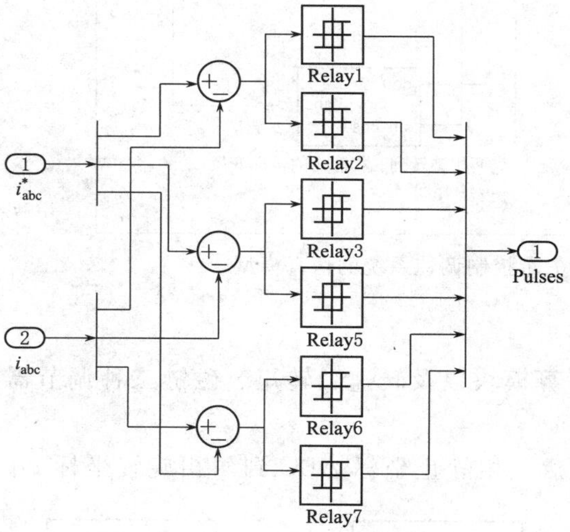

图 3.33　滞环脉冲发生器模块

3. 仿真实验结果及分析

仿真中给定转速设置为 1400r/min，空载启动在 0.6s 时加载 60N·m 的负载。电机转速仿真曲线如图 3.35 所示，由图可以看出：转速响应快，起动时间短，经过大约 0.32s，电机转速就从 0 上升到了给定转速 1400r/min。转速无超调，调节时间短。在 0.6s 时，负载转矩由 0 突变为 60N·m，负载的增加导致了转速的下降，短暂的下降后经过系统调节重新恢复到了额定转速最后达到稳定。

T_e 仿真曲线如图 3.36 所示，可以看出：T_e 达到最大值的时间快，经过大约 0.15s，就从 0 上升到了 T_e 的最大值。电机在 0.6s 时是空载运行，0.32s 时是电机的起动时间；它和电机转速从 0 上升到额定值 1400r/min 所需的时间保持一致。0.32～0.6s 期间电机仍然是空载运行，但是电机已经稳定运行在了 1400r/min，电机转轴上不需要输出 T_e 来平衡负载转矩，所以 T_e 为 0。在 0.6s 时，负载转矩由 0 突变为 60N·m，T_e 也相应地变大到 60N·m，最后稳定保持不变。

定子三相电流仿真曲线如图 3.37 所示，可以看出：大约 0.15s 时，三相电流保持不变且幅值为最大值 60A，使电机转轴上输出的 T_e 从 0 快速上升到最大值，从而加快了电机的起动过程，使电机转速从 0 快速上升到额定值 1400r/min。0.15～0.32s 阶段，电机空载运行，转速逐渐接近额定转速，三相电流幅值从 60A 开始逐渐减小；0.32～0.6s 阶

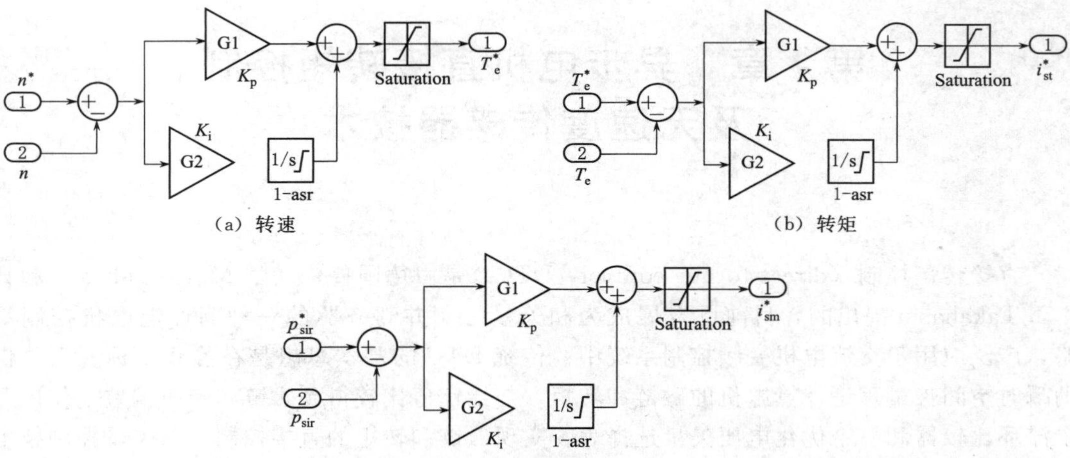

(a) 转速　(b) 转矩　(c) 磁链

图 3.34　转速、转矩、磁链 PI 调节器仿真模型

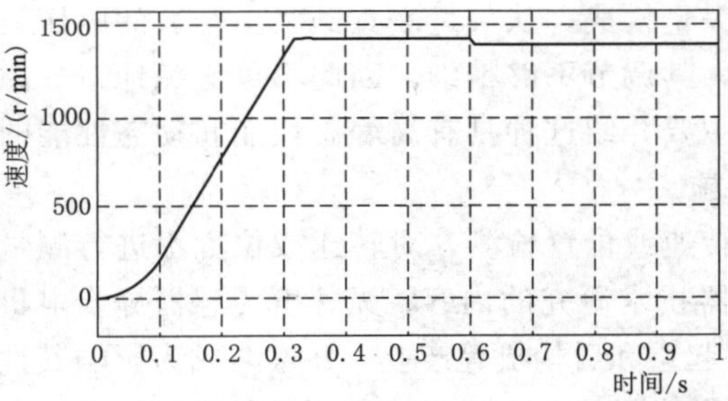

图 3.35　转速仿真曲线

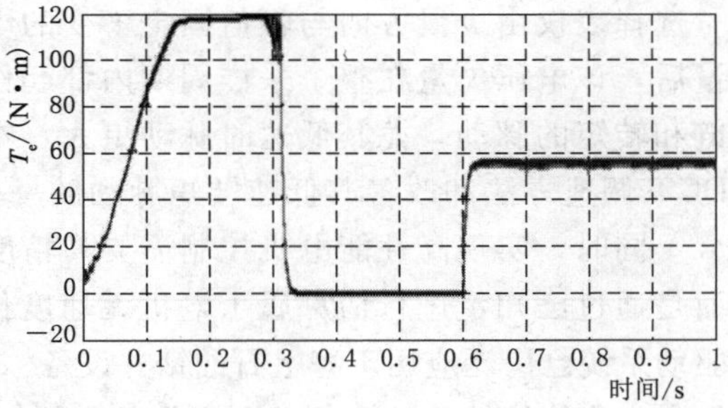

图 3.36　电磁转矩仿真曲线

段，电机转速已经稳定在额定转速 1400r/min，这时三相电流幅值达到最小值 16A，用于产生克服摩擦所需的 T_e。在 0.6s 时，负载转矩由 0 突变为 60N·m，三相电流的幅值也相应地变大到 22A 并保持稳定不变，用于产生克服负载增加所需要的 T_e。

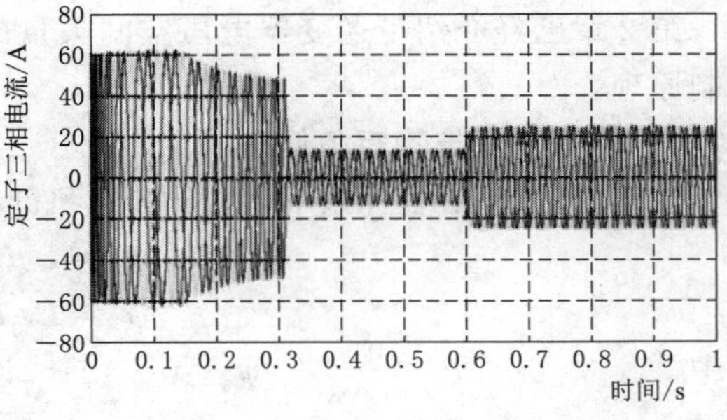

图 3.37　定子三相电流仿真曲线

从仿真结果可以看出：异步电机基于转子磁场定向矢量控制的调速策略可以获得良好的调速性能，电机的转速、转矩、电流响应适度，与实际变频调速系统的运行情况基本吻合。

第 4 章　异步电机直接转矩控制及无速度传感器技术

直接转矩控制（direct torque control，DTC）是由德国鲁尔大学 M. Depenbrock 和日本 I. Takahashi 提出的，目前已发展成为和矢量控制并驾齐驱的一种高性能电机控制策略，广泛应用于交流电机变频控制系统中。传统 DTC 的基本思想是在静止坐标系下，借助瞬时空间矢量理论计算电机的磁链和转矩，与给定值比较得到磁链和转矩偏差，使用两个滞环比较器和一个优化电压矢量选择表，实现磁链和转矩的直接控制。与矢量控制技术相比，DTC 技术具有如下优点：①无须旋转坐标变换；②只需要估计定子磁链 ψ_s，大大降低了矢量控制中控制性能容易受电机内部参数影响的问题；③控制方式简单，转矩响应迅速，对转子参数的变化鲁棒性强，便于实现全数字化控制。但是，传统 DTC 的电压矢量选择表仅由少量方向与幅值固定不变的电压矢量构成，从矢量表查到某个合适的电压矢量后，该电压矢量在整个采样周期内都起作用，其调节不够精细，因此不可避免地造成磁链和转矩的脉动，尤其低速时脉动更大。本章主要介绍这种具有高静态性能和动态性能的 DCT 调速方法和改善其低速转矩脉动的一些措施。

同时，实现高性能电机控制需要高精度的转速或位置检测，对转速或位置不进行测量而是通过已知量进行估算属于电机无速度传感器技术研究的内容。无速度传感器异步电机驱动系统已广泛应用于海上石油钻井设备、港口起重和盾构机等产业，并逐渐成为影响其性能和产业价值的关键技术，为此本章重点介绍几种常见异步电机无速度传感器控制技术。

4.1　直接转矩控制原理

第 2 章已经介绍了逆变器电压空间矢量的概念，在此基础上本节阐述异步电机 DTC 控制原理。

4.1.1　转矩偏差与转矩角偏差

在两相静止 αβ 坐标系下，将异步电机的磁链方程式（3.28）表示为

$$\boldsymbol{\psi}_s = L_s\boldsymbol{i}_s + L_m\boldsymbol{i}_r \tag{4.1}$$

$$\boldsymbol{\psi}_r = L_m\boldsymbol{i}_s + L_r\boldsymbol{i}_r \tag{4.2}$$

其中

$$\boldsymbol{\psi}_s = \psi_{s\alpha} + \mathrm{j}\psi_{s\beta}；\ \boldsymbol{\psi}_r = \psi_{r\alpha} + \mathrm{j}\psi_{r\beta}$$

$$\boldsymbol{i}_s = i_{s\alpha} + \mathrm{j}i_{s\beta}；\ \boldsymbol{i}_r = i_{r\alpha} + \mathrm{j}i_{r\beta}$$

从式（4.1）和式（4.2）中消去 $\boldsymbol{i}_r$，得

$$\boldsymbol{\psi}_s = \frac{L_m}{L_r}\boldsymbol{\psi}_r + L'_s\boldsymbol{i}_s \tag{4.3}$$

其中

$$L'_s = L_sL_r - L_m^2$$

$\boldsymbol{i}_s$ 对应的表达式为

$$\boldsymbol{i}_s=\frac{1}{L'_s}\boldsymbol{\psi}_s-\frac{L_m}{L_r L'_s}\boldsymbol{\psi}_r \tag{4.4}$$

由式（3.19）和式（3.32），可得异步电机的定子磁链 $\boldsymbol{\psi}_s$ 和电磁转矩 T_e 的计算式如下：

$$\boldsymbol{\psi}_s=\int(\boldsymbol{u}_s-R_s\boldsymbol{i}_s)\mathrm{d}t \tag{4.5}$$

$$\frac{\mathrm{d}\boldsymbol{\psi}_r}{\mathrm{d}t}+\left[\frac{1}{\sigma T_r}-\mathrm{j}\omega_r\right]\boldsymbol{\psi}_r=\frac{L_m}{\sigma T_r L_s}\boldsymbol{\psi}_s \tag{4.6}$$

$$T_e=p_n\boldsymbol{\psi}_s\times\boldsymbol{i}_s \tag{4.7}$$

将式（4.4）代入式（4.7），可知：

$$T_e=p_n\frac{L_m}{L'_s L_r}|\boldsymbol{\psi}_s||\boldsymbol{\psi}_r|\sin\delta_{sr} \tag{4.8}$$

式中：δ_{sr} 为定子磁链 $\boldsymbol{\psi}_s$ 和转子磁链 $\boldsymbol{\psi}_r$ 的夹角，即转矩角，也称负载角或磁通角。

设对应 δ_{sr} 角的变化量为 $\Delta\delta_{sr}$，则转矩增量 ΔT_e 的表达式为

$$\Delta T_e=p_n\frac{L_m}{L'_s L_r}|\boldsymbol{\psi}_s+\Delta\boldsymbol{\psi}_s||\boldsymbol{\psi}_r|\sin\Delta\delta_{sr} \tag{4.9}$$

可以看出，转矩 T_e 和 $\boldsymbol{\psi}_s$、δ_{sr} 之间是非线性关系，图 4.1 表明了相关矢量图。

式（4.6）表明，$\boldsymbol{\psi}_s$ 和 $\boldsymbol{\psi}_r$ 之间是一阶惯性环节，即 $\boldsymbol{\psi}_r$ 滞后于 $\boldsymbol{\psi}_s$。在短暂动态时间内，假如控制 $\boldsymbol{\psi}_s$ 变化速度远远大于 $\boldsymbol{\psi}_r$ 的时间常数，可以认为 $\boldsymbol{\psi}_r$ 是恒定的。为此，若控制定子磁链幅值 $|\boldsymbol{\psi}_s|$ 不变，按式（4.9）可以通过调节 $\Delta\delta_{sr}$ 实现控制转矩的目的。以上就是 DTC 的基本原理。

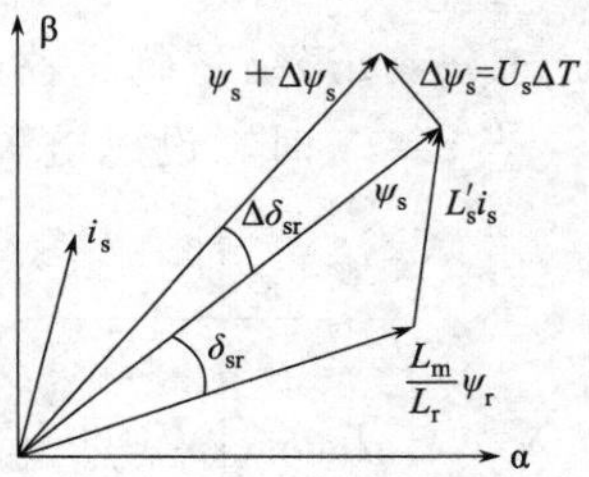

图 4.1 DTC 基本原理的矢量表示

4.1.2 定子磁链的控制

当忽略定子电阻 R_s 上的压降时，对式（4.5）进行离散化处理，得

$$\boldsymbol{\psi}_s(k+1)\approx\boldsymbol{\psi}_s(k)+\boldsymbol{U}_s(k)T_s\approx\boldsymbol{\psi}_s(k)+\Delta\boldsymbol{\psi}_s(k) \tag{4.10}$$

式中：$\boldsymbol{U}_s$（k）为 k 时刻电压源逆变器施加于电机上的电压空间矢量；T_s 为采样时间。

可以看出磁链变化量为

$$\Delta\boldsymbol{\psi}_s(k)\approx\boldsymbol{U}_s(k)T_s \tag{4.11}$$

因此，通过选择合理 $\boldsymbol{U}_s$（k）可以控制磁链变化量 $\Delta\boldsymbol{\psi}_s(k)$ 的大小和方向，即可以控制 $\Delta\delta_{sr}$ 和转矩增量 ΔT_e。所以对 $\boldsymbol{\psi}_s$ 的控制本质上是控制电压空间矢量，这也是 DTC 的基本工作方式。

4.1.3 直接转矩控制的黄金法则

由式（4.11）可知，如果知道所需的 $\Delta\boldsymbol{\psi}_s(k)$ 和 T_s，就可以得到正确的电压空间矢量。要获得快速的转矩响应，应尽快改变转矩角 δ_{sr}。从图 4.1 可以看出，要获得最快 $\Delta\boldsymbol{\psi}_s(k)$ 旋转，最合适的方法是保持电压矢量始终垂直于 $\Delta\boldsymbol{\psi}_s(k)$，这就是 DTC 控制的黄

金法则。逆变器只能产生 6 个非零电压矢量和两个零电压矢量，它们通常不垂直于 $\Delta\boldsymbol{\psi}_s(k)$；因此，如何合理选择每一个采样周期内逆变器最佳的电压矢量，尽可能与 $\Delta\boldsymbol{\psi}_s(k)$垂直，是快速响应的条件。

不同于第 2 章，这里根据定子磁链矢量确定扇区，对应 6 个等分扇区 $S_1 \sim S_6$，分别用 N 表示扇区编号（$N=1\sim6$），电压矢量位于扇区的中间，如图 4.2 所示。设 $\boldsymbol{\psi}_s$ 逆时针旋转，当处于第 1 个扇区 S_1 内，可以看出，施加 $\boldsymbol{U}_2$ 或 $\boldsymbol{U}_3$ 以增加 $\Delta\boldsymbol{\psi}_s(k)$来增加转矩，施加 $\boldsymbol{U}_5$、$\boldsymbol{U}_6$ 以减小 $\Delta\boldsymbol{\psi}_s(k)$来减小转矩；当处于第 2 个扇区 S_2 内，可以看出，施加 $\boldsymbol{U}_3$、$\boldsymbol{U}_4$ 以增加 $\Delta\boldsymbol{\psi}_s(k)$来增加转矩，施加 $\boldsymbol{U}_6$ 或 $\boldsymbol{U}_1$ 以减小 $\Delta\boldsymbol{\psi}_s(k)$来减小转矩；为此，对其他扇区也可以推出使 $\Delta\boldsymbol{\psi}_s(k)$或转矩增加或减小的电压矢量。

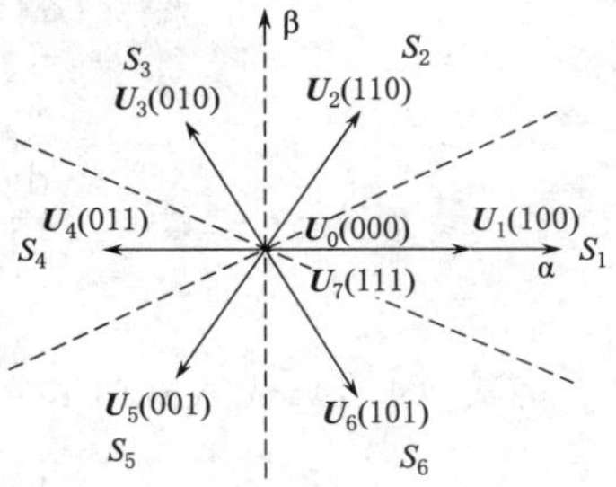

图 4.2　8 个开关电压矢量和 6 个扇区

4.1.4　磁链幅值变化的限制

在 DTC 方法中，假设磁链幅值恒定，只有在快速旋转过程中逆变器可以向电机提供无限多的电压矢量。然而，一个两电平电压源逆变器只能提供 6 个非零电压矢量。这些电压矢量施加到电机时，通常会改变 $\boldsymbol{\psi}_s$ 的幅值和方向。因此，在采样周期内，尽可能把 $\boldsymbol{\psi}_s$ 的幅值限制在一定范围内，下面介绍两种方法。

1. 六边形磁链轨迹控制

当 $t=t_1$ 时，设磁链矢量 $\boldsymbol{\psi}_s$ 在图 4.3 中的位置。如果此时逆变器加到定子上的电压空间矢量为 $\boldsymbol{U}_3$，根据式（4.10）可知，$\boldsymbol{\psi}_s$ 的顶点将沿着 S_1 边朝 $\boldsymbol{U}_3$ 作用的方向运动。当 $\boldsymbol{\psi}_s$ 沿 S_1 边一直运动至 S_1 与 S_2 的交点时，将给定电压空间矢量变为 $\boldsymbol{U}_4$，则 $\boldsymbol{\psi}_s$ 空间矢量的顶点将沿 S_2 边运动。同理，运动至 S_2 和 S_3 的交点时给出 $\boldsymbol{U}_5$；依次类推，$\boldsymbol{\psi}_s$ 的顶点将分别沿 S_3、S_4、S_5、S_6 边运动。于是，$\boldsymbol{\psi}_s$ 的轨迹为图 4.3 中虚线的六边形磁链轨迹。

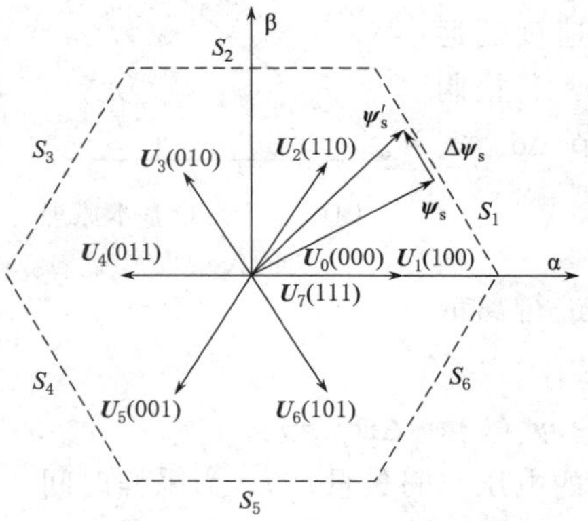

图 4.3　电压空间矢量对六边形磁链轨迹控制的控制图

六边形磁链轨迹一般是在一个周期内，把磁链等分为 6 个扇区，分别用 S_1、S_2、S_3、S_4、S_5、S_6 符号表示。直接利用逆变器的 6 种工作开关状态，每个区间依次按照 $\boldsymbol{U}_3\rightarrow\boldsymbol{U}_4\rightarrow\boldsymbol{U}_5\rightarrow\boldsymbol{U}_6\rightarrow\boldsymbol{U}_1\rightarrow\boldsymbol{U}_2\rightarrow\boldsymbol{U}_3$ 循环作用于定子绕组，通过此方法可以简便地获得六边形磁链轨迹来控制电机。这个方法就是直接自控制（direct self control，DSC）的基本思想。

六边形磁链轨迹控制方法具有简单快速、逆变器频率低和开关损耗小等优点。但随着 $\boldsymbol{\psi}_s$ 幅值和速度的不断变化，磁链幅值存在 6 倍频脉动，脉动幅值大约$\pm7.18\%$，会导致电机存在转矩脉动和较大的电流脉动，电机损耗增加。

2. 近似圆形磁链控制

式（4.11）表明，通过选择合适的电压矢量，可以控制 $\boldsymbol{\psi}_s$ 沿着预定的轨迹变化，进

而控制 $\boldsymbol{\psi}_s$ 的幅值。图 4.4 是电压空间矢量对近似图形磁链轨迹的控制图，显示了当 $\boldsymbol{\psi}_s$ 逆时针旋转时，如何把 $\boldsymbol{\psi}_s$ 幅值控制在给定的容差范围内。设理想的圆形定子磁链 $\boldsymbol{\psi}_s^*$（给定的定子磁链）的轨迹位于图中间所在的实线圆，圆形轨迹内外的同心虚线圆分别表示 $\boldsymbol{\psi}_s$ 在 $-\varepsilon_m$、$+\varepsilon_m$ 容差内的磁链轨迹。$\boldsymbol{\psi}_s(t_1)$、$\boldsymbol{\psi}_s(t_2)$是 $\boldsymbol{\psi}_s$ 幅值在 $\pm\varepsilon_m$ 容差上下限时的磁链幅值。假设当 $t=t_1$ 时刻 $\boldsymbol{\psi}_s$ 位于 A 点处，磁链矢量 $\boldsymbol{\psi}_s(t_1)$在扇区 S_1 内，如果施加 $\boldsymbol{U}_2$ 或 $\boldsymbol{U}_3$ 可以使 $\boldsymbol{\psi}_s$ 逆时针旋转，施加 $\boldsymbol{U}_5$ 或 $\boldsymbol{U}_6$ 可以使 $\boldsymbol{\psi}_s$ 顺时针旋转。当 $t=t_2$ 时刻 $\boldsymbol{\psi}_s$ 运动到扇区 S_2 的 B 点处时，如果依次施加 $\boldsymbol{U}_3\rightarrow\boldsymbol{U}_4\rightarrow\boldsymbol{U}_2\rightarrow\boldsymbol{U}_4\rightarrow\boldsymbol{U}_5\rightarrow\boldsymbol{U}_3\rightarrow\boldsymbol{U}_5$ 电压矢量，$\boldsymbol{\psi}_s$ 的轨迹会沿着这些电压矢量作用的轨迹按逆时针方向旋转运动，并且 $\boldsymbol{\psi}_s$ 的幅值可以控制在 $\pm\varepsilon_m$ 容差范围内。如果使每个电压矢量的作用时间缩短，磁链矢量就会像 C 点开始运动的轨迹一样，在给定 $\boldsymbol{\psi}_s^*$ 的圆内外波动。若容差范围 ε_m 无限小，电压矢量的作用时间也将无限减小，$\boldsymbol{\psi}_s$ 的运动轨迹是一个近似标准的圆形，此时 $\boldsymbol{\psi}_s$ 的幅值恒定且与圆的半径近似相等。

4.1.5 电压空间矢量对转矩的影响

在实际电机运行中，控制 $\boldsymbol{\psi}_s$ 的幅值在一个很小的容差范围($2\varepsilon_m$)内变化，为此可以近似认为 $\boldsymbol{\psi}_s$ 的幅值大小恒定。转矩控制的基本思想如下：通过扇区 $S_1\sim S_6$ 上的非零电压空间矢量 $\boldsymbol{U}_1\sim\boldsymbol{U}_6$ 和零电压空间矢量 $\boldsymbol{U}_0$、$\boldsymbol{U}_7$ 相互交替作用，从而控制 $\boldsymbol{\psi}_s$ 的旋转速度 ω_s，使得 $\boldsymbol{\psi}_s$ 走走停停，来改变 $\boldsymbol{\psi}_s$ 的平均旋转速度 $\overline{\omega}_s$，最终达到控制转矩角 δ_{sr} 大小的目的。值得注意的是，当施加区段电压矢量时，如果快速增大 $\boldsymbol{\psi}_s$ 的旋转速度 ω_s，会导致电机瞬时转差角频率 $\Delta\omega_{sl}$ 迅速增大，迫使电磁转矩 T_e 迅速增大；当施加零电压矢量时，$\boldsymbol{\psi}_s$ 将在空间突然停止旋转，而转子仍然以转速 ω_r 连续向前旋转，会使瞬时转差角频率 $\Delta\omega_{sl}$ 立即变为负值，迫使电磁转矩迅速减小。

电压矢量对转矩的控制过程如图 4.5 所示。在 t_1 时刻，$\boldsymbol{\psi}_s(t_1)$位于 A 点；在 t_2 时刻，$\boldsymbol{\psi}_s(t_2)$位于 B 点。从 t_1 到 t_2 这一过程中，可以施加两个电压矢量 $\boldsymbol{U}_3$ 和 $\boldsymbol{U}_4$（如图 4.5

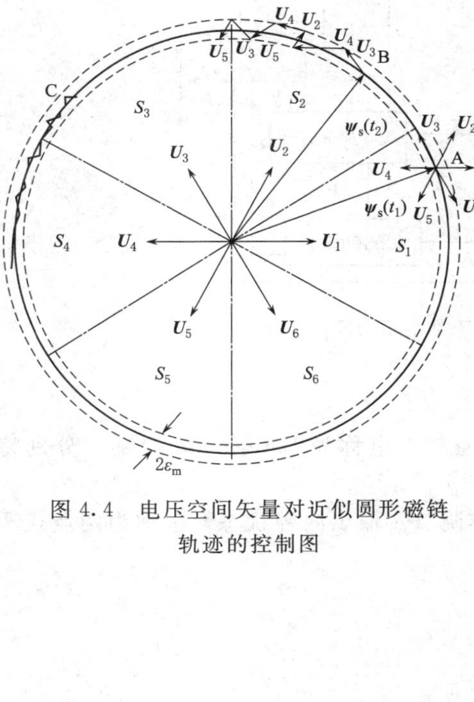

图 4.4 电压空间矢量对近似圆形磁链轨迹的控制图

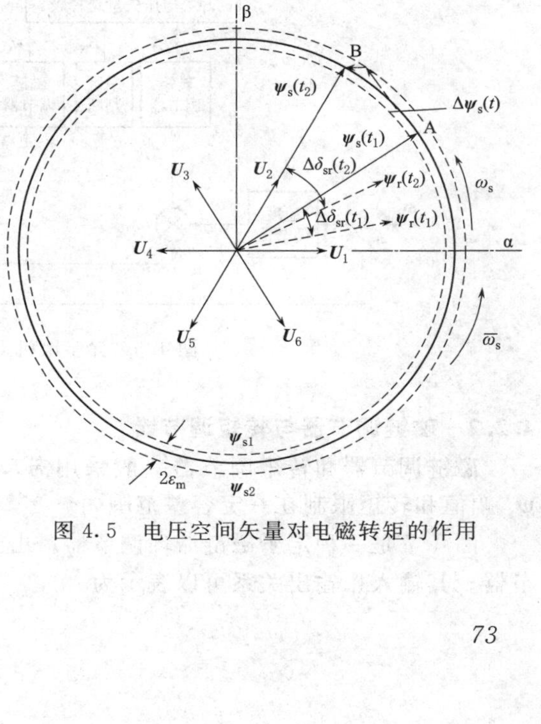

图 4.5 电压空间矢量对电磁转矩的作用

中两个虚线），当然也可以施加多个电压矢量。如果忽略中间过程，在 t_1 和 t_2 时刻可以近似认为 $\boldsymbol{\psi}_s$ 的幅值 $|\boldsymbol{\psi}_s|$ 大小基本恒定。然而，由于 $\boldsymbol{\psi}_r$ 受到 $\boldsymbol{\psi}_s$ 的平均转速 $\bar{\omega}_s$ 约束，从 t_1 到 t_2 时刻，$\boldsymbol{\psi}_r$ 由 $\boldsymbol{\psi}_r(t_1)$ 变化到 $\boldsymbol{\psi}_r(t_2)$。因此，转矩角 δ_{sr} 由 t_1 时刻的 $\delta_{sr}(t_1)$ 迅速增大到 t_2 时刻的 $\delta_{sr}(t_2)$，从而电磁转矩 T_e 增大。假设在 t_2 时刻又施加一个零电压矢量，$\boldsymbol{\psi}_s$ 将保持在 $\boldsymbol{\psi}_s(t_2)$ 的位置上不动，$\boldsymbol{\psi}_r$ 将继续以 $\bar{\omega}_s$ 旋转，从而使转矩角 δ_{sr} 减小，电磁转矩 T_e 也会减小。通过如此的瞬态调节方式就能获得高动态性能的转矩特性。

4.2　基本直接转矩控制系统

4.2.1　直接转矩控制系统

图 4.6 是异步电机 DTC 系统基本结构图。速度调节器一般采用 PI 调节器，其输出为期望电磁转矩 T_e^*。$\boldsymbol{\psi}_s$ 和转矩的估计采用第 3 章介绍的方法。转矩调节器和磁链调节器均采用滞环比较器，它们输出的偏差分别是 $\boldsymbol{\psi}_s$ 幅值偏差 $\Delta\boldsymbol{\psi}_s$ 的符号函数 ψ_Q 和转矩偏差 ΔT_e 的符号函数 T_Q。同时通过磁链两个分量 $\psi_{s\alpha}$ 和 $\psi_{s\beta}$ 得到 $\boldsymbol{\psi}_s$ 所在的扇区区间信号 S_N。对于不同的转矩期望值，符号函数 T_Q 的控制效果是不同的。DTC 系统就是要根据期望转矩正负、ψ_Q、T_Q 和磁链扇区位置 S_N 输入到最优开关矢量表中去选择合适的空间电压矢量，即逆变器的开关状态，来强迫定子磁通矢量和转矩不超出各自的误差范围，从而使得电机按照给定的运行条件运转，达到控制电机的目的。

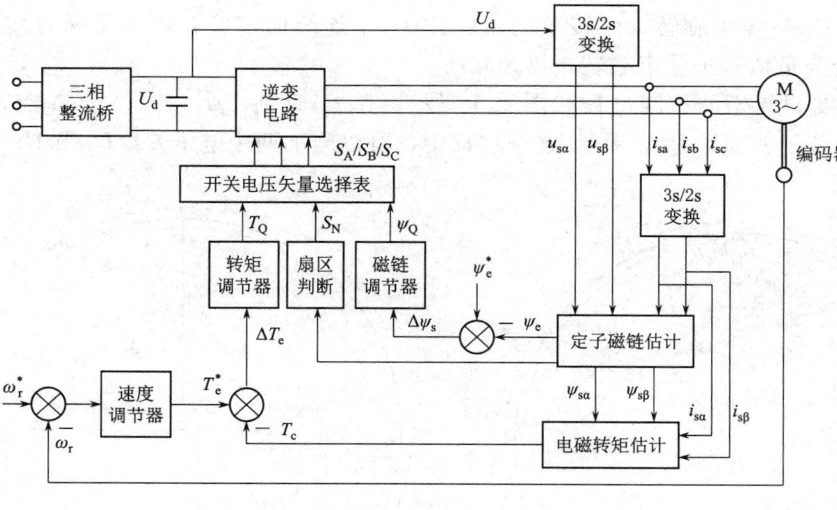

图 4.6　异步电机 DTC 系统基本结构图

4.2.2　磁链调节器与转矩调节器

磁链调节器和转矩调节器一般采用滞环比较控制，也称为 Bang-bang 控制，分别将 $\boldsymbol{\psi}_s$ 幅值和转矩限制在一定容差范围内。

图 4.7 是一种定子磁链滞环调节器，由于磁链调节器输出两种状态，也称为两点式调节器。其输入、输出关系可以表示为

$$\psi_Q=\begin{cases}1, \boldsymbol{\psi}_s{}^*-|\boldsymbol{\psi}_s|>\varepsilon_m\\-1, \boldsymbol{\psi}_s{}^*-|\boldsymbol{\psi}_s|\leqslant-\varepsilon_m\end{cases} \tag{4.12}$$

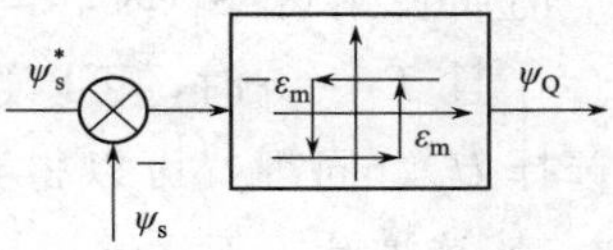

图 4.7　定子磁链滞环调节器

式中：ε_m 为磁链容差。

图 4.8 是一种转矩滞环调节器，由于转矩调节器输出三种状态，也称为三点式调节器或三电平调节器。其输入输出关系可以表示为

$$T_Q=\begin{cases}1, T_e{}^*-|T_e|>\varepsilon_T\\0, T_e{}^*-|T_e|=0\\-1, T_e{}^*-|T_e|<-\varepsilon_T\end{cases} \tag{4.13}$$

式中：ε_T 为转矩容差。

当 $T_Q=1$ 时，表示要正向增大电磁转矩；当 $T_Q=-1$ 时，表示要反向增大电磁转矩；当 $T_Q=0$ 时，表示选择零电压矢量来缓慢减小电磁转矩。在滞环控制器下，电磁转矩 T_e 变化波形如图 4.8（b）所示。

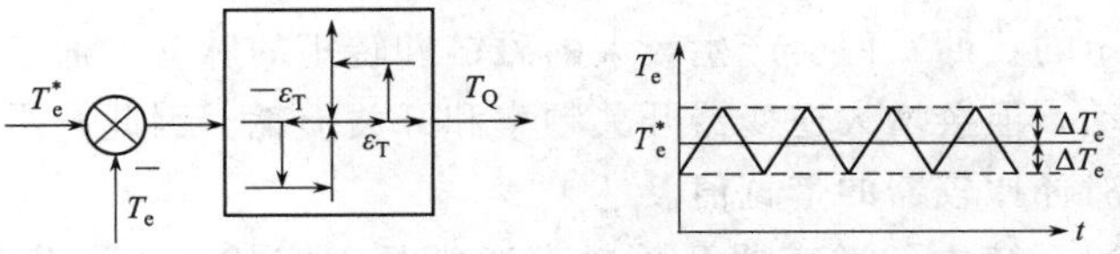

（a）转矩滞环调节器　（b）转矩波形

图 4.8　电磁转矩滞环调节器和转矩波形

4.2.3　开关电压矢量选择表

在图 4.7 的磁链两点式调节和图 4.8（a）的转矩三点式调节下，对应于每一个扇区就有 6 种情况，6 个扇区总共有 36 种情况，需要使用 36 个电压矢量来构成开关矢量表。假设异步电机逆时针旋转，以扇区 S_1 为例进行分析，在此区间选择 $\boldsymbol{U}_1$ 和 $\boldsymbol{U}_4$ 是不合适的，会使 $|\boldsymbol{\psi}_s|$ 急速变化，难以将其控制在滞环带宽内，另外对 $\boldsymbol{\psi}_s$ 的转速作用十分有限。可供选择的电压矢量是 $\boldsymbol{U}_2$、$\boldsymbol{U}_3$、$\boldsymbol{U}_6$、$\boldsymbol{U}_5$ 以及 $\boldsymbol{U}_0$、$\boldsymbol{U}_7$，电压矢量对转矩、磁链的影响可以通过 $\boldsymbol{\psi}_s$ 运动轨迹径向和切向方向判断，4.1 节已经进行了详细阐述。表 4.1 列出了扇区 S_1 和扇区 S_2 中 6 个电压对磁链幅值和转矩的影响，其中磁链幅值增加和转矩增大用符号“↑”表示；减小用“↓”表示；逆时针表示正向，顺时针表示反向。

表 4.1　电压矢量对磁链幅值和转矩的影响

电压矢量	磁链幅值及转矩的变化		电压矢量	磁链幅值及转矩的变化	
	扇区 S_1	扇区 S_2		扇区 S_1	扇区 S_2
$\boldsymbol{U}_1$	$\|\boldsymbol{\psi}_s\|$ ↑，T_e 变化不定	$\boldsymbol{\psi}_s$ ↑，T_e 反向 ↑	$\boldsymbol{U}_4$	$\boldsymbol{\psi}_s$ ↓，T_e 变化不定	$\boldsymbol{\psi}_s$ ↓，T_e 正向 ↑
$\boldsymbol{U}_2$	$\|\boldsymbol{\psi}_s\|$ ↑，T_e 正向 ↑	$\boldsymbol{\psi}_s$ ↑，T_e 变化不定	$\boldsymbol{U}_5$	$\boldsymbol{\psi}_s$ ↓，T_e 反向 ↑	$\boldsymbol{\psi}_s$ ↓，T_e 变化不定
$\boldsymbol{U}_3$	$\boldsymbol{\psi}_s$ ↓，T_e 正向 ↑	$\boldsymbol{\psi}_s$ ↑，T_e 正向 ↑	$\boldsymbol{U}_6$	$\boldsymbol{\psi}_s$ ↑，T_e 反向 ↑	$\boldsymbol{\psi}_s$ ↓，T_e 反向 ↑

例如在扇区 S_1 内，当 $\psi_Q=1$ 且 $T_Q=1$ 时，能够选择的电压矢量就只有 $\boldsymbol{U}_5$；当 $\psi_Q=1$ 且 $T_Q=0$ 时，可以选择两个零电压矢量 $\boldsymbol{U}_7$ 或 $\boldsymbol{U}_0$；当 $\psi_Q=1$ 且 $T_Q=-1$ 时，只能选择 $\boldsymbol{U}_3$。同理，可以得到 6 个区间 $S_1 \sim S_6$ 在各种情况下的开关电压矢量表，见表 4.2。按这种开关矢量表运行，就会得到近似圆形的定子磁链轨迹。

表 4.2　　开关电压矢量表

ψ_Q	T_Q	磁链扇区划分					
		扇区 S_1	扇区 S_2	扇区 S_3	扇区 S_4	扇区 S_5	扇区 S_6
1	1	$\boldsymbol{U}_2$	$\boldsymbol{U}_3$	$\boldsymbol{U}_4$	$\boldsymbol{U}_5$	$\boldsymbol{U}_6$	$\boldsymbol{U}_1$
	0	$\boldsymbol{U}_0/\boldsymbol{U}_7$	$\boldsymbol{U}_0/\boldsymbol{U}_7$	$\boldsymbol{U}_0/\boldsymbol{U}_7$	$\boldsymbol{U}_0/\boldsymbol{U}_7$	$\boldsymbol{U}_0/\boldsymbol{U}_7$	$\boldsymbol{U}_0/\boldsymbol{U}_7$
	−1	$\boldsymbol{U}_6$	$\boldsymbol{U}_1$	$\boldsymbol{U}_2$	$\boldsymbol{U}_3$	$\boldsymbol{U}_4$	$\boldsymbol{U}_5$
−1	1	$\boldsymbol{U}_3$	$\boldsymbol{U}_4$	$\boldsymbol{U}_5$	$\boldsymbol{U}_6$	$\boldsymbol{U}_1$	$\boldsymbol{U}_2$
	0	$\boldsymbol{U}_0/\boldsymbol{U}_7$	$\boldsymbol{U}_0/\boldsymbol{U}_7$	$\boldsymbol{U}_0/\boldsymbol{U}_7$	$\boldsymbol{U}_0/\boldsymbol{U}_7$	$\boldsymbol{U}_0/\boldsymbol{U}_7$	$\boldsymbol{U}_0/\boldsymbol{U}_7$
	−1	$\boldsymbol{U}_5$	$\boldsymbol{U}_6$	$\boldsymbol{U}_1$	$\boldsymbol{U}_2$	$\boldsymbol{U}_3$	$\boldsymbol{U}_4$

需要注意以下几点：

(1) 滞环比较器相当于两点式调节器，或者具有高增益的 P 调节器。虽然可以达到快速调节磁链和转矩的目的，但会产生较大的磁链和转矩的脉动。通过减小滞环比较器的带宽，可以降低脉动，但会增大逆变器开关频率和开关损耗。因此，需要合理地选择磁链滞环比较器和转矩滞环比较器的带宽值。

(2) 在数字控制系统中，逆变器开关频率通常是固定的，为了降低磁链和转矩的脉动，需要合理选择开关频率。

(3) 在低速范围内（30%额定转速以下），由于定子电阻压降影响大和转速低（包括零速）等，会造成磁链波形畸变，同时需要解决如何在低的定子频率和零频时保持磁链和转矩基本不变。

4.3　改善直接转矩控制低速性能的措施

传统 DTC 控制过程中使用了磁链和转矩滞环比较器，选取固定的 6 个电压矢量作用于定子绕组上。这种方法简单明确，但只考虑了磁链和转矩误差的方向，忽略了误差的大小，比较器容差带的大小会直接影响转矩脉动的大小，特别是在低速下输出较大转矩脉动，负载能力下降，容易出现振荡，很大程度上影响了电机的调速范围。

4.3.1　传统直接转矩控制性能分析

1. 转矩脉动分析

异步电机转矩方程为

$$
\begin{aligned}
T_e &= p_n L_m (i_{s\beta} i_{r\alpha} - i_{s\alpha} i_{r\beta}) = p_n (i_{s\beta}\psi_{s\alpha} - i_{s\alpha}\psi_{s\beta}) \\
&= p_n(\boldsymbol{\psi}_s \times \boldsymbol{i}_s) = p_n(\boldsymbol{\psi}_s \times \boldsymbol{\psi}_r)
\end{aligned}
\tag{4.14}
$$

上式两边乘以 $L_\delta=(L_s L_r - L_m^2)/L_m = L'_s/L_m$ 后，再取微分，得

$$L_{\delta}\frac{\mathrm{d}T_{\mathrm{e}}}{\mathrm{d}t}=p_{\mathrm{n}}L_{\delta}\left(\frac{\mathrm{d}}{\mathrm{d}t}\boldsymbol{\psi}_{\mathrm{s}}\times\boldsymbol{i}_{\mathrm{s}}-\boldsymbol{\psi}_{\mathrm{s}}\times\frac{\mathrm{d}}{\mathrm{d}t}\boldsymbol{i}_{\mathrm{s}}\right) \tag{4.15}$$

由式（4.1）、式（4.2）和式（4.6）可以推出

$$L_{\delta}\frac{\mathrm{d}}{\mathrm{d}t}\boldsymbol{i}_{\mathrm{s}}=\frac{L_{\mathrm{r}}}{L_{\mathrm{m}}}(\boldsymbol{u}_{\mathrm{s}}-R_{\mathrm{s}}\boldsymbol{i}_{\mathrm{s}})-\frac{L_{\mathrm{m}}}{T_{\mathrm{r}}}\boldsymbol{i}_{\mathrm{s}}-\left(\mathrm{j}\omega_{\mathrm{r}}-\frac{1}{T_{\mathrm{r}}}\right)\boldsymbol{\psi}_{\mathrm{r}} \tag{4.16}$$

将式（4.16）代入式（4.15），可以整理得到

$$\begin{aligned}L_{\delta}\frac{\mathrm{d}T_{\mathrm{e}}}{\mathrm{d}t}=&p_{\mathrm{n}}\left(\frac{L_{\mathrm{r}}}{L_{\mathrm{m}}}\boldsymbol{\psi}_{\mathrm{s}}-L_{\delta}\boldsymbol{i}_{\mathrm{s}}\right)\times\boldsymbol{u}_{\mathrm{s}}-p_{\mathrm{n}}\omega_{\mathrm{r}}\boldsymbol{\psi}_{\mathrm{s}}\boldsymbol{\psi}_{\mathrm{r}}\\&-\left(\frac{L_{\mathrm{r}}}{L_{\mathrm{m}}}R_{\mathrm{s}}+\frac{L_{\mathrm{m}}}{L_{\mathrm{r}}}R_{\mathrm{r}}\right)(p_{\mathrm{n}}\boldsymbol{\psi}_{\mathrm{s}}\times\boldsymbol{i}_{\mathrm{s}})-\frac{R_{\mathrm{r}}}{L_{\mathrm{r}}}p_{\mathrm{n}}(\boldsymbol{\psi}_{\mathrm{r}}\times\boldsymbol{\psi}_{\mathrm{s}})\end{aligned} \tag{4.17}$$

结合式（4.14），上式可写为

$$L_{\delta}\frac{\mathrm{d}T_{\mathrm{e}}}{\mathrm{d}t}=p_{\mathrm{n}}(\boldsymbol{\psi}_{\mathrm{s}}\times\boldsymbol{u}_{\mathrm{s}})-p_{\mathrm{n}}\omega_{\mathrm{r}}\boldsymbol{\psi}_{\mathrm{s}}\boldsymbol{\psi}_{\mathrm{r}}-R_{\mathrm{m}}T_{\mathrm{e}} \tag{4.18}$$

其中

$$R_{\mathrm{m}}=\frac{L_{\mathrm{r}}}{L_{\mathrm{m}}}R_{\mathrm{s}}+\frac{L_{\mathrm{s}}}{L_{\mathrm{r}}}R_{\mathrm{r}}$$

由于 L_{δ} 很小时，可近似认为 $\boldsymbol{\psi}_{\mathrm{s}}\approx\boldsymbol{\psi}_{\mathrm{r}}$，则上式可写为

$$L_{\delta}\frac{\mathrm{d}T_{\mathrm{e}}}{\mathrm{d}t}\approx p_{\mathrm{n}}(\boldsymbol{\psi}_{\mathrm{s}}\times\boldsymbol{u}_{\mathrm{s}})-p_{\mathrm{n}}\omega_{\mathrm{r}}\boldsymbol{\psi}_{\mathrm{s}}^{2}-R_{\mathrm{m}}T_{\mathrm{e}} \tag{4.19}$$

在全数字化控制系统中，采样周期一般是固定的，而且在一个采样周期内通常只输出一个电压矢量，于是可得电机输出转矩实际值 $\hat{T}_{\mathrm{e}}$ 与给定值 T_{e}^{*} 之间的误差为

$$\Delta T_{\mathrm{e}}=\hat{T}_{\mathrm{e}}-T_{\mathrm{e}}^{*}\approx\frac{T_{\mathrm{s}}}{L_{\delta}}[p_{\mathrm{n}}(\boldsymbol{\psi}_{\mathrm{s}}\times\boldsymbol{u}_{\mathrm{s}})-p_{\mathrm{n}}\omega_{\mathrm{r}}\boldsymbol{\psi}_{\mathrm{s}}^{2}-R_{\mathrm{m}}T_{\mathrm{e}}] \tag{4.20}$$

可以看出，在低速时，一个采样周期 T_{s} 内，$\boldsymbol{\psi}_{\mathrm{s}}$ 及 ω_{r} 的变化相对于外电压 $\boldsymbol{u}_{\mathrm{s}}$ 的变化可以忽略不计，影响瞬间转矩变化的主要因素是 $\boldsymbol{u}_{\mathrm{s}}$。当转矩环较小时，电压矢量 $\boldsymbol{u}_{\mathrm{s}}$ 使转矩在一个较短的采样周期内 T_{s} 就能达到参考值，在余下的时间里，逆变器开关状态未转换，所选电压矢量 $\boldsymbol{u}_{\mathrm{s}}$ 使转矩继续沿原来的方向变化，从而产生了较大的转矩脉动。

当零电压矢量 $\boldsymbol{u}_{\mathrm{s}}=0$ 时，式（4.20）为

$$L_{\delta}T_{\mathrm{e}}\approx(-p_{\mathrm{n}}\omega_{\mathrm{r}}\psi_{\mathrm{s}}^{2}-R_{\mathrm{m}}T_{\mathrm{e}})T_{\mathrm{s}} \tag{4.21}$$

可以看出，零电压矢量只能使转矩减小，并且对于转矩变化的作用与速度有线性的关系；高速时 ω_{r} 较大，导致转矩的下降值大；低速时 ω_{r} 较小，导致转矩的下降值小，并且减小的幅值很小。

为此，在磁链幅值保持一定的情况下，低速时电机的端电压很小，如果在一个周期 T_{s} 内，非零电压矢量使转矩到达给定转矩的时间 t_1 能够确定，就可以在一个周期余下的时间（$T_{\mathrm{s}}-t_1$）内插入零矢量以减小转矩脉动。

2. 磁链轨迹分析

由式（4.10）和图 4.1 可以得到

$$\Delta\psi_{\mathrm{s}}(k)\approx U_{\mathrm{s}}(k)T_{\mathrm{s}}=|\boldsymbol{U}_{\mathrm{s}}T_{\mathrm{s}}|\cos\Delta\delta_{\mathrm{sr}} \tag{4.22}$$

当电压矢量和磁链同相位时，即 $\Delta\delta_{\mathrm{sr}}=0$ 时，并且电压矢量工作满一个周期 T_{s}，磁

链在电压矢量的作用下增量最大，这种情况出现在电机建立磁链或者磁链误差非常大的阶段。这时候最容易产生脉动。此时：

$$\Delta \psi_{\mathrm{smax}} \approx |\boldsymbol{U}_{\mathrm{s}} T_{\mathrm{s}}| \cos 0 = \sqrt{\frac{2}{3}} u_{\mathrm{d}} T_{\mathrm{s}} \tag{4.23}$$

转矩脉动与采样周期成正比例关系，可见采用选择高的开关频率可以减小磁链脉动。

4.3.2　降低转矩脉动的措施

人们提出了很多方法来降低低速转矩脉动，主要有以下几种方法：

(1) 优化开关电压矢量选择表。如采用零电压矢量的方法、定子磁链细分或电压矢量细分法、离散空间矢量法。这些方法有的是将一个开关周期分为两个部分分别运用工作电压和零电压矢量，因此，只要计算出工作电压矢量的占空比，就可以得到最小的转矩脉动。

(2) 采用 SVPWM 技术。将一个开关周期分为三个或更多状态合成电压矢量来获得最小转矩脉动。

(3) 采用多电平逆变器。较传统的两电平逆变器而言；多电平逆变器具有更多的空间电压状态矢量，可以细分更多的空间电压矢量，在很大程度上能够减小转矩波动与磁链误差。

(4) 基于现代控制和智能控制理论。如采用滑模变结构、转矩脉动最优控制、模糊控制技术和 ANN 技术等。

(5) 提高定子电阻辨识精度。在低速时定子电阻压降增大，造成磁链波形畸变，为此需提高 $\boldsymbol{\psi}_{\mathrm{s}}$ 估算的准确性。同时，电磁转矩估算的准确性，以及由转速计算给定转矩值的准确性都会对转矩脉动的大小造成影响。下面介绍其中部分方法。

1. 定子磁链十二区间控制方法

由式 (4.8) 可知，电磁转矩 T_{e} 的变化主要由定子磁链 $\boldsymbol{\psi}_{\mathrm{s}}$ 幅值和负载角 δ_{sr} 的变化决定。当某一电压矢量 $\boldsymbol{U}_i$ 确定后，它所引起的定子磁链幅值的变化和磁通角的正弦值变化必须一致，才能实现电磁转矩的增减控制。然而，在通常情况下，两者变化是不一致的，这时电磁转矩的变化就由二者之中变化快的一个起主要作用。在某一区间内所选择的电压矢量很难同时满足这两个条件，以达到电磁转矩按它所期望的那样变化。因此，传统六区间 DTC 的开关矢量选择表在某些情况下是不太准确的。另外，所选的电压矢量在它的作用时间内就达到转矩的期望值，而在这个周期余下的时间内由于没有发生逆变器开关状态的转换，所选择的电压矢量仍作用于电机，使转矩继续沿原来的方向变化，于是就会产生转矩偏差。传统 DTC 的这些缺陷会使定子磁链轨迹不再是一个标准的圆形，同时还会引起电流畸变。

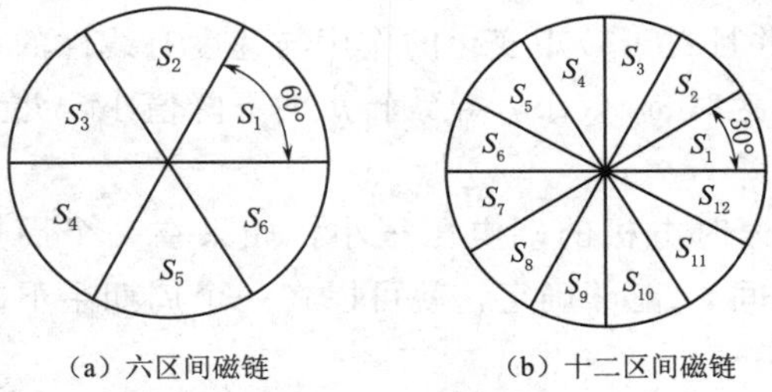

图 4.9　定子磁链区间划分图

将传统 DTC 的六区间电压矢量表细分为十二区间，如图 4.9 所示。每个区间为 30°，按照新的区间定义号，根据电压矢量对磁链和转矩的作用效果，得到十二区间电压矢量表，见表 4.3。采用十二区间控制，可更准确地选择电压矢量，同时每个电压的作用时间更短，控制更精确。

表 4.3　　**十二区间电压矢量表**

ψ_Q	T_Q	磁链区间划分											
		S_1	S_2	S_3	S_4	S_5	S_6	S_7	S_8	S_9	S_{10}	S_{11}	S_{12}
1	1	$\boldsymbol{U}_5$	$\boldsymbol{U}_5$	$\boldsymbol{U}_6$	$\boldsymbol{U}_6$	$\boldsymbol{U}_1$	$\boldsymbol{U}_1$	$\boldsymbol{U}_2$	$\boldsymbol{U}_2$	$\boldsymbol{U}_3$	$\boldsymbol{U}_3$	$\boldsymbol{U}_4$	$\boldsymbol{U}_4$
	0	$\boldsymbol{U}_0$	$\boldsymbol{U}_7$	$\boldsymbol{U}_0$	$\boldsymbol{U}_7$	$\boldsymbol{U}_0$	$\boldsymbol{U}_7$	$\boldsymbol{U}_0$	$\boldsymbol{U}_7$	$\boldsymbol{U}_0$	$\boldsymbol{U}_7$	$\boldsymbol{U}_0$	$\boldsymbol{U}_7$
	−1	$\boldsymbol{U}_3$	$\boldsymbol{U}_4$	$\boldsymbol{U}_4$	$\boldsymbol{U}_5$	$\boldsymbol{U}_5$	$\boldsymbol{U}_6$	$\boldsymbol{U}_6$	$\boldsymbol{U}_1$	$\boldsymbol{U}_1$	$\boldsymbol{U}_2$	$\boldsymbol{U}_2$	$\boldsymbol{U}_3$
−1	1	$\boldsymbol{U}_6$	$\boldsymbol{U}_1$	$\boldsymbol{U}_1$	$\boldsymbol{U}_2$	$\boldsymbol{U}_2$	$\boldsymbol{U}_3$	$\boldsymbol{U}_3$	$\boldsymbol{U}_4$	$\boldsymbol{U}_4$	$\boldsymbol{U}_5$	$\boldsymbol{U}_5$	$\boldsymbol{U}_6$
	0	$\boldsymbol{U}_7$	$\boldsymbol{U}_0$	$\boldsymbol{U}_7$	$\boldsymbol{U}_0$	$\boldsymbol{U}_7$	$\boldsymbol{U}_0$	$\boldsymbol{U}_7$	$\boldsymbol{U}_0$	$\boldsymbol{U}_7$	$\boldsymbol{U}_0$	$\boldsymbol{U}_7$	$\boldsymbol{U}_0$
	−1	$\boldsymbol{U}_2$	$\boldsymbol{U}_2$	$\boldsymbol{U}_3$	$\boldsymbol{U}_3$	$\boldsymbol{U}_4$	$\boldsymbol{U}_4$	$\boldsymbol{U}_5$	$\boldsymbol{U}_5$	$\boldsymbol{U}_6$	$\boldsymbol{U}_6$	$\boldsymbol{U}_1$	$\boldsymbol{U}_1$

2. 恒定开关频率控制器

转矩控制器的开关频率与电机的运行状态有关。当电机所带的负载发生变化时，功率开关器件的频率也会随之改变，即控制器的开关频率由电机的转速决定。传统转矩控制器，由于采用滞环比较器，开关状态不断切换。同时在实际应用中，电机的转速需要不断改变，也会造成开关频率不断变化。开关频率变化不仅会产生转矩脉动，而且会给硬件的实现造成不便。

图 4.10 是一种恒定开关频率转矩控制器，可改善上述问题并减小转矩脉动，特别是低速时。其工作原理如下：给定转矩与估计的转矩比较后，得到转矩误差信号 ΔT_e，经过 PI 控制器输出控制信号 T_{pi}，再将 T_{pi} 与两路三角波发生器产生的三角波信号 T_{tria} 进行叠加，进行直流补偿，最后把两路补偿信号求和，得到需要的转矩控制信号 T_Q。直流补偿的绝对值设置为三角波峰-峰值的一半，上下两个三角波的相位相反（互差 180°）。这种转矩控制器与传统三电平转矩滞环比较器相似，输出信号都是 1、0、−1，也可使用相同的查找表和适当的电压矢量选择方法。

转矩控制器的瞬态输出为

$$T_Q=\begin{cases}1, 当\ T_{pi}\geqslant T_{up}\\0, 当\ T_{low}<T_{pi}<T_{up}\\-1, 当\ T_{pi}\leqslant T_{low}\end{cases}\tag{4.24}$$

式中：T_{up} 和 T_{low} 分别为转矩误差状态的上限值和下限值。

控制器控制原理可以用图 4.11 所示的波形来描述。

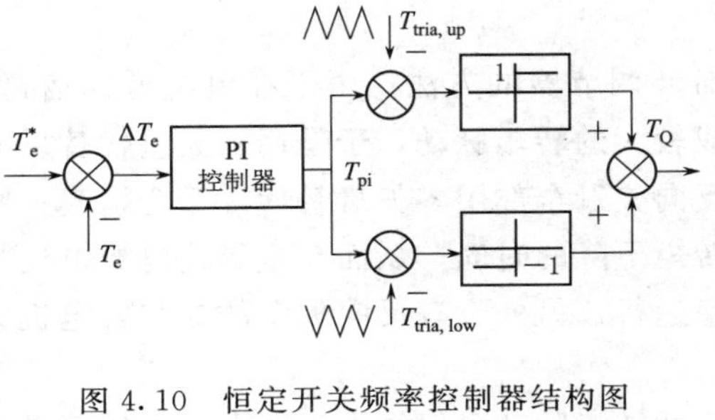

图 4.10　恒定开关频率控制器结构图

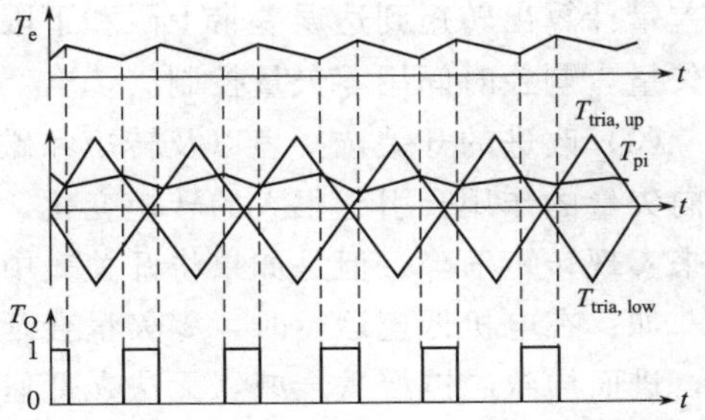

图 4.11　恒定开关频率控制器波形图

恒定开关频率转矩控制器的关键是 PI 参数的选取，这里介绍一种使用控制器进行线性解析的方法。该线性解析法主要基于转矩的线性化模型，将转矩的正、负斜率平均线性化之后可以得到转矩斜率的表达式，即

$$\frac{\mathrm{d}T_e}{\mathrm{d}t}=-A_t T_e+B_t V_s d+K_t\omega_{sl} \tag{4.25}$$

其中 $A_t=\frac{1}{\sigma}\left(\frac{R_s}{L_s}+\frac{R_r}{L_r}\right)$；$B_t=\frac{3p_n}{4}\frac{L_m}{\sigma L_s L_r}\psi_r$；$K_t=\frac{3p_n}{4}\frac{L_m}{\sigma L_s L_r}(\psi_s\psi_r)$

式中：V_s 为定子矢量的幅值；d 为转矩控制信号 T_Q 的平均值，$d=\frac{1}{T_{tri}}\int_t^{t+T_{tri}}T_Q\mathrm{d}t$；$T_{tri}$ 为三角波的周期。

将式（4.25）转换到频域范围内，得转矩的 Laplace 变换为

$$\widetilde{T}_e(s)=\frac{B_t V_s\widetilde{d}(s)+K_t\widetilde{\omega}_{slip}(s)}{s+A_t} \tag{4.26}$$

两个约束条件为

$$K_P^{+}\leqslant\frac{K_{tri}}{-A\tau_{sr}+BV_s+K_t\left(\frac{\omega_s}{d}-\omega_r\right)} \tag{4.27}$$

$$K_P^{-}\leqslant\frac{K_{tri}}{\left|-A\tau_{sr}-K_t\omega_r\right|} \tag{4.28}$$

式中：K_{tri} 为三角波的斜率。

由式（4.26）就可以得到 T_e 与 d 的传递函数，分子后半部分转差频率相对较小，可将其忽略。可根据电机的参数计算 A_t 和 B_t 的频域值，最后由式（4.27）和式（4.28）的两个约束条件得到 PI 控制器的参数 K_P，进而设计 K_I。

3. 优化约束电压矢量作用时间或优化选择开关表电压矢量

人们提出了各种优化方法，例如：

（1）利用插入零矢量方法。如根据转矩误差、初始转矩和转矩给定计算出控制周期中运动矢量作用时间，控制周期的剩余时间用零矢量控制。该方法在一定程度上可以降低低速时的转矩脉动。

（2）一种约束误差带的方法。该方法的基本思想是根据实际转矩、转矩参考值及转矩误差带计算出转矩到达误差带上限和下限时所需的时间，从而控制在一个周期中需加的运动矢量，剩余时间用零矢量控制。

（3）改进的开关选择表以及转矩和磁链滞环调节器的方法。由于在电机低速运行时，反向矢量的作用会引起很大的转矩变化，造成较大的转矩脉动，于是用零矢量代替反向矢量来实现转矩下降。但是如果将开关表中的反向矢量全部用零矢量替代，又会引起一些问题，如：在电机低速运行时，零矢量会延长转矩下降的时间，从而严重影响电机电流的品质，进而导致磁链严重衰减，无法在低速平稳运行；另外没有反向矢量的参与，电机无法实现快速降速、制动以及反转等功能。

尽管各种开关表优化方法在一定程度上降低转矩脉动，但是由于两电平电压源逆变器

只能输出 6 个非零电压矢量，所以该方法降低电压脉动的作用是有限的。

4. 离散空间电压矢量调制

离散空间电压矢量调制（discrete space vector modulation，DSVM）的特点在于：①通过传统 DTC 中 8 个电压矢量进行有规律的合成，形成更多空间上离散的电压矢量，并且所选的电压矢量在幅值和相位上更加连续，这样就不容易使转矩脉动大于转矩容差；②转矩调节为五级滞环调节，根据转矩偏差值大小不同，选择幅值方向不同的电压矢量；③充分考虑转速对转矩变化率的影响，根据不同的转速制定开关表。

用 DSVM 来减小异步电机 DTC 系统的转矩脉动，具体实现方法如下：

根据定子磁链矢量确定扇区，对应 6 个扇区 $S_1 \sim S_6$，把每一个扇区分为正负扇区，如图 4.12 所示。

通过对 6 个非零电压矢量和 2 个零电压矢量进行有规律的合成，形成更多空间上离散的电压矢量。设定子磁链在扇区 S_1 中，由常规 DTC 原则，如果需要减少转矩和减小磁链，则选择电压矢量 $\boldsymbol{U}_5$；如果需要增加磁链矢量，则选择电压矢量 $\boldsymbol{U}_6$。但在 DSVM 中，选择电压矢量是由 $\boldsymbol{U}_5$、$\boldsymbol{U}_6$ 和零矢量合成的，其方法是：在一个采样周期内分为几段，每一段分别由 $\boldsymbol{U}_5$、$\boldsymbol{U}_6$ 和零矢量单独作用。例如 56Z，表示在采样周期 T_s 中电压矢量 $\boldsymbol{U}_5$、$\boldsymbol{U}_6$ 和零矢量分别作用，形成合成电压矢量，如图 4.13 所示。

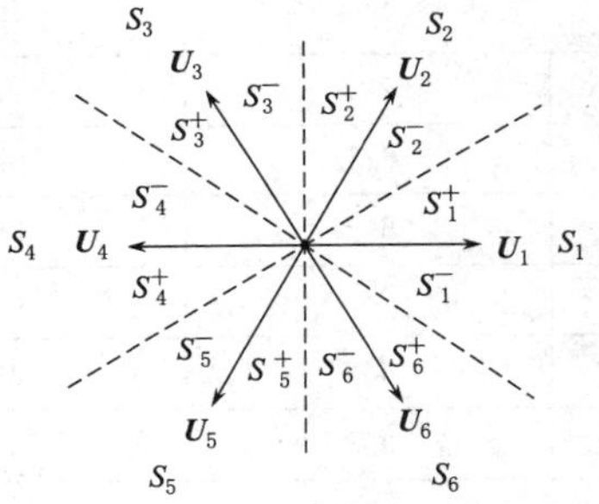

图 4.12 定子电压矢量与扇区

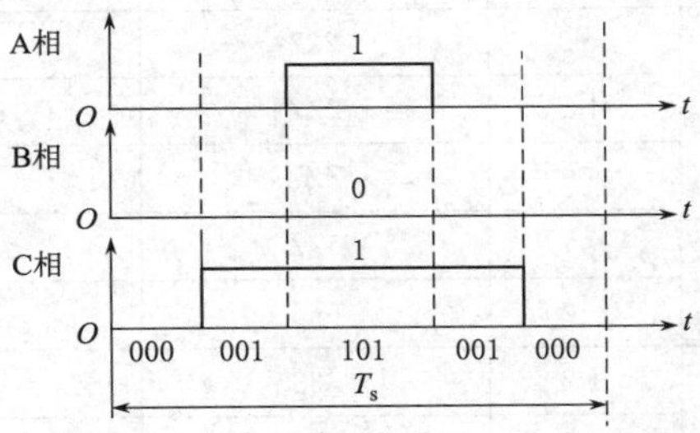

图 4.13 电压矢量调制脉冲输出（以 56Z 为例）

图 4.14（a）中磁链滞环比较器为两级滞环，输出 ψ_Q 为 1 或 −1；图 4.14（b）中滞环比较器为五级滞环，输出 T_Q 为 2、1、0、−1 和 −2。图 4.15 是等时间间隔合成的离散空间矢量图。可以看出：相对传统 DTC 电压矢量，离散空间电压矢量扇区数和可选的电压矢量数目增多了，转矩比较等级增多了。表 4.4 是新的开关矢量表。相比于传统 DTC 方法，用 DSVM 方法实现 DTC 控制，系统计算时间增加了 25%～30%，但其优点是转矩及定子磁链脉动减少、电流谐波减小和开关频率高。

5. 多电平变换器或矩阵变换器

多电平变换器和矩阵变换器是通过改变逆变器的拓扑结构，提供更多电压矢量输出给电机，从而减小电机的脉动转矩。多电平变换器是电压源逆变器，主要用于高压大功率电机的变频调速应用场合，第 2 章已介绍了几种常见多电平逆变器结构图，但最常用的是三电平变换器，而二极管钳位的三电平拓扑结构是目前结构最简单、研究最多和最成熟的拓扑结构。

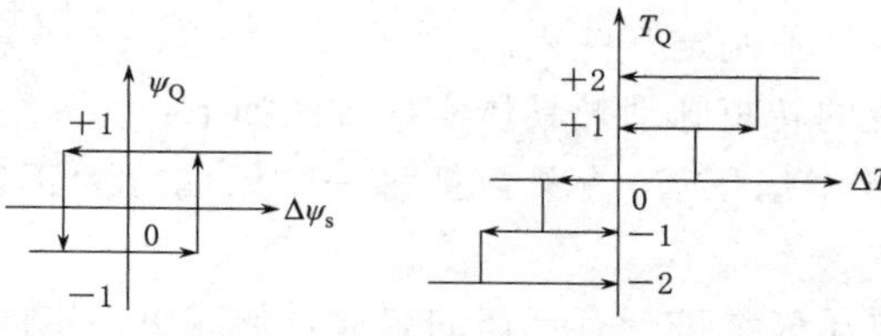

（a）磁链滞环比较器　　（b）转矩滞环比较器

图 4.14　离散空间矢量调制中磁链和转矩滞环比较器

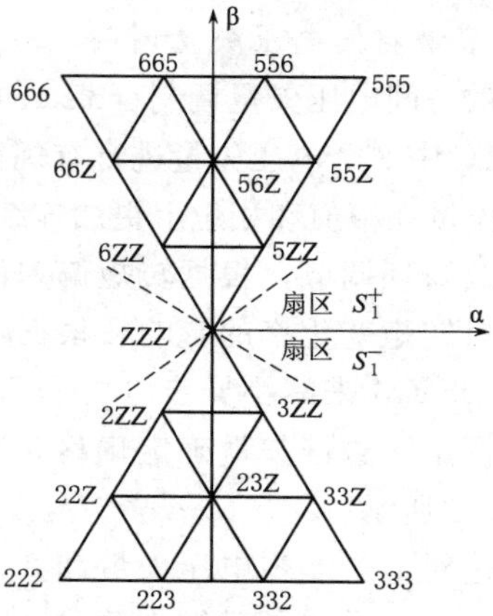

图 4.15　离散空间矢量

表 4.4　　新的开关矢量表（定子磁链位于扇区 S_1，且为顺时针旋转）

ψ_Q	T_Q	较小反电势——扇区 S_1^+ 和 S_1^-	中等反电势——扇区 S_1^+ 和 S_1^-	高反电势——扇区 S_1^+	高反电势——扇区 S_1^-
+1	+2	222	222	222	222
	+1	2ZZ	ZZZ	6ZZ	6ZZ
	0	ZZZ	6ZZ	66Z	56Z
	−1	6ZZ	66Z	666	665
	−2	666	666	666	666
−1	+2	333	333	333	333
	+1	3ZZ	ZZZ	5ZZ	5ZZ
	0	ZZZ	5ZZ	56Z	55Z
	−1	5ZZ	55Z	556	555
	−2	555	555	555	555

矩阵变换器是一种交-交变换器，由于其输出频率不受输入频率限制，没有直流中间环节，体积小，结构紧凑，输入功率因数可调，输入和输出电流为正弦波。人们提出了基于矩阵变换器的 DTC 系统，如图 4.16 所示。在三相/三相的矩阵变换器中，9 个双向功率开关管形成 27 种电压矢量，其中 21 种用于 DTC 控制策略中。在此基础上也出现了不同改进的拓扑结构和控制策略。

6. 空间矢量脉宽调制连续调制方法

在异步电机 DTC 控制中，如果以 SVPWM 来取代基本 DTC 中的开关表输出电压矢量，称为空间矢量调制的 DTC 控制（SVPWM-DTC）。该方法的主要思想在于：在每一个周期中选择相邻的两个运动矢量和一个零矢量，计算出每个矢量的作用时间，从而合成出所需要的任意空间电压矢量，实现转矩快速控制。SVPWM-DTC 控制技术使系统输出转矩波动大大降低，保持开关频率恒定。第2章已介绍了连续 SVPWM 的生成计算方法。目前人们在此基础上也提出了不同的改进方法。

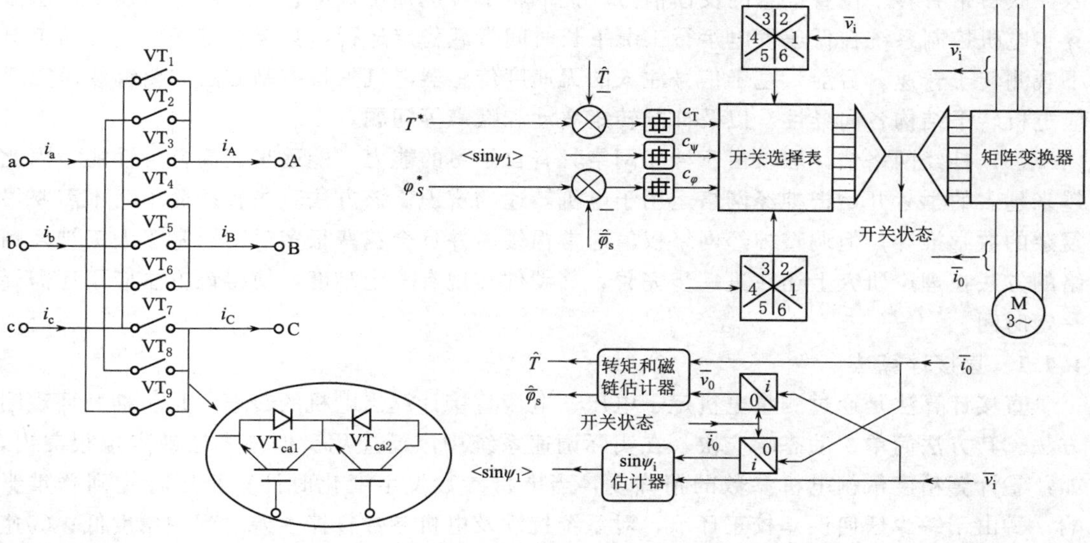

图4.16　基于矩阵变换器的直接转矩控制系统

4.4　异步电机无速度传感器技术

异步电机矢量控制或DTC需要速度传感器或位置传感器。但高精度的机械传感器（如光电编码器、霍尔传感器和测速电机等）存在如下缺点：①增加整个系统的成本；②码盘在电机轴上的安装，存在同心度问题，安装不当将影响测速精度；③增加了电机轴上的转动惯量，加大了电机系统尺寸和体积，增加了电机与控制系统之间的连线和接口电路，使系统易受干扰，降低了可靠性；④在高温、高湿的恶劣环境下无法工作，而且码盘工作精度易受环境条件的影响。

目前，人们已提出了很多异步电机无速度传感器方法，通过在线辨识电机的速度或位置，省去了机械传感器。针对高精度、强稳定性、强鲁棒性的无速度传感器感应电机驱动系统是现阶段研究的热点，例如如何实现全范围快速精确转速辨识，解决低速发电运行稳定性问题，实现转速和定子电阻同步辨识等。人们已提出的异步电机无速度传感器方法主要分为以下几类：

（1）基于电机数学模型方法，包括直接计算方法、模型参考自适应法（model reference adaptive system，MRAS）、观测器法（如全阶观测器、卡尔曼滤波器、滑模观测器）。这些方法当电机参数不匹配时，会造成观测转速和位置误差，影响系统转速和转矩控制精度，甚至会导致转速观测值发散，影响系统稳定性。在低速工况运行时，电机参数对估计磁链和转速的影响尤为突出。因此，需要对电机参数进行辨识，提高电机参数精确度。

(2) 基于电机异向性方法，如转子齿谐波、高频信号注入、磁感应饱和、转子漏感。这些方法依赖电机结构，利用转子槽谐波、磁饱和、转子漏感等电机异向性，通过信号注入，获得带有转子位置信息的反馈信号，提取转子转速和位置信息；能实现无速度传感器异步电机控制系统在低速发电运行工况下长时间带载稳定运行，甚至是定子电流零频工况下观测转子转速。目前，基于信号注入的无速度传感器电机矢量控制方法需要继续研究感应电机转子结构各向异性，以及抑制转矩波动和噪声等问题。

(3) 神经网络估计法。由于神经网络具有自学习的能力，能逐步提高自身性能。因此越来越多的学者开始把神经网络运用于电机转速的辨识。该方法算法直接简单，不需要很复杂的数学推导；但调整神经网络权值通常很慢，并且会花费很多时间。基于人工神经网络的方法在理论研究上还在进一步完善，其硬件实现有一定难度，使得该方法应用还需要一定时间。

4.4.1 直接计算法

直接计算法是通过测量电机定子电压、电流直接计算出电机的转速，是一种开环观测方法。其方法简单、动态响应快，在实际调速系统中广泛应用。但该方法缺点也很突出，如：①计算精度依赖电机参数的精确度，当电机参数发生变化时计算精度将受到严重影响；②由于缺少任何误差校正环节，对系统扰动及电机参数鲁棒性差，观测精度低；③速度计算需要用到磁链，因而磁链观测直接影响控制精度的好坏。

下面举例一种通过转差速度的典型估计方法。由于转子角速度为同步角速度与转差角速度之差，即

$$\omega_{\mathrm{r}}=\omega_{\mathrm{s}}-\omega_{\mathrm{sl}} \tag{4.29}$$

同时，在静止坐标系里同步角速度与定子两相磁通有如下关系：

$$\omega_{\mathrm{s}}=\frac{\mathrm{d}\theta_{\mathrm{s}}}{\mathrm{d}t}=\frac{\mathrm{d}}{\mathrm{d}}\left(\arctan\frac{\psi_{\mathrm{s\beta}}}{\psi_{\mathrm{s\alpha}}}\right)=\frac{p\psi_{\mathrm{s\alpha}}\psi_{\mathrm{s\beta}}-p\psi_{\mathrm{s\beta}}\psi_{\mathrm{s\alpha}}}{\psi_{\mathrm{s\alpha}}^{2}+\psi_{\mathrm{s\beta}}^{2}} \tag{4.30}$$

将电机电压方程［式（3.19）］代入上式，得

$$\omega_{\mathrm{s}}=\frac{(u_{\mathrm{s\beta}}-i_{\mathrm{s\beta}}R_{\mathrm{s}})\psi_{\mathrm{s\alpha}}-(u_{\mathrm{s\alpha}}-i_{\mathrm{s\alpha}}R_{\mathrm{s}})\psi_{\mathrm{s\beta}}}{\psi_{\mathrm{s\alpha}}^{2}+\psi_{\mathrm{s\beta}}^{2}} \tag{4.31}$$

转差角速度的计算在不同的参考坐标系下可表示成不同形式。在转子磁场定向控制中，式（3.45）重写为

$$\omega_{\mathrm{sl}}=\omega_{\mathrm{s}}-\omega_{\mathrm{r}}=\frac{L_{\mathrm{m}}}{T_{\mathrm{r}}\psi_{\mathrm{r}}}i_{\mathrm{sq}} \tag{4.32}$$

在转子磁场定向控制中，式（3.53）重写为

$$\omega_{\mathrm{sl}}=\frac{(1+\sigma sT_{\mathrm{r}})L_{\mathrm{s}}i_{\mathrm{sT}}}{T_{\mathrm{r}}(\psi_{\mathrm{sM}}-\sigma L_{\mathrm{s}}i_{\mathrm{sM}})} \tag{4.33}$$

用式（4.31）～式（4.33）可以求得转子角速度 ω_{r}。除了上述举例方法，还可以用电机方程推导出由不同表达式表示的电机转速。

4.4.2 基于模型参考自适应的速度估计

MRAS 法由于方法简单，物理意义明确，广泛地应用在感应电机转速估计中。

MRAS法首先要建立参考模型和可调模型，通过这两个模型来调整系统状态变量，并找出适应机制使两个模型输出参数之间的误差最小化以达到参数的估计。对于感应电机转速估计来说，可以选择不同的比较参数，如转子磁链、反电动势、无功功率、转矩电流和定子电流等。每种方法都有各自的优缺点：基于转子磁链误差的模型在高速区域能较好地跟踪实际速度，但由于纯积分的直流偏置问题，低速时误差比较大；反电动势的模型虽然克服了纯积分带来的问题，但由于需要对定子电流微分，容易引进高频噪声而使转速估计波动，且低速时会受定子电阻变化的影响；无功功率模型克服了积分问题和定子电阻的影响，但收敛速度慢、动态性能较差，尤其在起动时转速估计响应慢，易引起系统的不收敛。

基于MRAS的转速辨识结构框图如图4.17所示，由参考模型、调节模型和自适应机理组成。其中参考模型与电机转速不存在显示关系，调节模型与电机转速存在显示关系。图中u是输出的电压和电流，x是参考模型输出，y是调节模型输出，ε是误差信息，$\hat{\omega}_r$是估计的转速。MRAS观测器是以参考模型准确为基础的，因此需要选择出合理的参考模型和可调模型，力求减少变化的参数个数。

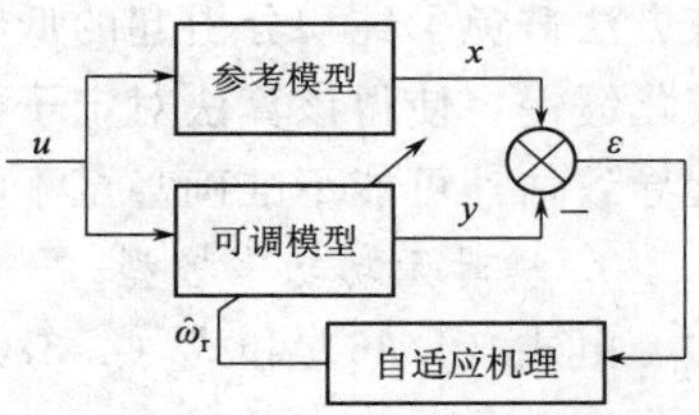

图4.17 基于MRAS的转速辨识结构框图

下面介绍几种构建MRAS参考模型和可调模型的方法和Popov超稳定理论的自适应机理。

1. 转子磁链模型

在静止αβ坐标系上，根据式（3.68）和式（3.63），转子磁链电压模型和转子磁链电流模型可以表示为

$$\begin{bmatrix} \dfrac{d\psi_{r\alpha}}{dt} \\ \dfrac{d\psi_{r\beta}}{dt} \end{bmatrix} = \frac{L_r}{L_m} \begin{bmatrix} u_{s\alpha} - R_s i_{s\alpha} - L'_s \dfrac{di_{s\alpha}}{dt} \\ u_{s\beta} - R_s i_{s\beta} - L'_s \dfrac{di_{s\beta}}{dt} \end{bmatrix} \tag{4.34}$$

$$\begin{bmatrix} \dfrac{d\hat{\psi}_{r\alpha}}{dt} \\ \dfrac{d\hat{\psi}_{r\beta}}{dt} \end{bmatrix} = \frac{L_r}{L_m} \begin{bmatrix} \dfrac{L_m}{T_r} i_{s\alpha} - \hat{\omega}_r \hat{\psi}_{r\beta} - \dfrac{\hat{\psi}_{r\alpha}}{T_r} \\ \dfrac{L_m}{T_r} i_{s\beta} + \hat{\omega}_r \hat{\psi}_{r\alpha} - \dfrac{\hat{\psi}_{r\beta}}{T_r} \end{bmatrix} \tag{4.35}$$

该MRAS转速估计算法是以转子磁链来进行转速估计。它以转子磁链观测的电压模型作为参考模型，以含转速信息的电流模型作为可调模型的算法。该方法充分利用磁链观测过程的计算结果，使得转速估计的计算量很小。在实际应用中由于量测噪声存在而导致纯积分器饱和的问题，使得磁链模型会受到积分初值及零漂的严重影响，导致转速估计结果不准确，特别是低速时性能较差。

2. 反电动势模型

由式（4.34）和式（4.35），可求得如下参考模型和可调模型：

$$\begin{bmatrix} e_{r\alpha} \\ e_{r\beta} \end{bmatrix} = \begin{bmatrix} u_{s\alpha} - R_s i_{s\alpha} - L'_s \dfrac{di_{s\alpha}}{dt} \dfrac{L_r}{L_m} \\ u_{s\beta} - R_s i_{s\beta} - L'_s \dfrac{di_{s\beta}}{dt} \end{bmatrix} \tag{4.36}$$

$$\begin{bmatrix} \hat{e}_{r\alpha} \\ \hat{e}_{r\beta} \end{bmatrix} = \begin{bmatrix} \dfrac{L_m}{L_r}\left(\dfrac{L_m}{T_r} i_{s\alpha} - \hat{\omega}_r \psi_{r\beta} - \dfrac{\psi_{r\alpha}}{T_r}\right) \\ \dfrac{L_m}{L_r}\left(\dfrac{L_m}{T_r} i_{s\beta} + \hat{\omega}_r \psi_{r\alpha} - \dfrac{\psi_{r\beta}}{T_r}\right) \end{bmatrix} \tag{4.37}$$

如果用反电动势代替磁链作为状态变量来进行速度估计，可以解决上面存在的问题。该方法避免了纯积分引起的低频问题，但是由于在低速时反电动势很小，且在转速过零时变化缓慢，使得该算法对定子电阻的变化较为敏感；同时由于定子电阻会随温度而变化，会导致估计可能不准确甚至不收敛，在实际应用中很难得到很好效果。

3. 瞬时无功功率模型

由式（4.36）和式（4.37）可得参考模型和可调模型如下：

$$Q = \boldsymbol{i}_s \times \boldsymbol{e}_r = \boldsymbol{i}_s \times \left(\boldsymbol{u}_s - L'_s \frac{d\boldsymbol{i}_s}{dt}\right) \tag{4.38}$$

$$Q = \boldsymbol{i}_s \times \boldsymbol{e}_r = \frac{L_m}{L_r}\left[\frac{1}{T_r}\boldsymbol{\psi}_r \times \boldsymbol{i}_s + \omega_r(\boldsymbol{i}_s \times j\boldsymbol{\psi}_r)\right] \tag{4.39}$$

为了提高算法的鲁棒性，抑制定子电阻、电感等电机内部参数对估计精度的影响，可以利用瞬时无功功率（定子电流叉乘反电动势）来构造参考模型和可调模型。由于 $\boldsymbol{i}_s \times \boldsymbol{i}_s = 0$，使得该方法的参考模型和可调模型中均不含定子电阻 R_s，因此对定子电阻变化完全不敏感。但是，估计的稳态精度会受到转子时间常数变化的影响。此外，该方法存在一定稳定性的问题，例如当给定转速为负的阶跃值时该估计算法将不会收敛。

4. 反电动势叉乘定子电流微分

定子瞬态电感 L'_s 会受磁路饱和的影响，特别是在弱磁运行时，参数 L'_s 的变化还是比较大的，这会影响 MRAS 在整个速度范围内转速估计的准确性。如果在式（4.36）和式（4.37）方程两边同时叉乘 $d\boldsymbol{i}_s/dt$，就能消去 L'_s，得到参考模型和可调模型如下：

$$\frac{d\boldsymbol{i}_s}{dt} \times \boldsymbol{e}_r = \frac{d\boldsymbol{i}_s}{dt} \times (\boldsymbol{u}_s - R_s \boldsymbol{i}_s) \tag{4.40}$$

$$\frac{d\boldsymbol{i}_s}{dt} \times \hat{\boldsymbol{e}}_r = \frac{d\boldsymbol{i}_s}{dt} \times \frac{L_m}{L_r}\frac{1}{T_r}(L_m \boldsymbol{i}_s - \boldsymbol{\psi}_r + j\omega_r T_r \boldsymbol{\psi}_r) \tag{4.41}$$

5. 自适应机理

同消除定子电阻的方法一样，MRAS 系统控制性能的关键之一是自适应律的确定，通常有三种自适应律：以局部参数最优理论为基础的设计方法（如梯度法、最速下降法和共轭梯度法等），以 Lyapunvo 稳定性理论为基础的设计方法，以 Popov 超稳定理论为基础的设计方法。由于缺乏全局稳定性，一般不采用局部参数最优化的方法。基于 Popov 超稳定理论的方法在设计时结构明晰，选择自适应律更加灵活，在这里采用这种方法。

根据 Popov 超稳定理论，确定自适应律为

$$\hat{\omega}_{\rm r}=\left(\frac{K_{\rm I}}{p}+K_{\rm P}\right)\varepsilon_{\omega} \tag{4.42}$$

式中：$K_{\rm P}$ 为比例系数；$K_{\rm I}$ 为积分系数；ε_{ω} 为误差信息。

例如基于转子磁链模型构建 MRAS，则转子磁链误差信息为

$$\varepsilon_{\omega}=\hat{\boldsymbol{\psi}}_{\rm r}\times\boldsymbol{\psi}_{\rm r}=(\hat{\psi}_{{\rm r}\alpha}\psi_{{\rm r}\beta}-\psi_{{\rm r}\alpha}\hat{\psi}_{{\rm r}\beta}) \tag{4.43}$$

其估计转速的 MRAS 结构图如图 4.18 所示。其他方法依次类推。

4.4.3 观测器法

闭环与开环估计的差别在于是否采用校正环节，闭环估计器也称闭环观测器，使用闭环观测器可以在一定程度增强抗参数变化和噪声干扰的鲁棒性。

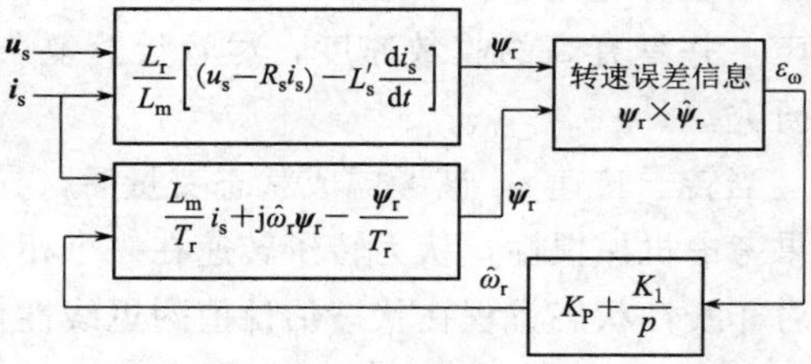

图 4.18 基于转子磁链构建 MRAS 结构图

1. 全阶观测器

在静止坐标系下，重写式（3.60）异步电机状态方程为

$$\frac{\rm d}{{\rm d}t}\begin{bmatrix}\boldsymbol{i}_{\rm s}\\ \boldsymbol{\psi}_{\rm r}\end{bmatrix}=\begin{bmatrix}\boldsymbol{A}_{11} & \boldsymbol{A}_{12}\\ \boldsymbol{A}_{21} & \boldsymbol{A}_{22}\end{bmatrix}\begin{bmatrix}\boldsymbol{i}_{\rm s}\\ \boldsymbol{\psi}_{\rm r}\end{bmatrix}+\begin{bmatrix}\boldsymbol{B}_1\\ 0\end{bmatrix}\boldsymbol{u}_{\rm s} \tag{4.44}$$

设定输出方程为

$$\boldsymbol{i}_{\rm s}=[1\quad 0]\begin{bmatrix}\boldsymbol{i}_{\rm s}\\ \boldsymbol{\psi}_{\rm r}\end{bmatrix} \tag{4.45}$$

则全阶观测器可以由下式构成：

$$\frac{\rm d}{{\rm d}t}\begin{bmatrix}\hat{\boldsymbol{i}}_{\rm s}\\ \hat{\boldsymbol{\psi}}_{\rm r}\end{bmatrix}=\begin{bmatrix}\boldsymbol{A}_{11} & \hat{\boldsymbol{A}}_{12}\\ \boldsymbol{A}_{21} & \hat{\boldsymbol{A}}_{22}\end{bmatrix}\begin{bmatrix}\hat{\boldsymbol{i}}_{\rm s}\\ \hat{\boldsymbol{\psi}}_{\rm r}\end{bmatrix}+\begin{bmatrix}\boldsymbol{B}_1\\ 0\end{bmatrix}\boldsymbol{u}_{\rm s}+\boldsymbol{L}(\hat{\boldsymbol{i}}_{\rm s}-\boldsymbol{i}_{\rm s}) \tag{4.46}$$

式中：$(\hat{\boldsymbol{i}}_{\rm s}-\boldsymbol{i}_{\rm s})=\boldsymbol{e}$，为电流偏差并反馈项构成闭环；$\boldsymbol{L}$ 为观测器的反增益矩阵。

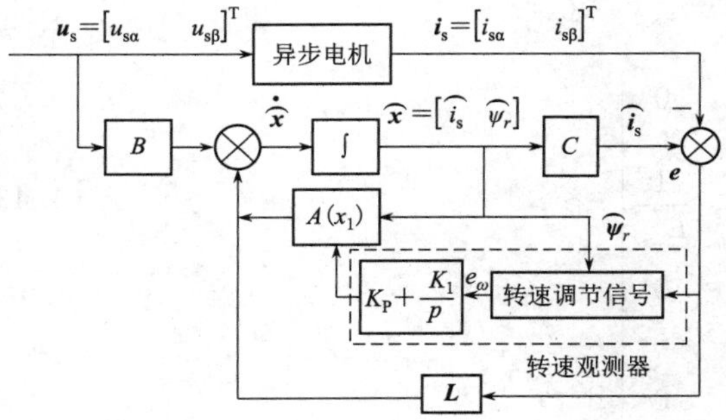

图 4.19 全阶观测器的算法框图

如果选择合理的增益矩阵 $\boldsymbol{L}$，可使状态估计误差趋于最小，可得全阶观测器的算法框图如图 4.19 所示。

图 4.19 中，$\boldsymbol{i}_{\rm s}$ 为电流实际值，$\hat{\boldsymbol{i}}_{\rm s}$ 为电流估计值，两者偏差及转子磁链共同作用于速度自适应率，辨识出转速反馈去调整参数矩阵 $\hat{\boldsymbol{A}}$。这种方法实际上也属于 MRAS 方法，只是此时参考模型为电机本身。由 Popov 理论可确定转速估计表达式为

$$\hat{\omega}_{\rm r}=\left(K_{\rm P}+\frac{K_{\rm I}}{p}\right)[\hat{\psi}_{{\rm r}\alpha}(\hat{i}_{{\rm s}\beta}-i_{{\rm s}\beta})-\hat{\psi}_{{\rm r}\beta}(\hat{i}_{{\rm s}\alpha}-i_{{\rm s}\alpha})] \tag{4.47}$$

2. 扩展的卡尔曼滤波器

卡尔曼滤波器是美国学者 R. E. Kalman 在 20 世纪 60 年代初提出的一种最优线性估计方法，是对未知参数进行在线估计的行之有效的方法。扩展的卡尔曼滤波器（extended kalman filter，EKF）是卡尔曼滤波在非线性系统中的推广，是在一种最小方差意义上的递归最优随机状态估计器；其突出特点是可以有效地削弱随机噪声和测量噪声；同时，EKF 提供了一种迭代形式的非线性估计方法，避免了对测量量的微分运算。EKF 的随机性非常适合应用在具有模型不确定和非线性的交流电机中，其模型中包含测量噪声和系统噪声，并具有高的收敛速度，尽管计算复杂，但目前在电机的变频调速系统中得到了广泛的研究。

当转子转速 ω_r 被考虑成状态变量后，异步电机的状态方程呈现出变极点非线性的特征。如果考虑机械惯性，认为转子转速在一个相对短的时间内（如一个采样周期）保持不变，同时对非线性状态方程在状态估计值附近线性化，则可用 EKF 对转速进行估计。但 EKF 模型中的状态矩阵源于常见的电机数学方程，转子时间常数对估计误差有较大影响，系统结构均较复杂，计算复杂。目前人们也提出了降阶的 EKF 方法，来改善计算量大的问题。

在静止坐标系下，增加转子转速 ω_r 为状态变量，对式（4.44）和式（4.45）的异步电机状态方程用下式表示：

$$\begin{cases}\dfrac{\mathrm{d}\boldsymbol{X}}{\mathrm{d}t}=\boldsymbol{AX}+\boldsymbol{BU}\\ \boldsymbol{Y}=\boldsymbol{CX}\end{cases}\tag{4.48}$$

其中

$$\boldsymbol{X}=\begin{bmatrix}i_{s\alpha} & i_{s\beta} & \psi_{r\alpha} & \psi_{r\beta} & \omega_r\end{bmatrix}^{\mathrm{T}}$$

$$\boldsymbol{u}_s=\begin{bmatrix}u_{s\alpha} & u_{s\beta} & 0 & 0 & 0\end{bmatrix}^{\mathrm{T}}$$

$$\boldsymbol{Y}=\begin{bmatrix}i_{s\alpha} & i_{s\beta}\end{bmatrix}^{\mathrm{T}}$$

$\boldsymbol{A}$、$\boldsymbol{B}$、$\boldsymbol{C}$ 矩阵为

$$\begin{cases}\boldsymbol{A}=\begin{bmatrix}\boldsymbol{A}_{11} & \boldsymbol{A}_{12} & \boldsymbol{A}_{13}\\ \boldsymbol{A}_{21} & \boldsymbol{A}_{22} & \boldsymbol{A}_{23}\\ \boldsymbol{A}_{31} & \boldsymbol{A}_{32} & 0\end{bmatrix}\\ \boldsymbol{B}=\begin{bmatrix}\dfrac{1}{L'_s} & 0\\ 0 & \dfrac{1}{L'_s}\\ 0 & 0\\ 0 & 0\\ 0 & 0\end{bmatrix}\\ \boldsymbol{C}=\begin{bmatrix}1 & 0 & 0 & 0 & 0\\ 0 & 1 & 0 & 0 & 0\end{bmatrix}\end{cases}\tag{4.49}$$

其中　$\boldsymbol{A}_{11}=-\dfrac{R_sL_r^2+R_rL_m^2}{\sigma L_sL_r^2}\boldsymbol{I}$；$\boldsymbol{A}_{12}=\dfrac{L_m}{\sigma L_sL_rT_r}\boldsymbol{I}-\dfrac{\omega_rL_m}{\sigma L_sL_r}\boldsymbol{J}$

$$\boldsymbol{A}_{13}=[0\quad 0]^{\mathrm{T}};\ \boldsymbol{A}_{21}=\frac{L_{\mathrm{m}}}{T_{\mathrm{r}}}\boldsymbol{I};\ \boldsymbol{A}_{22}=-\frac{1}{T_{\mathrm{r}}}\boldsymbol{I}+\omega_{\mathrm{r}}\boldsymbol{J};\ \boldsymbol{A}_{23}=[0\quad 0]^{\mathrm{T}}$$

为了构建离散系统和利用线性 EKF 递推公式，对式（4.48）在 $X_1(k)$点进行离散化线性处理，可得

$$\begin{cases}\boldsymbol{X}(k+1)=\bar{\boldsymbol{A}}\boldsymbol{X}(k)+\bar{\boldsymbol{B}}\boldsymbol{U}(k)+\boldsymbol{V}(k)\\ \boldsymbol{Y}(k)=\bar{\boldsymbol{C}}\boldsymbol{X}(k)+\boldsymbol{W}(k)\end{cases}\tag{4.50}$$

式中：$\bar{\boldsymbol{A}}$ 和 $\bar{\boldsymbol{B}}$ 分别为离散化的系统矩阵和输入矩阵，$\bar{\boldsymbol{A}}=\partial \boldsymbol{A}/\partial \boldsymbol{X}\big|_{X_1(k)}$；$\boldsymbol{V}(k)$、$\boldsymbol{W}(k)$分别为系统噪声和测量噪声，通常认为具体零均值的白噪声信号。

以下标“0”来表示预测值，以下标“1”来表示校正后的估计值，可以按照以下递推公式进行计算。

（1）预测。

$$\boldsymbol{X}_0(k+1)=\bar{\boldsymbol{A}}\boldsymbol{X}_1(k)+\bar{\boldsymbol{B}}\boldsymbol{U}(k)\tag{4.51}$$

（2）计算增益矩阵。

$$\boldsymbol{P}_0(k+1)=\boldsymbol{G}(k+1)\boldsymbol{P}_1(k)\boldsymbol{G}^{\mathrm{T}}(k+1)+\boldsymbol{Q}\tag{4.52}$$

$$\boldsymbol{K}(k+1)=\boldsymbol{P}_0(k+1)\boldsymbol{H}^{\mathrm{T}}(k+1)[\boldsymbol{H}(k+1)\boldsymbol{P}_0(k+1)\boldsymbol{H}^{\mathrm{T}}(k+1)+\boldsymbol{R}]^{-1}\tag{4.53}$$

式中：$\boldsymbol{K}(k+1)$为校正矩阵；$\boldsymbol{P}(k+1)$为协方差矩阵。

（3）预测输出，修改协方差矩阵。

$$\boldsymbol{X}_1(k+1)=\boldsymbol{X}_0(k+1)+\boldsymbol{K}(k+1)[\boldsymbol{Y}(k+1)-\bar{\boldsymbol{C}}\boldsymbol{X}_0(k+1)]\tag{4.54}$$

$$\boldsymbol{P}_1(k+1)=\boldsymbol{P}_0(k+1)-\boldsymbol{K}(k+1)\boldsymbol{H}(k+1)\boldsymbol{P}_0(k+1)\tag{4.55}$$

其中　$$\boldsymbol{G}(k+1)=\frac{\partial}{\partial x}(\bar{\boldsymbol{A}}x+\bar{\boldsymbol{B}}u)\bigg|_{x=x_0(k+1)};\ \boldsymbol{H}(k+1)=\frac{\partial}{\partial x}(\bar{\boldsymbol{C}}x)\bigg|_{x=x_0(k+1)}$$

式中：$\boldsymbol{G}$（$k+1$）和 $\boldsymbol{H}$（$k+1$）为梯度矩阵。

4.4.4　基于神经网络的转速估计

神经网络具有自适应、自学习能力，优良的鲁棒性和不依靠对象数学模型的特点，目前人们提出了基于神经网络电机转速估计方法，如 BP 神经网络转速估计、实时递归神经网络转速估计。由于其电机参数的变化不影响网络的结构参数，内部权值一旦确定，网络输出只与输入的数据有关，因而具有较强的鲁棒性。下面介绍 BP 神经网络转速估计方法。

对转子磁链方程（3.60）进行离散化，可得离散方程为

$$\hat{\boldsymbol{\psi}}_{\mathrm{r}}(k+1)=(1-T_{\mathrm{s}}/T_{\mathrm{r}})\hat{\boldsymbol{\psi}}_{\mathrm{r}}(k)+\hat{\omega}_{\mathrm{r}}T_{\mathrm{s}}\boldsymbol{J}\hat{\boldsymbol{\psi}}_{\mathrm{r}}(k)+T_{\mathrm{s}}(L_{\mathrm{m}}/T_{\mathrm{r}})\boldsymbol{i}_{\mathrm{s}}(k)\tag{4.56}$$

其中　$$\hat{\boldsymbol{\psi}}_{\mathrm{r}}(k)=\left[\hat{\psi}_{\mathrm{r\alpha}}(k)\quad \hat{\psi}_{\mathrm{r\beta}}(k)\right]^{\mathrm{T}};\ \boldsymbol{i}_{\mathrm{s}}(k)=[i_{\mathrm{s\alpha}}(k)\quad i_{\mathrm{s\beta}}(k)]^{\mathrm{T}};\ \boldsymbol{J}=\begin{bmatrix}0&-1\\1&0\end{bmatrix}$$

令 $\boldsymbol{x}_1(k)=\hat{\boldsymbol{\psi}}_{\mathrm{r}}(k)$，$\boldsymbol{x}_2(k)=\boldsymbol{J}\hat{\boldsymbol{\psi}}_{\mathrm{r}}(k)$，$\boldsymbol{x}_3(k)=\boldsymbol{i}_{\mathrm{s}}(k)$，$W_1=(1-T_{\mathrm{s}}/T_{\mathrm{r}})$，$W_2=\hat{\omega}_{\mathrm{r}}T_{\mathrm{s}}$，$W_3=T_{\mathrm{s}}(L_{\mathrm{m}}/T_{\mathrm{r}})$，则式（4.56）可写为

$$\hat{\boldsymbol{\psi}}_{\mathrm{r}}(k+1)=W_1\boldsymbol{x}_1(k)+W_2\boldsymbol{x}_2(k)+W_3\boldsymbol{x}_3(k)\tag{4.57}$$

式（4.57）可用两层线性神经元网络模型构成，如图 4.20 所示。若采用基于 MRAS 转速估计算法，以电机电压模型作为参考模型，神经网络模型作为电流模型，图 4.21 为基于神经网络的速度自适应辨识系统。

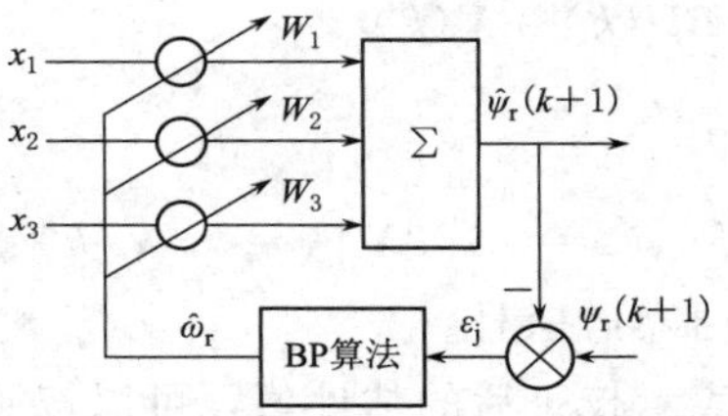

图 4.20　神经元网络模型表示可调模型

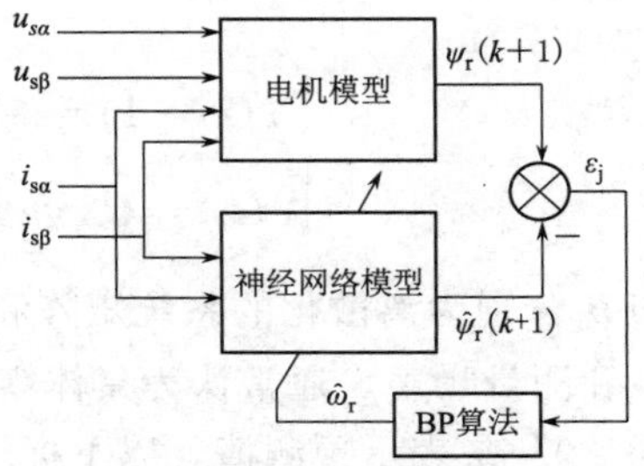

图 4.21　基于神经网络的速度自适应辨识系统

采用多层网络的反向传播算法（back propagation，BP），通过在线训练修正权值 W_1、W_2 和 W_3，最终使期望输出与实际输出之差最小。转速的推算公式由神经网络学习算法可以推出：

$$\hat{\omega}_r(k+1)=\hat{\omega}_r(k)+\eta\boldsymbol{\varepsilon}^T(k)\begin{bmatrix}-\psi_{r\beta}(k)\\-\psi_{r\alpha}(k)\end{bmatrix} \tag{4.58}$$

式中：η 为学习效率；$\boldsymbol{\varepsilon}(k)$为误差矩阵；$\boldsymbol{\varepsilon}^T(k)$为$\boldsymbol{\varepsilon}(k)$转置矩阵。

第5章　永磁同步电机矢量控制

永磁同步电机以其维护成本低、效率高、体积小、重量轻和高功率因数等优点被广泛应用在数控装备、制衣行业、石油行业、电动汽车和家用电器等许多领域。近几年，随着电力电子技术、电机制造技术及现代电机控制理论的迅猛发展，国内永磁同步电机及高性能控制器等得到较快发展，在许多场合开始逐步取代最常用的交流异步电机，是一种很有前途的节能电机。

5.1　永磁同步电机结构和工作原理

随着钐、钴、铷、铁、硼等材料用于制造永磁体，永磁同步电机具有更高效率、节省总体成本，高性能永磁材料使电机尺寸和总量更小，较高的转矩密度改善了电机的稳态和动态性能。目前，永磁同步电机正在逐步替代直流电机和异步电机，特别是需要快速动态响应的场合，如机床、机器人驱动装置、无转子磁漏的高速低速伺服电机。另外，在恒功率运行的交通工具、控制风机和压缩机场合也得到广泛应用。永磁电机的主要类型有：采用方波电流驱动的无刷直流电机（brushless DC motor，BLDCM），采用三相正弦波电流驱动的永磁同步电机（permanent magnet synchronous motor，PMSM）。

PMSM与普通的电励磁式同步电机在定子结构上是一致的，均由三相绕组和铁芯构成，且电枢绕组通常为星形连接。转子则用高磁能积的永磁体代替普通同步电机的励磁绕组，从而省去了励磁线圈、滑环和电刷。图5.1为PMSM的剖面图。

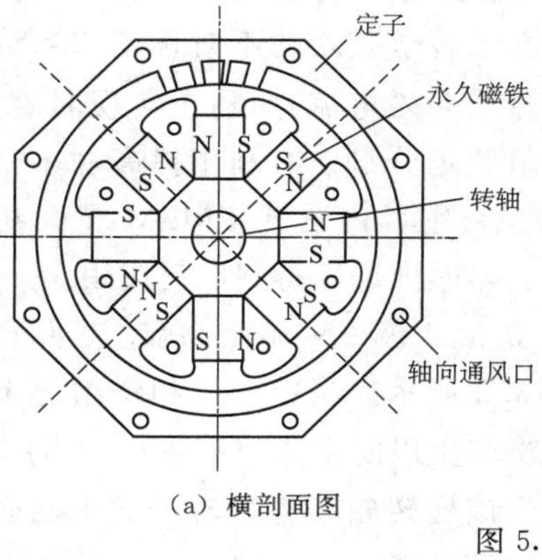

(a) 横剖面图

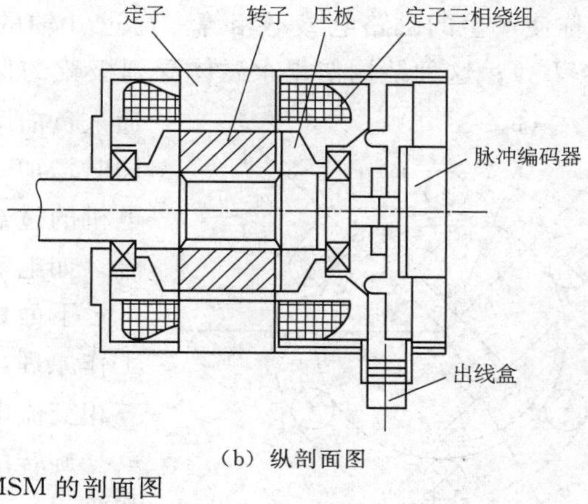

(b) 纵剖面图

图5.1　PMSM的剖面图

PMSM按照其磁通方向可分为径向磁通永磁电机、轴向磁通永磁电机和横向磁通永磁电机。径向磁通永磁电机中导体电流呈轴向分布，主磁通沿径向从定子经气隙进入转子，具有结构简单、制造方便和漏磁小等优点，这是最常规和应用最为广泛的永磁电机。

PMSM 按使用的转子磁路不同，主要分为：表面式和内置式（也称内埋式）两种，如图 5.2 所示。表面式永磁体直接面向气隙，按转子磁路结构又分有凸出式和插入式两种，如图 5.2（a）所示。由于永磁体的磁导率与空气相差无几，所以表面式 PMSM 的 d 轴、q 轴磁路是对称的，d 轴磁路电感 L_d 和 q 轴磁路电感 L_q 近似相等（$L_d=L_q$）。

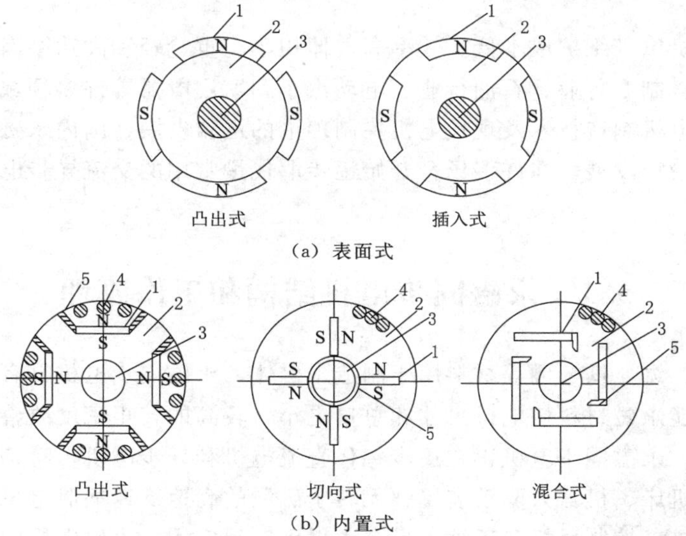

图 5.2　PMSM 转子结构

1—永磁体；2—铁芯；3—转轴；4—鼠笼条；5—隔磁磁桥

内置式永磁体则嵌在转子中，永磁体外表面与定子铁心内圆之间有铁磁物质制成的极靴，可以保护永磁体，按永磁体磁化方向与转子旋转方向的相互关系可以分为凸出式、切向式和混合式三种，如图 5.2（b）所示。内置式永磁体位于转子内部，转子磁路结构的不对称使产生的磁路电感不相等，通过 d 轴的磁通路径比 q 轴的磁通路径的磁阻大得多（$L_d \gg L_q$）；这种结构使得永磁体受到极靴的保护，由于转子磁路的不对称，如果给 d 轴通入负向励磁电流（弱磁电流），易于实现弱磁升速，同时增加一个磁阻转矩分量，有利于提高功率密度和电机的过载能力。目前，内置式 PMSM 在大功率场合（如电动汽车、船舶推进）得到广泛应用。

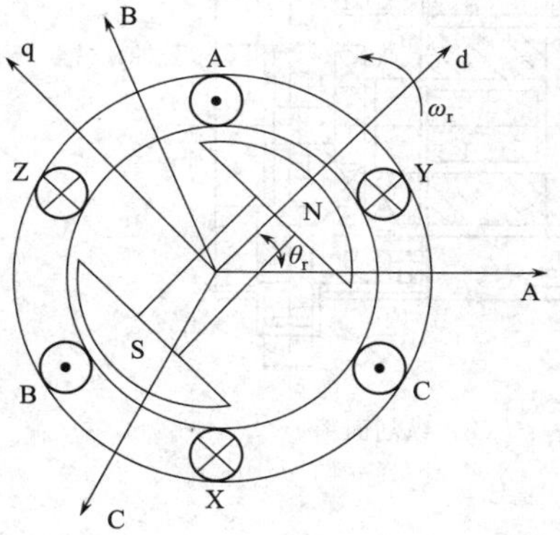

图 5.3　PMSM 工作原理图

下面以一台 3 相 2 极 PMSM 为例，说明 PMSM 工作原理，如图 5.3 所示。当定子三相绕组通上对称三相交流电时，将产生以同步角速度 ω_r（或同步转速 n_r）旋转的磁场。该旋转磁场将与转子的永磁磁极互相吸引，并带着转子也以 ω_r 旋转。当转子加上负载转矩之后，转子磁极轴线将落后定子磁场轴线一个 θ_r 角，随着负载增加，θ_r 也随之增大；负载减少，θ_r 角也减少；只要不超过一定限度，转子始终跟着定子的旋转磁场以恒定的 ω_r 旋转。因此，PMSM 是利用三相交流电流和转子的磁场相互作用，产生电磁转矩驱动转子的转动。转子的同步角速度 ω_r 为

$$\omega_r = 2\pi f_s / p_n \tag{5.1}$$

式中：f_s 为永磁电机输入定子电流的角频率，Hz。

图 5.3 中 ABC 坐标系为三相静止坐标系；dq 坐标系为以 ω_r 旋转的同步旋转坐标系，d 轴始终定于转子磁极轴线上，这个和前面异步电机控制的定义类似。

5.2 永磁同步电机的数学模型分析

首先对 PMSM 作如下假设：

（1）忽略铁芯饱和效应，不考虑涡流损耗和磁滞损耗。

（2）三相定子绕组 Y 型接法，在空间对称分布，各相绕组在空间互差 120°。

（3）转子上永磁体产生主磁场，永磁体的磁导率接近空气磁导率；转子无阻尼绕组。

（4）忽略电机参数（绕组电阻与电感）变化。

在图 5.3 中，轴线互差 120°电角度的三相对称定子绕组，三相绕组轴线可以构成三相静止 ABC 坐标系（轴），角位移或角速度的正方向为逆时针方向。设定转子永磁体磁极轴线为 d 轴（也称转子直轴），沿转子旋转的逆时针方向超前 90°为 q 轴（也称转子交轴），dq 坐标系为二相转子同步旋转坐标系（固定在转子上）。磁极 N 的方向为 d 轴正方向，d 轴超前 A 轴电角度为 θ_r（θ_r 为转子机械位置角乘以极对数）。

5.2.1 静止坐标系下的数学模型

1. 电压方程

三相静止 ABC 坐标系下 PMSM 的电压方程可表示为

$$\begin{cases} u_a = R_s i_a + \dfrac{\mathrm{d}\psi_A(\theta_r, i)}{\mathrm{d}t} \\ u_b = R_s i_b + \dfrac{\mathrm{d}\psi_B(\theta_r, i)}{\mathrm{d}t} \\ u_c = R_s i_c + \dfrac{\mathrm{d}\psi_C(\theta_r, i)}{\mathrm{d}t} \end{cases} \tag{5.2}$$

或写成电压方程的空间矢量表示形式：

$$\boldsymbol{u}_s = \boldsymbol{R}\boldsymbol{i}_s + \frac{\mathrm{d}\boldsymbol{\psi}_s}{\mathrm{d}t} \tag{5.3}$$

其中

$$\boldsymbol{u}_s = [u_a \quad u_b \quad u_c]^T$$

$$\boldsymbol{i}_s = [i_a \quad i_b \quad i_c]^T$$

$$\boldsymbol{R} = \begin{bmatrix} R_s & 0 & 0 \\ 0 & R_s & 0 \\ 0 & 0 & R_s \end{bmatrix} \qquad \boldsymbol{\psi}_s(\theta_r, i) = \begin{bmatrix} \psi_A(\theta_r, i) \\ \psi_B(\theta_r, i) \\ \psi_C(\theta_r, i) \end{bmatrix} \tag{5.4}$$

式中：u_a、u_b、u_c 分别为三相定子绕组相电压，V；i_a、i_b、i_c 分别为三相定子绕组相

电流，A；R_s 为每相绕组等效电阻，Ω；$\boldsymbol{R}$ 为定子绕组相电阻矩阵；$\psi_A(\theta_r,i)$、$\psi_B(\theta_r,i)$ 和 $\psi_C(\theta_r,i)$ 分别为定子三相磁链分量，Wb；$\boldsymbol{\psi}_s(\theta_r,i)$ 为定子三相绕组磁链矩阵。

2. 磁链方程

三相定子绕组磁链可表示为

$$\begin{cases}\psi_A(\theta_r,i)=L_{AA}i_a+M_{AB}(\theta_r)i_b+M_{AC}(\theta_r)i_c+\psi_{fA}(\theta_r)\\ \psi_B(\theta_r,i)=M_{BA}i_a+L_{BB}(\theta_r)i_b+M_{BC}(\theta_r)i_c+\psi_{fB}(\theta_r)\\ \psi_C(\theta_r,i)=M_{CA}i_a+M_{CB}(\theta_r)i_b+L_{CC}(\theta_r)i_c+\psi_{fC}(\theta_r)\end{cases} \tag{5.5}$$

或写成定子磁链方程的空间矢量表示形式：

$$\boldsymbol{\psi}_s(\theta_r,i)=\boldsymbol{\psi}_{11}(\theta_r,i)+\boldsymbol{\psi}_{12}(\theta_r) \tag{5.6}$$

$$\boldsymbol{\psi}_{11}(\theta_r,i)=\begin{bmatrix}\psi_{1A}(\theta_r)\\ \psi_{1B}(\theta_r)\\ \psi_{1C}(\theta_r)\end{bmatrix}=\begin{bmatrix}L_{AA}(\theta_r) & M_{AB}(\theta_r) & M_{AC}(\theta_r)\\ M_{BA}(\theta_r) & L_{BB}(\theta_r) & M_{BC}(\theta_r)\\ M_{CA}(\theta_r) & M_{CB}(\theta_r) & L_{CC}(\theta_r)\end{bmatrix}\begin{bmatrix}i_a\\ i_b\\ i_c\end{bmatrix} \tag{5.7}$$

$$\boldsymbol{\psi}_{12}(\theta_r)=\begin{bmatrix}\psi_{fA}(\theta_r)\\ \psi_{fB}(\theta_r)\\ \psi_{fC}(\theta_r)\end{bmatrix}=\psi_f\begin{bmatrix}\cos\theta_r\\ \cos(\theta_r-2\pi/3)\\ \cos(\theta_r+2\pi/3)\end{bmatrix} \tag{5.8}$$

式中：L_{AA}、L_{BB}、L_{CC} 分别为三相定子绕组的自感，H；M_{AB}、M_{BC}、M_{AC}、M_{BA}、M_{CB}、M_{CA} 分别为三相定子绕组之间的互感，H；$\boldsymbol{\psi}_{11}(\theta_r,i)$ 为定子绕组电流产生的磁场与定子绕组自身交链的磁链矩阵；$\boldsymbol{\psi}_{12}(\theta_r)$ 为转子永磁体产生的磁场到定子绕组的磁链矩阵，仅与转子位置有关；$\psi_{fA}(\theta_r)$、$\psi_{fB}(\theta_r)$ 和 $\psi_{fC}(\theta_r)$ 分别为永磁转子磁场交链到定子三相绕组的磁链分量，Wb。

对电机自感和互感系数进行分析，具体如下：

(1) 自感系数。对定子每一相绕组来说，它所交链的磁通分为两部分：主磁通与漏磁通。漏磁通对应的电感与转子位置无关，为一个恒定值。主磁通穿过气隙且与另两相定子绕组交链，当永磁体转动引起磁阻变化时，对应的电感系数也相应变化。在 A 轴轴线上，设在距离 d 轴角度为 θ_r 的 Q 处单位面积气隙磁导为

$$\lambda_\delta(\theta_r)=\lambda_{\delta 0}+\lambda_{\delta 2}\cos 2\theta_r \tag{5.9}$$

式中：$\lambda_{\delta 0}$ 为气隙磁导的平均值；$\lambda_{\delta 2}$ 为气隙磁导的二次谐波幅值。

当 $\theta_r=0$ 时，d 轴上的气隙磁导为

$$\lambda_{\delta d}=\lambda_{\delta 0}+\lambda_{\delta 2} \tag{5.10}$$

当 $\theta_r=90°$ 时，q 轴上的气隙磁导为

$$\lambda_{\delta q}=\lambda_{\delta 0}-\lambda_{\delta 2} \tag{5.11}$$

可以得到

$$\begin{cases}\lambda_{\delta 0}=\dfrac{1}{2}(\lambda_{\delta d}+\lambda_{\delta q})\\ \lambda_{\delta 2}=\dfrac{1}{2}(\lambda_{\delta d}-\lambda_{\delta q})\end{cases} \tag{5.12}$$

由于 $\lambda_{\delta q}>\lambda_{\delta d}$，因此 $\lambda_{s2}<0$。把上式代入式 (5.9)，有

$$\lambda_\delta(\theta_r)=\frac{1}{2}(\lambda_{\delta d}+\lambda_{\delta q})+\frac{1}{2}(\lambda_{\delta d}-\lambda_{\delta q})\cos 2\theta_r \tag{5.13}$$

以 A 相定子绕组为例，当通以电流 i_a 时，在 A 相轴线方向的磁动势 F_A 与 Q 点处单位面积气隙磁导所对应的 A 相定子绕组磁链满足如下关系：

$$\psi_{A\delta}(\theta_r)=KF_A\lambda_\delta(\theta_r)=KN_Ai_a\left[\frac{1}{2}(\lambda_{\delta d}+\lambda_{\delta q})+\frac{1}{2}(\lambda_{\delta d}-\lambda_{\delta q})\cos 2\theta_r\right]$$
$$=i_a\left[\frac{1}{2}(L_{\delta d}+L_{\delta q})+\frac{1}{2}(L_{\delta d}-L_{\delta q})\cos 2\theta_r\right] \tag{5.14}$$

式中：K 为比例系数；N_A 为 A 相定子绕组的匝数，且 $L_{\delta d}=KN_A\lambda_{\delta d}$，$L_{\delta q}=KN_A\lambda_{\delta q}$。

为此，A 相定子绕组的自感可表示为

$$L_{AA}(\theta_r)=\frac{\psi_{A0}+\psi_{A\delta}(\theta_r)}{i_a}=L_{a0}+\frac{1}{2}(L_{\delta d}+L_{\delta q})+\frac{1}{2}(L_{\delta d}-L_{\delta q})\cos 2\theta_r$$
$$=L_{a0}+L_{aa0}+L_{s2}\cos 2\theta_r=L_{s0}+L_{s2}\cos 2\theta_r \tag{5.15}$$

式中：ψ_{a0} 为定子绕组的漏磁链；L_{a0} 为定子绕组漏感的平均值；L_{aa0} 为气隙磁链的基波分量产生的磁化电流对应电感的平均值，且 $L_{aa0}=0.5(L_{\delta d}+L_{\delta q})$；$L_{s0}$ 为自感平均值，且 $L_{s0}=L_{a0}+L_{aa0}$；L_{s2} 为自感的二次谐波平均值，且 $L_{s2}=0.5(L_{\delta d}-L_{\delta q})<0$。

由于 A 相与 B 相、C 相在空间上互差 120°，可以近似认为三相绕组的自漏感相等，式（5.12）中 θ_r 由于空间位置变化而对应变化。于是可以求得定子三相绕组的自感为

$$\begin{cases}L_{AA}=L_{a0}+L_{aa0}+L_{s2}\cos 2\theta_r=L_{s0}+L_{s2}\cos 2\theta_r\\ L_{BB}=L_{a0}+L_{aa0}+L_{s2}\cos 2(\theta_r-2\pi/3)=L_{s0}+L_{s2}\cos 2(\theta_r-2\pi/3)\\ L_{CC}=L_{a0}+L_{aa0}+L_{s2}\cos 2(\theta_r+2\pi/3)=L_{s0}+L_{s2}\cos 2(\theta_r+2\pi/3)\end{cases} \tag{5.16}$$

（2）互感系数。当 A 相定子绕组通过电流为 i_a 时，如果把 A 相绕组轴线方向的磁动势分解为 d 轴磁动势和 q 轴磁动势，即

$$\begin{cases}F_{Ad}=N_Ai_a\cos\theta_r\\ F_{Aq}=N_Ai_a\sin\theta_r\end{cases} \tag{5.17}$$

对应的磁链分量为

$$\begin{cases}\psi_{Ad}(\theta_r)=KF_{Ad}\lambda_{\delta d}=KN_A\lambda_{\delta d}i_a\cos\theta_r\\ \psi_{Aq}(\theta_r)=KF_{Aq}\lambda_{\delta q}=KN_A\lambda_{\delta q}i_a\sin\theta_r\end{cases} \tag{5.18}$$

d 轴与 B 相定子绕组轴线空间位置相差$(\theta_r-2\pi/3)$，ψ_{Ad} 与 B 相定子绕组交链的分量为 $\psi_{Ad}(\theta_r)\cos(\theta_r-2\pi/3)$，$\psi_{Aq}$ 与 B 相定子绕组交链的分量为 $\psi_{Aq}(\theta_r)\sin(\theta_r-2\pi/3)$。为此，A 相定子绕组电流 i_a 通过气隙作用与 B 相定子绕组交链的磁链为

$$\psi_{BA}(\theta_r)=\psi_{Ad}(\theta_r)\cos(\theta_r-2\pi/3)+\psi_{Aq}(\theta_r)\sin(\theta_r-2\pi/3)$$
$$=L_{\delta d}i_a\cos\theta_r\cos(\theta_r-2\pi/3)+L_{\delta q}i_a\sin\theta_r\sin(\theta_r-2\pi/3)$$
$$=-\frac{1}{4}(L_{\delta d}+L_{\delta q})i_a+\frac{1}{2}(L_{\delta d}-L_{\delta q})i_a\cos(2\theta_r-2\pi/3) \tag{5.19}$$

A 相绕组与 B 相绕组的互感 M_{BA} 由漏互感和主互感构成，即

$$M_{BA}(\theta_r)=\frac{\psi_{BA0}(\theta_r)+\psi_{BA}(\theta_r)}{i_a}=-M_{s0}+L_{s2}\cos(2\theta_r-2\pi/3) \tag{5.20}$$

式中：M_{s0} 为 A 相、B 相定子绕组互感的平均值，且满足 $M_{s0}=M_{a0}+\frac{1}{4}(L_{\delta d}+L_{\delta q})$；

M_{a0} 为 A 相、B 相定子绕组的漏互感平均值的绝对值。

由于三相绕组在空间上相差 120°，可以认为三相定子绕组两两之间互感磁链相等，有

$$\begin{cases} M_{AB}=M_{BA}=-M_{s0}+L_{s2}\cos 2(\theta_r-\pi/3) \\ M_{BC}=M_{CB}=-M_{s0}+L_{s2}\cos 2\theta_r \\ M_{AC}=M_{CA}=-M_{s0}+L_{s2}\cos 2(\theta_r+\pi/3) \end{cases} \tag{5.21}$$

将式（5.16）、式（5.21）代入式（5.7），得定子绕组磁链矩阵方程为

$$\begin{aligned} \boldsymbol{\psi}_{11}(\theta_r,i) &= \begin{bmatrix} \psi_{1A}(\theta_r,i) \\ \psi_{1B}(\theta_r,i) \\ \psi_{1C}(\theta_r,i) \end{bmatrix} = \begin{bmatrix} L_{s0} & -M_{s0} & -M_{s0} \\ -M_{s0} & L_{s0} & -M_{s0} \\ -M_{s0} & -M_{s0} & L_{s0} \end{bmatrix} \begin{bmatrix} i_a \\ i_b \\ i_c \end{bmatrix} + \\ & \begin{bmatrix} L_{s2}\cos 2\theta_r & L_{s2}\cos 2(\theta_r-\pi/3) & L_{s2}\cos 2(\theta_r+\pi/3) \\ L_{s2}\cos 2(\theta_r-\pi/3) & L_{s2}\cos 2(\theta_r-2\pi/3) & L_{s2}\cos 2\theta_r \\ L_{s2}\cos 2(\theta_r+\pi/3) & L_{s2}\cos 2\theta_r & L_{s2}\cos 2(\theta_r+2\pi/3) \end{bmatrix} \begin{bmatrix} i_a \\ i_b \\ i_c \end{bmatrix} \\ &= \boldsymbol{L}\boldsymbol{i}_s \end{aligned} \tag{5.22}$$

式中：$\boldsymbol{L}$ 为电感矩阵。

将式（5.22）代入式（5.3），电压方程用空间矢量形式表示，可以写为

$$\boldsymbol{u}_s=R_s\boldsymbol{i}_s+\frac{d\boldsymbol{\psi}_s}{dt}=(R_s+pL)\boldsymbol{i}_s+\boldsymbol{e} \tag{5.23}$$

其中

$$\boldsymbol{e}=[e_a \quad e_b \quad e_c]^T$$

$$\begin{cases} e_a=-\omega_r\psi_f\sin\theta_r \\ e_b=-\omega_r\psi_f\sin(\theta_r-2\pi/3) \\ e_c=-\omega_r\psi_f\sin(\theta_r+2\pi/3) \end{cases} \tag{5.24}$$

式中：e_a、e_b 和 e_c 分别为三相空载反电动势（或感应电势）。

3. 电磁转矩方程

由电机学原理可知，电机输出的电磁转矩等于电流不变而机械角位移变化时磁储能的变化率，即

$$T_e=\left.\frac{\partial W_m}{\partial\theta_r}\right|_{\boldsymbol{i}_s=\text{常数}}=p_n\left.\frac{\partial W_m}{\partial\theta_r}\right|_{\boldsymbol{i}_s=\text{常数}} \tag{5.25}$$

式中的 W_m 为 PMSM 内磁场的磁储能，$W_m=\frac{1}{2}\boldsymbol{i}_s{}^T L\boldsymbol{i}_s+\boldsymbol{i}_s{}^T\psi_{12}(\theta_r)$。代入上式得

$$\begin{aligned} T_e=& p_n[i_a \quad i_b \quad i_c]\begin{bmatrix} -L_{s2}\sin 2\theta_r & -L_{s2}\sin 2(\theta_r-\pi/3) & -L_{s2}\sin 2(\theta_r+\pi/3) \\ -L_{s2}\sin 2(\theta_r-\pi/3) & -L_{s2}\sin 2(\theta_r-2\pi/3) & -L_{s2}\sin 2\theta_r \\ -L_{s2}\sin 2(\theta_r+\pi/3) & -L_{s2}\sin 2\theta_r & -L_{s2}\sin 2(\theta_r+2\pi/3) \end{bmatrix}\begin{bmatrix} i_a \\ i_b \\ i_c \end{bmatrix} \\ &+\frac{p_n}{\omega_r}[i_a \quad i_b \quad i_c]\begin{bmatrix} e_a(\theta_r) \\ e_b(\theta_r) \\ e_c(\theta_r) \end{bmatrix} \end{aligned} \tag{5.26}$$

式中第一部分是磁阻转矩，第二部分是永磁体与定子电流作用产生的永磁转矩。

4. 运动方程式

式（1.5）的电机运动方程可以写为

$$T_e = T_L + T_f + \frac{J}{p_n}\frac{d\omega_r}{dt} \tag{5.27}$$

其中
$$T_f = \frac{B}{p_n}\omega_r$$

式中：T_f 摩擦转矩；B 为阻尼系数。

可以看出 ABC 坐标系下 PMSM 的动态数学模型相当复杂，具有非线性、强耦合、时变和高阶，分析和求解非线性方程十分困难，在实际应用中必须加以简化，而简化的基本手段就是坐标变换。对一个在空间上或时间上对称分布的系统可以通过坐标变换用另外一个在空间上或时间上对称分布的系统来代替。

5. 两相静止 αβ 坐标系下电机的数学模型

假设空间复平面上 ABC 坐标系 A 轴线与两相静止 αβ 坐标系 α 轴线重合，通过 Clark 变换（3s/2r 变换），根据在 ABC 坐标系下 PMSM 的动态数学模型得到两相静止 αβ 坐标系下电机的数学模型。

（1）磁链方程。

$$\begin{bmatrix}\psi_\alpha \\ \psi_\beta\end{bmatrix} = \begin{bmatrix} L_{a0} + \frac{3}{2}L_{aa0} + \frac{3}{2}L_{s2}\cos 2\theta_r & \frac{3}{2}L_{s2}\sin 2\theta_r \\ \frac{3}{2}L_{s2}\sin 2\theta_r & L_{a0} + \frac{3}{2}L_{aa0} - \frac{3}{2}L_{s2}\cos 2\theta_r \end{bmatrix}\begin{bmatrix} i_\alpha \\ i_\beta \end{bmatrix} + \begin{bmatrix}\psi_f\cos\theta_r \\ \psi_f\sin\theta_r\end{bmatrix} \tag{5.28}$$

对应无凸极效应电机，上式可以表示为

$$\begin{bmatrix}\psi_\alpha \\ \psi_\beta\end{bmatrix} = \begin{bmatrix} L_s & 0 \\ 0 & L_s \end{bmatrix}\begin{bmatrix} i_\alpha \\ i_\beta \end{bmatrix} + \begin{bmatrix}\psi_f\cos\theta_r \\ \psi_f\sin\theta_r\end{bmatrix} \tag{5.29}$$

其中
$$L_s = L_{a0} + \frac{3}{2}L_{aa0}$$

式中：L_s 为同步电感。

（2）电压方程。

$$\begin{bmatrix}u_\alpha \\ u_\beta\end{bmatrix} = \begin{bmatrix} R_s & 0 \\ 0 & R_s \end{bmatrix}\begin{bmatrix} i_\alpha \\ i_\beta \end{bmatrix} + \begin{bmatrix}\frac{d\psi_\alpha}{dt} \\ \frac{d\psi_\beta}{dt}\end{bmatrix} \tag{5.30}$$

对应无凸极效应电机，上式可以表示为

$$\begin{bmatrix}u_\alpha \\ u_\beta\end{bmatrix} = \begin{bmatrix} R_s + pL_s & 0 \\ 0 & R_s + pL_s \end{bmatrix}\begin{bmatrix} i_\alpha \\ i_\beta \end{bmatrix} + \begin{bmatrix}e_\alpha \\ e_\beta\end{bmatrix} \tag{5.31}$$

其中
$$\begin{cases} e_\alpha = -\omega_r\psi_f\sin\theta_r \\ e_\beta = \omega_r\psi_f\cos\theta_r \end{cases} \tag{5.32}$$

式中：e_α、e_β 分别为电机在 α 轴和 β 轴上的反电动势。

（3）转矩方程。

$$T_e = \frac{3}{2} p_n (\psi_\alpha i_\beta - \psi_\beta i_\alpha) = \frac{3}{2} p_n \psi_f (i_\beta \cos\theta_r - i_\alpha \sin\theta_r) \tag{5.33}$$

5.2.2　旋转坐标系下的数学模型

选取 dq 坐标系是将 d 轴始终定于转子磁极轴线上，且指向各物理量规定的正方向。通过 Park 变换（2s/2r 变换），可以将 PMSM 数学模型转变到 dq 坐标系下，得到在 dq 坐标系下 PMSM 的定子电压、磁链、电磁转矩和运动方程。

1. 电压方程

$$\begin{bmatrix} u_d \\ u_q \end{bmatrix} = \begin{bmatrix} R_s & 0 \\ 0 & R_s \end{bmatrix} \begin{bmatrix} i_d \\ i_q \end{bmatrix} + \begin{bmatrix} \dfrac{d\psi_d}{dt} \\ \dfrac{d\psi_q}{dt} \end{bmatrix} + \begin{bmatrix} -\omega_r \psi_q \\ \omega_r \psi_d \end{bmatrix} \tag{5.34}$$

2. 磁链方程

$$\begin{bmatrix} \psi_d \\ \psi_q \end{bmatrix} = \begin{bmatrix} L_d & 0 \\ 0 & L_q \end{bmatrix} \begin{bmatrix} i_d \\ i_q \end{bmatrix} + \begin{bmatrix} \psi_f \\ 0 \end{bmatrix} \tag{5.35}$$

其中

$$L_d = L_{a0} + L_{md}；\ L_q = L_{a0} + L_{mq}$$

$$L_{md} = \frac{3}{2}(L_{aa0} + L_{s2})；\ L_{mq} = \frac{3}{2}(L_{aa0} - L_{s2})$$

式中：ψ_f 为转子永磁体磁链；L_d、L_q 分别为 d 轴、q 轴定子电感；L_{md}、L_{mq} 分别为 d 轴、q 轴定子线圈的励磁电感。

为了比较 d 轴、q 轴定子电感的大小，定义凸极率 $\rho = L_q/L_d$，ρ 在电机性能中起重要作用，ρ 越大，表示磁阻转矩越大。在内置式永磁体转子结构中，由于永磁体在直轴上，永磁体内的磁导率很低（接近于空气磁导率），由于存在凸极效应，因此 $L_d < L_q$，ρ 可以达到 5 左右。对于表面式 PMSM，气隙磁场均匀，且气隙磁场磁路与转子位置无关，近似认为 $L_d = L_q = L_s$。本书中，无凸极效应电机对应 $\rho = 1$，有凸极效应电机对应 $\rho > 1$。

由于转子永磁体产生正弦波分布磁场，磁链 ψ_f 仅在 d 轴分量上。转子永磁体可以等效为一个通以励磁电流 i_f 的励磁线圈，匝数与 d 轴定子线圈有效匝数一致，即

$$\psi_f = L_{md} i_f \tag{5.36}$$

若忽略温度变化对永磁体共磁影响，ψ_f 或 i_f 可近似为常数。此时，将式（5.35）、式（5.36）代入式（5.34）中，电压方程可写为

$$\begin{bmatrix} u_d \\ u_q \end{bmatrix} = \begin{bmatrix} R_s & -\omega_r L_q \\ \omega_r L_d & R_s \end{bmatrix} \begin{bmatrix} i_d \\ i_q \end{bmatrix} + \begin{bmatrix} L_d & 0 \\ 0 & L_q \end{bmatrix} \begin{bmatrix} \dfrac{di_d}{dt} \\ \dfrac{di_q}{dt} \end{bmatrix} + \begin{bmatrix} 0 \\ \omega_r \psi_f \end{bmatrix} \tag{5.37}$$

3. 转矩方程

PMSM 的转矩方程为

$$T_e = \frac{3}{2} p_n \boldsymbol{\psi}_s \times \boldsymbol{i}_s \tag{5.38}$$

在 dq 坐标系下，可表示为

$$T_e=\frac{3}{2}p_n(\psi_d i_q-\psi_q i_d)=\frac{3}{2}p_n[\psi_f i_q+(L_d-L_q)i_d i_q] \tag{5.39}$$

由于$\psi_d=\psi_s\cos\delta_{sr}$，$\psi_q=\psi_s\sin\delta_{sr}$ 或 $i_d=i_s\cos\beta$，$i_q=i_s\sin\beta$，代入式（5.39）得

$$\begin{aligned}T_e&=\frac{3p_n}{2L_dL_q}\left[\psi_f\psi_s L_q\sin\delta_{sr}+\frac{1}{2}(L_d-L_q)\psi_s^2\sin2\delta_{sr}\right]\\&=\frac{3}{2}p_n\left[\psi_f i_s\sin\beta+\frac{1}{2}(L_d-L_q)i_s^2\sin2\beta\right]\end{aligned} \tag{5.40}$$

式中：δ_{sr} 为定子磁链 ψ_s 和转子磁链的夹角，即转矩角，也称负载角或磁通角；β 为定子电流 i_s 与 d 轴的夹角。

上面两式中的第一项是定子交轴电流和永磁体磁链相互作用产生的励磁转矩，第二项是由转子的凸极效应产生的磁阻转矩。对于永磁体位于转子铁芯外表面的表面式转子结构，交轴、直轴磁路对称，$L_d=L_q$，不存在磁阻转矩，即

$$T_e=\frac{3}{2}p_n\psi_f i_q=\frac{3}{2}p_n\psi_f i_s\sin\beta \tag{5.41}$$

对于内置式转子结构，交、直轴磁路不对称，$L_d<L_q$，存在磁阻转矩。图 5.4 是 PMSM 的矩角特性，可以看出，当 $\beta<\pi/2$ 时，磁阻转矩为负且为制动转矩；当 $\beta\geqslant\pi/2$ 时，磁阻转矩为正且为驱动转矩。为此，在内置式 PMSM 伺服控制系统中，可以有效利用该磁阻转矩。在恒转矩运行区，控制 β 在 $\pi/2\leqslant\beta\leqslant\pi$ 范围内；在恒功率运行区，控制 β 可以提高输出转矩和扩大速度范围。在电机发电运行时使 $\beta>\pi$，也可以在该区域制动运行。

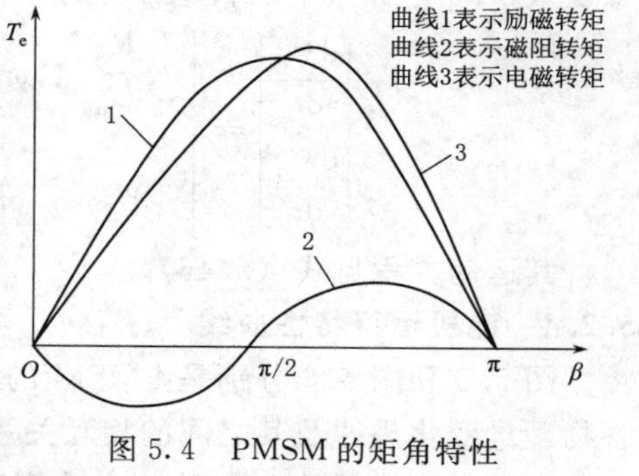

图 5.4　PMSM 的矩角特性

5.2.3　状态空间模型

PMSM 的状态空间模型是研究高性能电机控制的重要基础。PMSM 是 3 阶系统，电机可供选择的状态变量包括定子绕组电流、定子绕组磁链、定子反电动势、电机转速 ω_r 等。不同控制策略可选取的状态变量可能不一样，下面介绍对应无凸极效应电机几种不同状态变量下的状态方程。

（1）用 ω_r、i_α、i_β 作为状态变量。在 αβ 坐标系上，若将式（5.30）中以 i_α、i_β 作为状态变量，可得

$$\begin{bmatrix}\dfrac{di_\alpha}{dt}\\ \dfrac{di_\beta}{dt}\end{bmatrix}=\begin{bmatrix}-\dfrac{R_s}{L_s} & 0\\ 0 & -\dfrac{R_s}{L_s}\end{bmatrix}\begin{bmatrix}i_\alpha\\ i_\beta\end{bmatrix}+\begin{bmatrix}\dfrac{\psi_f}{L_s}\omega_r\sin\theta_r\\ -\dfrac{\psi_f}{L_s}\omega_r\cos\theta_r\end{bmatrix}+\begin{bmatrix}\dfrac{1}{L_s} & 0\\ 0 & \dfrac{1}{L_s}\end{bmatrix}\begin{bmatrix}u_\alpha\\ u_\beta\end{bmatrix} \tag{5.42}$$

将式（5.33）代入式（5.27）中，则运动方程为

$$\frac{J}{p_n}\frac{d\omega_r}{dt}=-\frac{B}{p_n}\omega_r+\frac{3p_n\psi_f}{2}i_\beta\cos\theta_r-\frac{3p_n\psi_f}{2}i_\alpha\sin\theta_r-T_L \tag{5.43}$$

(2) 用 ω_r、ψ_α、ψ_β 作为状态变量。若将式 (5.29) 中以 ψ_α、ψ_β 作为状态变量，αβ 坐标系中的状态方程为

$$\begin{bmatrix}\dfrac{d\psi_\alpha}{dt}\\ \dfrac{d\psi_\beta}{dt}\end{bmatrix}=\begin{bmatrix}-R_s & 0\\ 0 & -R_s\end{bmatrix}\begin{bmatrix}i_\alpha\\ i_\beta\end{bmatrix}+\begin{bmatrix}1 & 0\\ 0 & 1\end{bmatrix}\begin{bmatrix}u_\alpha\\ u_\beta\end{bmatrix}\tag{5.44}$$

其运动方程见式 (5.43)。

(3) 用 ω_r、i_d、i_q 作为状态变量。在 dq 坐标系上，以 i_d、i_q 作为状态变量，对式 (5.37) 进行变换得

$$\begin{bmatrix}\dfrac{di_d}{dt}\\ \dfrac{di_q}{dt}\end{bmatrix}=\begin{bmatrix}-\dfrac{R_s}{L_d} & \dfrac{L_q}{L_d}\omega_r\\ -\dfrac{L_d}{L_q}\omega_r & -\dfrac{R_s}{L_q}\end{bmatrix}\begin{bmatrix}i_d\\ i_q\end{bmatrix}+\begin{bmatrix}0\\ -\dfrac{\psi_f}{L_q}\omega_r\end{bmatrix}+\begin{bmatrix}\dfrac{1}{L_d} & 0\\ 0 & \dfrac{1}{L_q}\end{bmatrix}\begin{bmatrix}u_d\\ u_q\end{bmatrix}\tag{5.45}$$

将式 (5.39) 代入式 (5.27) 中，得运动方程为

$$\frac{J}{p_n}\frac{d\omega_r}{dt}=-\frac{B}{p_n}\omega_r+\frac{3p_n\psi_f}{2}i_q+\frac{3p_n(L_d-L_q)}{2}i_di_q-T_L\tag{5.46}$$

(4) 用 ω_r、ψ_d、ψ_q 作为状态变量。若将式 (5.34)、式 (5.35) 中以ψ_d、ψ_q 作为状态变量，dq 坐标系中的状态方程为

$$\begin{bmatrix}\dfrac{d\psi_d}{dt}\\ \dfrac{d\psi_q}{dt}\end{bmatrix}=\begin{bmatrix}-\dfrac{R_s}{L_d} & \omega_r\\ -\omega_r & -\dfrac{R_s}{L_q}\end{bmatrix}\begin{bmatrix}\psi_d\\ \psi_q\end{bmatrix}+\begin{bmatrix}1 & 0\\ 0 & 1\end{bmatrix}\begin{bmatrix}u_d\\ u_q\end{bmatrix}+\begin{bmatrix}\dfrac{R_s}{L_d}\\ 0\end{bmatrix}\psi_f\tag{5.47}$$

其运动方程见式 (5.46)。

5.2.4 电机运行特性曲线

图 5.5 和图 5.6 分别是 PMSM 的空间矢量图、时间相量图，可以清晰、直观地看出各物理量变化规律及其之间的相互关系。图中，磁通滞后感应电动势 90°电角度；定子电压与定子电流之间的电角度 φ 为功率因数角。可以看出，通过电流闭环控制可以使功率因数角 $\varphi=0$，即功率因数恒定为 1 的运行效果；也可以使用使定子电流 $i_d=0$ 进行控制，这一般是在表面式电机上应用，其控制简单。

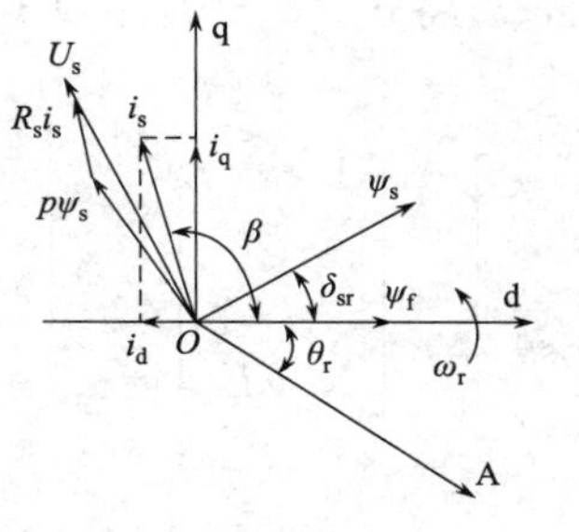

图 5.5　PMSM 的空间矢量图

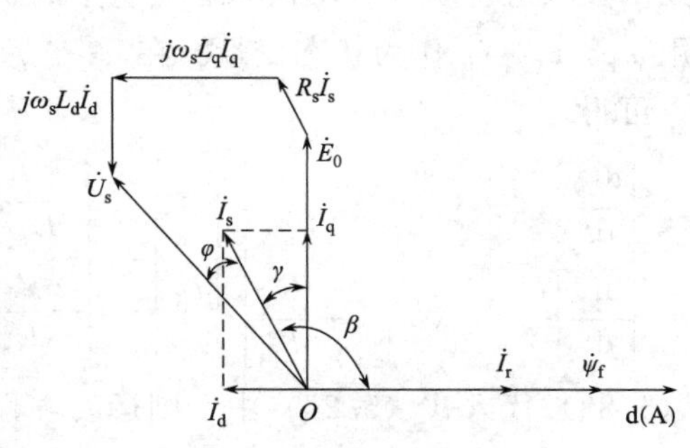

图 5.6　PMSM 的时间相量图

在电压源逆变器控制的 PMSM 中，要注意逆变器电压受到限制，其输出电流也受到其容量限制，这些情况都会对电机运行性能产生较大影响。下面分析电机常见的运行特性曲线。

1. 电流极限圆和电压极限圆

由于受到电机发热和逆变器输出能力等限制，电机运行时定子电流应该限制在允许范围内，即

$$|\boldsymbol{i}_s| = \sqrt{i_d^{\,2} + i_q^{\,2}} \leqslant i_{smax} \tag{5.48}$$

在定子电流的相平面内，电流矢量轨迹应该在电流极限圆内或边界上，如图 5.7 所示。

在稳态工况下，电机定子电压为

$$|\boldsymbol{u}_s| = \sqrt{u_d^{\,2} + u_q^{\,2}} = \sqrt{(R_s i_d - \omega_r L_q i_q)^2 + (R_s i_q + \omega_r L_d i_d + \omega_r \psi_f)^2} \tag{5.49}$$

由于电机在高速运行时定子上的电阻压降较小，可以忽略不计所以有

$$|\boldsymbol{u}_s| \approx \omega_r \psi_s = \omega_r \sqrt{(L_q i_q)^2 + (L_d i_d + \psi_f)^2} \tag{5.50}$$

式（5.50）是电机高速情况下的定子电压幅值公式。可以看出，在保证定子电流不变的情况下，当电机速度提高时，定子电压会随之上升，最后达到电压极限值（有逆变器输出能力和电机绝缘水平等限制）。

根据式（5.49）可以推出在定子电压一定时，电机 d 轴电流和 q 轴电流应该限制在允许范围内，即

$$(L_d i_d + \psi_f)^2 + (L_q i_q)^2 \leqslant \left(\frac{u_{smax}}{\omega_r}\right)^2 \quad 或 \quad \frac{\left(i_d + \dfrac{\psi_f}{L_d}\right)^2}{\rho^2} + i_q^{\,2} \leqslant \left(\frac{u_{smax}}{\omega_r L_q}\right)^2 \tag{5.51}$$

式（5.49）构成的电压极限圆如图 5.7 所示。电压极限圆的两轴长度与 ω_r 成反比，随着转速增加便形成了逐渐变小的一系列椭圆曲线；同时，当凸极率 ρ 时，椭圆在 d 轴两个焦点间的距离比 q 轴上大；当 $\rho=1$ 时椭圆变成了圆。电压源逆变器控制的 PMSM 中，逆变器直流侧为电压 U_d，定子电压基波峰值最大为 U_d，所以逆变器输出给电机定子相电压峰值可以达到 $u_{smax}=U_d/\sqrt{3}$。

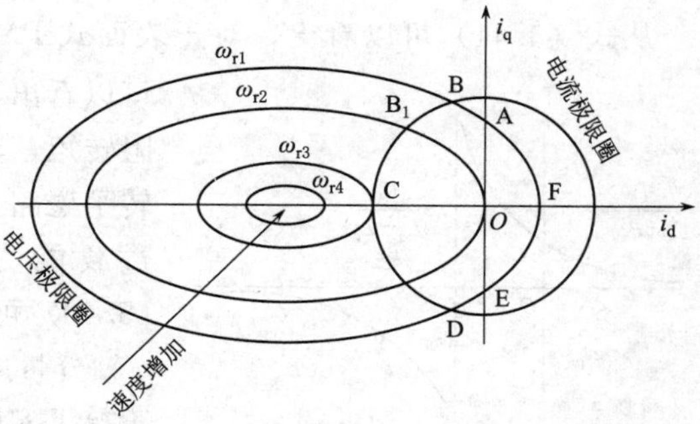

图 5.7 电流极限圆和电压极限圆

在电机正常工作时，定子电流矢量要同时满足电压极限方程和电流极限方程，即要落在电流极限圆和电压极限椭圆内。例如，当转速 $\omega_r=\omega_{r1}$ 时，要被限制在图 5.7 中的 ABCDEF 范围内。

如果采用 $i_d=0$ 的控制，在定子电压极限圆下，随着转速增加，图 5.7 中的工作点只能从 A 点沿 q 轴到达原点，达到此时的最高转速 ω_{r2}。令 $i_d=0$，从式（5.50）可以推出：

$$\omega_r = \frac{u_{smax}}{\sqrt{(L_q i_q)^2 + \psi_f^2}} \tag{5.52}$$

在原点处的 ω_{r2} 为

$$\omega_{r2} = \frac{u_{smax}}{\psi_f} \tag{5.53}$$

该值实际上是理想空载下的最高转速，如果带负载运行，该电流 i_q 不为零，所以对应的转速小于 ω_{r2}。

由于交流 PMSM 采用永磁体进行励磁，就不能像直流电机那样方便地调节励磁磁动势来提高转速调节范围。但可以通过控制励磁电流 i_d 达到削弱励磁磁动势的目的。当 i_d 为负时，由式（5.51）可以看出，在同一个 i_q 和 ω_r 下，公式右边的值更小，所以对电压的需求更小。为此，使 i_d 在负实轴上越小，定子电压维持恒定情况下电机转速越可以进一步提高。

$$\omega_r = \frac{u_{smax}}{\sqrt{(L_q i_q)^2 + (L_d i_d + \psi_f)^2}} \tag{5.54}$$

在图 5.7 中，当定子电压达到极限后采用弱磁控制，工作点将从 A 点到 C 点进而到 E 点。在理想空载情况下可以求出最高转速为

$$\omega_{r3} = \frac{u_{smax}}{\sqrt{(L_d i_d + \psi_f)^2}} = \frac{u_{smax}}{\psi_f - L_d i_{smax}} \tag{5.55}$$

对于实际电机负载运行的工况，运行的最高转速比 ω_{r3} 要小一些。从式（5.55）可以看出，如果逆变器输出电压和电机定子允许电压可以增加，那么极限速度 ω_{r3} 可以增加；另外，如果直轴电感 L_d 增加，那么 ω_{r3} 还可以增加。所以在运行时为了得到更高的转速，可以在定子回路串接电感来增加等效电感 L_d。

2. 恒转矩特性曲线

从式（5.41）可以看出，对于表面式 PMSM，转矩与 i_q 是线性关系。从式（5.40）可以看出，对于内置式 PMSM，凸极效应使得存在磁阻转矩，其大小与 $L_d - L_q$ 和定子电流两个分量有关。转子磁路不对称所产生的磁阻转矩有助于提高电机的过载能力和功率密度，且易于弱磁升速。由式（5.40）可以推出在恒转矩特性下定子电流 d 轴分量和 q 轴分量之间的双曲线关系，如图 5.8 所示，在电动工况下实际通常运行在第二象限内。在输出某一个转矩时，存在不同的 i_d 和 i_q 组合，它们达到相平面原点的距离不同，即定子电流幅值不同，为此可以得出最大转矩/电流曲线。

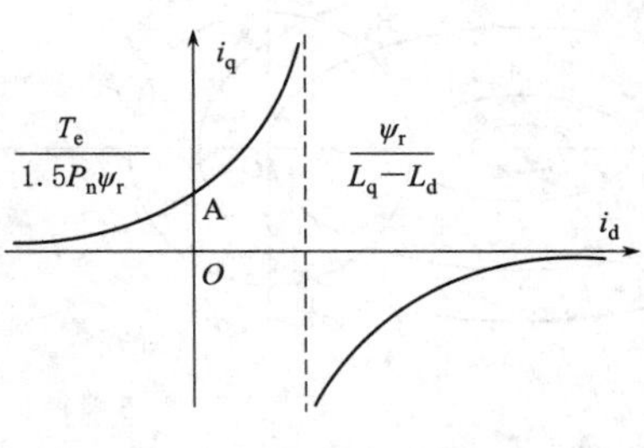

图 5.8　恒转矩特性曲线

3. 最大转矩/电流曲线（maximum torque per ampere，MTPA）

当电机选择好后，L_d、L_q 为常数，电磁转矩大小由定子电流两个分量决定，因此，应选择合适的定子电流使转矩电流比最大，这样电机的铜耗最小，同时可降低逆变器和整

流器上的损耗，具体分析如下。

首先将式（5.39）标幺化，写为

$$T_{en}=i_{qn}-i_{qn}i_{dn} \tag{5.56}$$

其中 $T_{en}=\dfrac{T_e}{T_{eb}}$；$T_{eb}=\dfrac{3}{2}p_n\psi_f i_b$；$i_b=\dfrac{\psi_f}{L_q-L_d}$；$i_{qn}=\dfrac{i_q}{i_b}$；$i_{dn}=\dfrac{i_d}{i_b}$

式中：T_{en} 为转矩标幺值；i_{qn} 为交轴电流标幺值；i_{dn} 直轴电流标幺值。

对表面式PMSM，由于式（5.56）的第二项为0，当采用 $i_d=0$ 的控制时，定子电流全部转化为转矩电流，可达到MTPA控制。对内置式PMSM，按照式（5.56），可以绘制出在恒转矩运行下的MTPA关系曲线，如图5.9中的虚线所示。在每一条虚线上，存在一点距离原点最近，在该点处定子电流最小。如果将每条虚线上这样的点连接起来，就可以得到转矩电流比最大曲线轨迹。该轨迹在原点处与q轴相切，其渐近线是一条45°的直线。当转矩较小时，轨迹距离q轴较近，此时励磁转矩起主导作用；随着转矩增大，该轨迹逐渐远离q轴，磁阻转矩作用增大。当 $\beta=135°$ 时，$i_d=i_q$，该轨迹与渐近线重合，磁阻转矩达到最大值。

对式（5.56）分别求两个电流分量的极小值，可以得到最大转矩与两个电流分量的关系为

$$T_{en}=\sqrt{i_{dn}(i_{dn}-1)^3} \tag{5.57}$$

$$T_{en}=\frac{i_{qn}}{2}\left(1+\sqrt{1+4i_{qn}{}^2}\right) \tag{5.58}$$

上述 i_{dn} - T_{en} 函数关系和 i_{qn} - T_{en} 的函数关系可用图5.10表示。

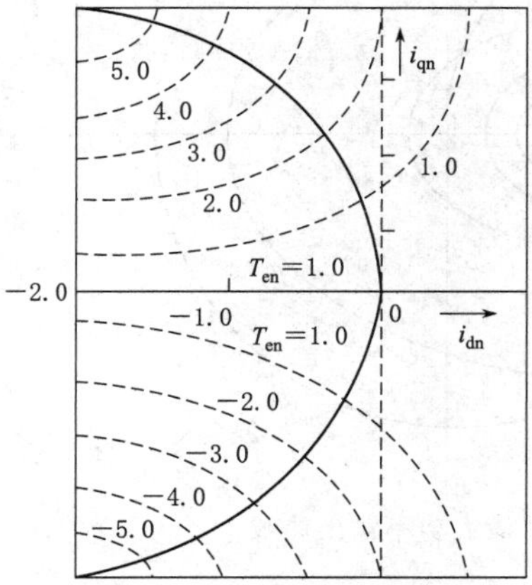

图5.9 MTPA关系曲线

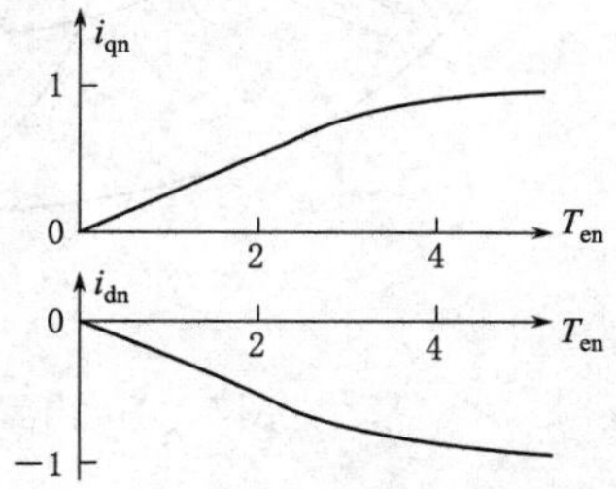

图5.10 $i_{dn}=f_1(T_{en})$ 和 $i_{qn}=f_2(T_{en})$ 的函数关系

4. 最大功率输出曲线

对于内置式PMSM，图5.11的B点是MTPA控制轨迹曲线与电流极限圆曲线的交点，在中低速区域运行时，电机可以稳定工作在这一点，不仅可以输出最大转矩，并且效率最高。当电机速度上升到一定值时，定子电压受到限制，此时电机可以工作在电压极限

圆和电流极限圆的一系列交点上，对应图 5.11 中 B 到 B_1 这一段，电机输出转矩最大。当电机转速上升到 B_1 点以后，如果工作点从 B_1 点（转速 ω_{r1}）到 B_2 点（转速 ω_{r2}），进而最终可以到达电流极限和电压极限确定的 B_3 点（转速 $\omega_{r3}=\dfrac{u_{\text{smax}}}{\psi_f-L_d i_{\text{smax}}}$）。当然对于实际负载工况下，运行的最高转速比 ω_{r3} 要小些。通常弱磁调速的扩速范围不会超过基速的 2 倍，最多达到 3 倍。

虽然电流工作在极限处，但是输出转矩并不是最大，而是有所减少，电机工作效率也会下降。对此分析可推出最大转矩曲线方程式为

$$i_d=\frac{\psi_f}{L_d}+\frac{\psi_f L_q-\sqrt{(\psi_f L_q)^2+8\left(\dfrac{u_{\text{smax}}}{\omega_r}\right)^2(L_q-L_d)^2}}{4L_d(L_q-L_d)} \tag{5.59}$$

图 5.11 中的最大转矩曲线，当电机转速增加到 $\omega_r=\omega_{r1}$ 时，电机输出最大转矩在 B_1，随着转速增加，电机工作点沿着 B_4、B_5、B_6、B_7 移动，此时虽然定子电流没有在极限圆处，但输出转矩和功率可以得到提升（分别与 B_1、B_2、B_3 相比）。原因是：以图中 B_2 点和 B_5 点为例，两个工作点都工作在相同的转速 ω_{r2} 下，B_2 点的工作电流比 B_5 点大，但 B_2 点输出转矩比 B_5 点小，因此，B_5 点输出的功率比 B_2 点大。

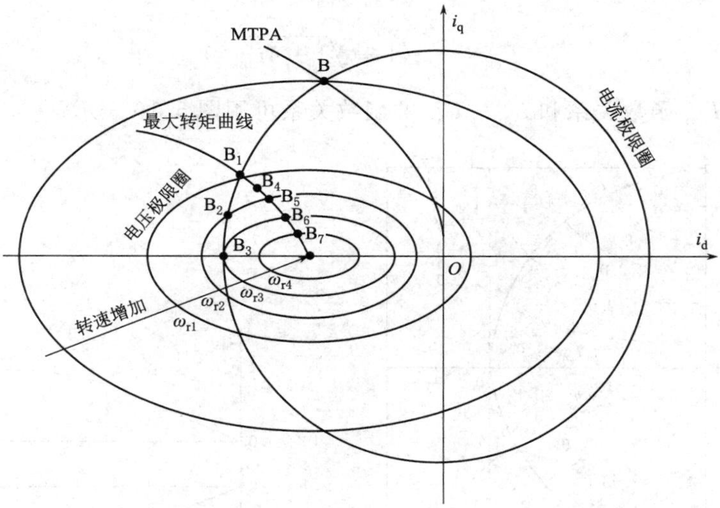

图 5.11　内置式 PMSM 最大功率输出曲线

5.3　永磁同步电机转子磁场定向的矢量控制

PMSM 采用三相交流供电，其数学模型具有多变量、强耦合和复杂非线性等特点，需要采用高性能控制方法。目前，PMSM 控制主要有磁场定向矢量控制技术和直接转矩控制技术。从电机在 dq 坐标系上的转矩方程式（5.39）可以看出，PMSM 励磁转矩的大小决定于永磁体励磁磁场大小和定子电流空间矢量的幅值和相位，磁阻转矩的大小也由定

子电流空间矢量的幅值和相位决定。所以，当电机结构确定后，电磁转矩的大小由定子电流矢量来控制。下面介绍几种 PMSM 控制方式。

5.3.1 $i_d=0$ 控制

在 dq 坐标系下，为实现恒转矩角度控制，使 $i_d=0$，$i_q=i_s$，PMSM 的转矩表达式为

$$T_e=\frac{3}{2}p_n\psi_f i_q=\frac{3}{2}p_n\psi_f i_s\sin\beta \tag{5.60}$$

为此，控制电流 i_q 便可以控制 T_e，达到调速目的，i_q 称为转矩电流。

对于表面式 PMSM，$L_d=L_q$，PMSM 转矩表达式为式（5.41），因此无须 $i_d=0$，控制 i_q 便可以控制 T_e。使 $i_d=0$，可使定子电流全部转化为转矩电流，转矩达到最大，电机效率最高。

对于 PMSM，$i_d^*=0$ 的矢量控制与异步电机矢量控制在原理上基本相同，但不同点在于：①PMSM 始终以同步转速旋转，转差频率 $\omega_{sl}=0$；②转子磁链由永磁体供电，励磁电流分量 $i_d^*=0$；③PMSM 的 dq 坐标系是设定转子励磁的轴线为 d 轴，在物理上可以通过传感器直接检测到。由于 PMSM 与异步电机相比在估计转子或定子磁场方法上简单得多，因此 PMSM 矢量控制比异步电机矢量控制容易实现。下面介绍两种典型的 PWM 逆变器矢量控制系统。

图 5.12 是 $i_d^*=0$ 下的电流可控 PWM 逆变器矢量控制系统。图中将给定转速 ω_r^* 与实际转速 ω_r 比较，通过速度 PI 控制器得到给定的 $i_q{}^*$。然后，给定值 $i_d^*=0$ 和给定的 $i_q{}^*$ 通过 2r/3s 坐标变换，得到 ABC 坐标系下的希望电流 $i_a{}^*$、$i_b{}^*$ 和 $i_c{}^*$，与实际电流 i_a、i_b 和 i_c 构成电流滞环比较器，驱动逆变器上 IGBT 功率开关导通。

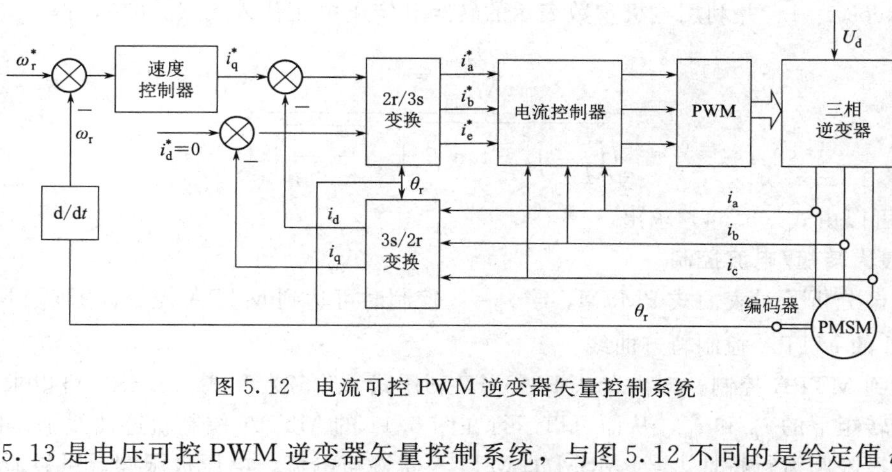

图 5.12 电流可控 PWM 逆变器矢量控制系统

图 5.13 是电压可控 PWM 逆变器矢量控制系统，与图 5.12 不同的是给定值 $i_d^*=0$ 和给定的 $i_q{}^*$ 分别与实际电流分量 i_d 和 i_q 构成两个电流闭环控制，分别输出电压 u_{dref} 和 u_{qref}。再通过 2r/2s 坐标变换，得到 u_α^*、u_β^*。最后，采用 SVPWM 来产生 PWM 信号，以此来实现电机定子磁链的圆形运动轨迹。

5.3.2 单位功率因数控制

通过控制电流 i_d 和 i_q 可以控制电机 β 角，使得功率因数角 $\cos\varphi=1$，实现单位功率

因数控制。实现原理如下：

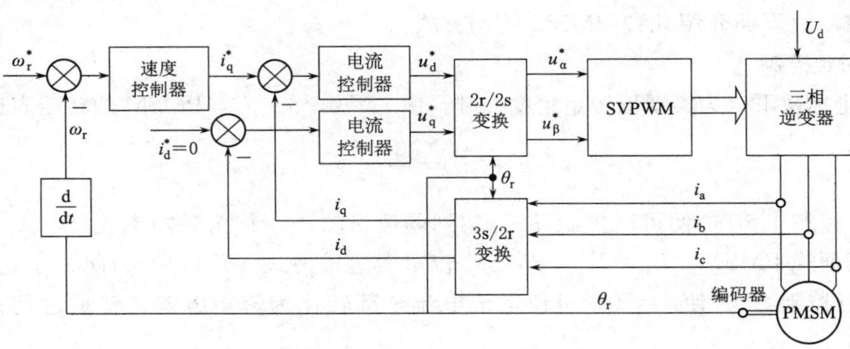

图 5.13　电压可控 PWM 逆变器矢量控制系统

由于电机输出功率为

$$P=3u_s i_s \cos\varphi = T_e \omega_r \tag{5.61}$$

或有

$$\begin{cases} \cos\varphi = \dfrac{T_e \omega_r}{3u_s i_s} \\ u_s = \omega_r \psi_s \end{cases} \tag{5.62}$$

其中

$$\begin{cases} i_s = \sqrt{i_d^2 + i_q^2} \\ i_d = i_s \cos\beta \\ i_q = i_s \sin\beta \end{cases} \tag{5.63}$$

如果 $\cos\varphi=1$，并利用电机参数表示的转矩和定子电压代入式（5.61），得

$$1=\frac{\left(\dfrac{L_{dn}}{L_{qn}}-1\right)}{\sqrt{\left(\dfrac{L_{dn}}{L_{qn}}\right)^2+\tan^2\beta}+\sqrt{\dfrac{1}{\tan^2\beta}+1}} \tag{5.64}$$

β 角可以由式（5.64）求出。

5.3.3　最大转矩/电流控制

前面已分析了对表面式 PMSM，当 $i_d=0$ 控制时可达到 MTPA 控制，图 5.14 为表面式 PMSM 的 MTPA 控制轨迹曲线。

要达到 MTPA 控制，对内置式 PMSM，利用式（5.57）和式（5.58）可以求出满足某一给定转矩下的 i_d 和 i_q，从而可以运行在图 5.11 的 MTPA 控制轨迹曲线上。图 5.11 绘出了在极限圆运行特性上，PMSM 的 MTPA 轨迹与电流、电压极限圆。可以看出，在恒转矩运行下，线段 OB_1 是满足 MTPA 控制轨迹的定子电流 i_s 的运动轨迹。在 B_1 点处输出最大转矩，由式（5.54）可知，此时：

$$\omega_{r1}=\frac{u_{smax}}{\sqrt{(L_q i_{smax}\sin\beta)^2+(L_d i_{smax}\cos\beta+\psi_f)^2}} \tag{5.65}$$

对于表面式 PMSM，$\beta=\pi/2$，上式则为

$$\omega_{r1}=\frac{u_{smax}}{\sqrt{(L_q i_{smax})^2+\psi_f^2}} \tag{5.66}$$

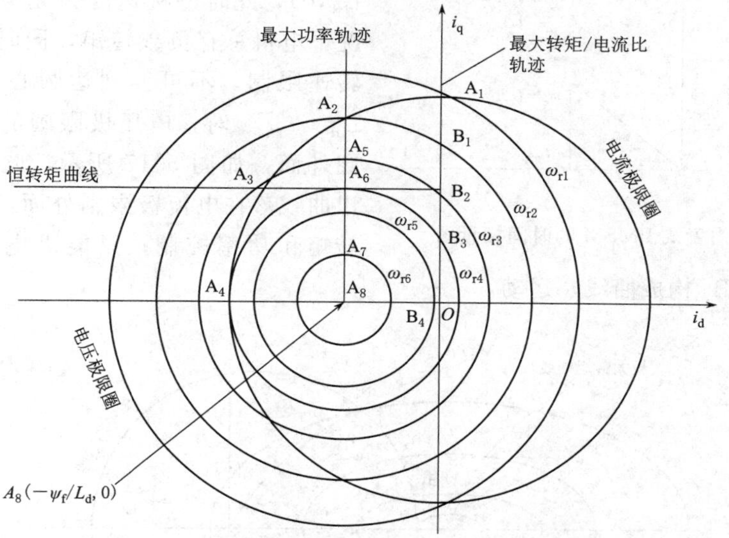

图 5.14　表面式 PMSM 的 MTPA 控制轨迹曲线

图 5.15 是内置式 PMSM 的 MTPA 控制系统图，其中函数 $f_1(T_{en})$ 和 $f_2(T_{en})$ 如图 5.10 所示。可以看出，通过有效利用磁阻转矩，可以降低系统损耗和系统成本，这是内置式 PMSM 的优点之一。当然由于转子更复杂，电机成本会增加。

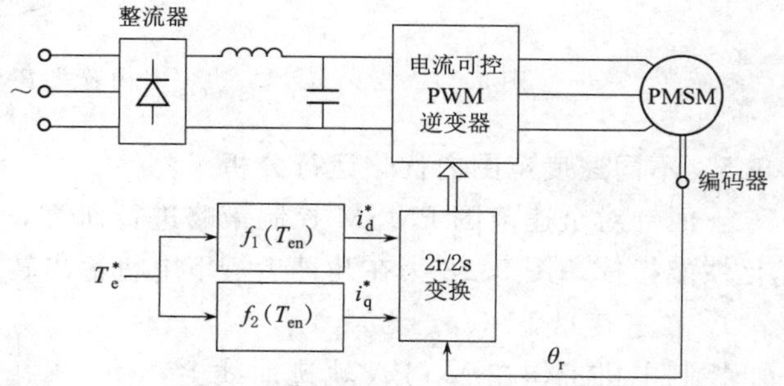

图 5.15　内置式 PMSM 的 MTPA 控制系统图

5.3.4　弱磁控制

5.2.4 节已分析得知，当电机转速在基速以上，为了使电机能够运行在更高转速，需调节定子电流磁链分量 i_d，可以削弱气隙磁场，从而达到弱磁控制。图 5.16 是内置式 PMSM 的时间相量图，可以看出当电流 i_d 为负时，直轴电枢反映起去磁作用，在图 5.11 中已经分析了弱磁控制下控制方法，当电机工作在弱磁区域时，通常处于恒功率控制，可以要求进行最大功率输出控制。当电机工作在基速以下时，其工作点可以设置在 B_1 点的电流极限圆上，此时输出转矩最大；当采用弱磁控制升速时，电机工作点从 B_1 点开始，其坐标为 $(-\psi_f/L_d, \sqrt{i_{smax}^2-(\psi_f/L_d)^2})$，对应速度为

$$\omega_{r1}=\frac{u_{smax}L_d}{L_q\sqrt{(L_q i_{smax})^2-\psi_f^2}} \tag{5.67}$$

沿着图 5.11 中的最大功率曲线（由 B_4、B_5、B_6、B_7 构成的直线）运动。

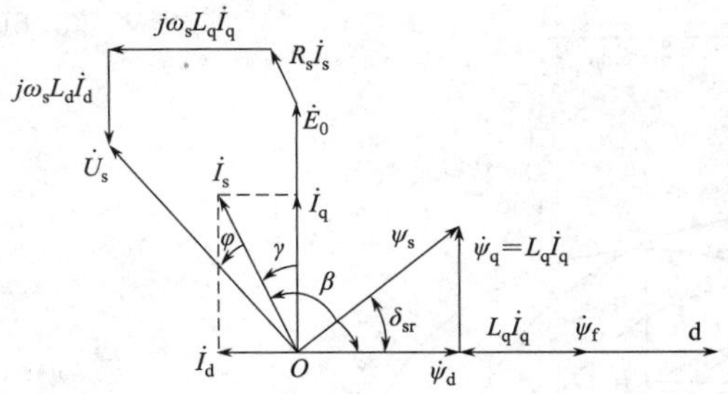

图 5.16　内置式 PMSM 的时间相量图

理想空载情况下，随着转速增加，控制电机速度可以到达电压极限圆的圆心($-\psi_f/L_d$,0)，此时电机速度为无穷大。但实际情况下电机总有负载转矩，同时电机存在最大转速限制，不可能到达圆心。另外，当$\psi_f/L_d > i_{smax}$时，电压极限圆的圆心位于电流圆外面，如图 5.17 所示，此时最大转矩输出曲线落在电流极限圆外面，无法实现最大转矩和功率控制；只能沿电流极限圆（由 B_1、B_2、B_3、B_4 构成曲线）运动。

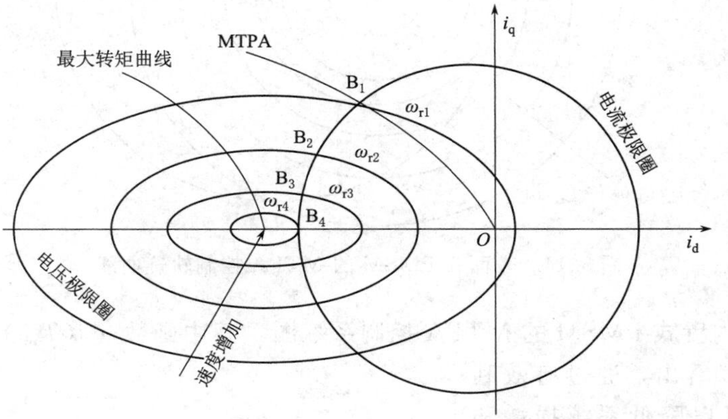

图 5.17　当 $\psi_f/L_d > i_{smax}$ 时内置式 PMSM 定子电流矢量轨迹

5.3.5　不同速度范围内优化运行分析

下面针对全速范围 PMSM 控制策略进行研究，分析不同速度下优化控制方法，得到优化性能指标。图 5.18 为在几种运行下电机输出转矩和定子电流对比图。

1. 在基速以下（$\omega_r < \omega_{r1}$）

控制电机工作在 MTPA 轨迹曲线上，使电机获得高效率。控制电机工作在图 5.11 的 B_1 点上，此时输出最大转矩。如图 5.18 中，当转速从 0 升速到 ω_{r1}，电机工作在恒转矩段，可以快速起动和加速，获得良好动态性能。

2. 在基速以上（$\omega_r \geqslant \omega_{r1}$）

如果弱磁升速，运行区间至少为 $\omega_{r1} < \omega_r < \omega_{r4}$。根据电机运行情况可以将弱磁划分为以下两种情况：

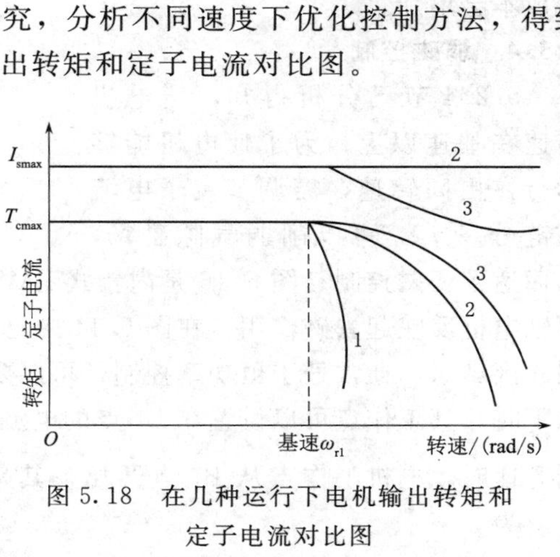

图 5.18　在几种运行下电机输出转矩和定子电流对比图

(1) 当$\psi_f/L_d < i_{smax}$时，此时电压极限椭圆的圆心位于电流极限圆内，而且假定电机存在无限扩速的能力，可以按照图 5.11 的最大转矩曲线进行最大转矩和功率输出。此时可以用较小电流输出需要转矩，输出转矩和

定子电流如图 5.18 中的曲线 3。

（2）当 $\psi_f/L_d \geqslant i_{smax}$ 时，电压极限圆的圆心位于电流圆外面。定于电流沿图 5.17 的电流极限圆（由 B_1、B_2、B_3、B_4 构成曲线）运动，最终到达 B_4 点（极限速度为 ω_{r4}），该弱磁扩速通常是有限的。输出转矩和定子电流如图 5.18 中的曲线 2。可以看出，最大功率输出方式可以以较小电流获得较大转矩。

在基速以上，如果不采用弱磁升速，必须降低转矩，调速范围很窄，定子电流沿图 5.11 的 B_1、B_2、B_3 构成运动，输出转矩和定子电流如图 5.18 中的曲线 1 所示。

在图 5.13 的电压源逆变器构成的电压可控矢量控制系统中，系统由速度闭环、两路电流闭环构成，转速调节器 ASR 一般为 PI 调节器，其输出信号为 T_e^*；转矩调节器后面加入函数发生器 FG，函数发生器 FG 产生电流命令，产生方法如下：首先对转矩进行预处理，一是在不同运行区间转矩最大值受到限制，二是输出转矩受直流电压限制，当直流电压降低时，转矩指令也需要降低。其次，根据前面介绍的运行优化策略，得到定子电流给定值 i_{dref}^* 和 i_{qref}^*，如图 5.19 所示。图 5.19 中，对 i_{dref}^* 进行了限幅输出 i_d^*；为了避免各种因素（如逆变器直流侧电压降低、电机定子电阻变化、dq 轴励磁电感变化等）对电机高速运行时的影响，通过增加一个电压闭环单元输出一个电流分量，该分量加到 i_{qref}^* 上输出 i_q^*。于是，电机弱磁分量增加了，使得对电压要求降低，通过系统控制裕度。当电机参数恢复到原来值或逆变器直流侧电压增加，电压闭环单元输出一个电流分量逐渐降低，最后到 0。

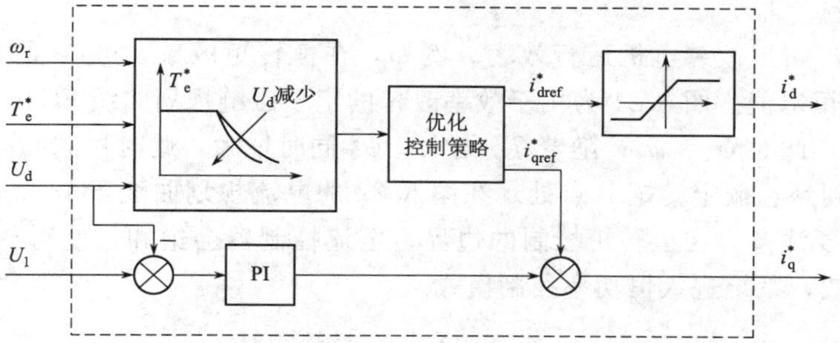

图 5.19　FG 函数发生器

5.4　永磁同步电机定子磁场定向的矢量控制

电机电压方程［式（5.3）］中，忽略定子电阻，可表示为

$$\boldsymbol{u}_s = j\omega_s \boldsymbol{\psi}_s = j\omega_s (L_s \boldsymbol{i}_s + \psi_f) \tag{5.68}$$

可以看出，随着定子电流矢量 $\boldsymbol{i}_s$ 幅值变化，定子电压 $\boldsymbol{u}_s$ 与定子电流 $\boldsymbol{i}_s$ 之间的相位 φ 也发生变化，因此电机的功率因数 $\cos\varphi$ 也会变化，时而增大，时而减小。为了获得最优的瞬态性能，可进行基于定子磁场定向的矢量控制，通过控制定子磁链 $\boldsymbol{\psi}_s$ 的大小实现对定子电流 $\boldsymbol{i}_s$ 的控制。

5.4.1　定子磁场矢量控制原理

设 MT 轴是沿定子磁链 $\boldsymbol{\psi}_s$ 定向的同步旋转坐标系，如图 5.20 所示。由式（5.38）

可知电机转矩为

$$T_{\mathrm{e}}=\frac{3}{2}p_{\mathrm{n}}\boldsymbol{\psi}_{\mathrm{s}}\times\boldsymbol{i}_{\mathrm{s}}=\frac{3}{2}p_{\mathrm{n}}\psi_{\mathrm{s}}i_{\mathrm{T}} \tag{5.69}$$

式（5.69）表明，通过控制定子磁链 $\boldsymbol{\psi}_{\mathrm{s}}$ 的幅值和在 MT 轴的转矩电流 i_{T} 就可以控制转矩。这就是定子磁场定向矢量控制的基本原理。

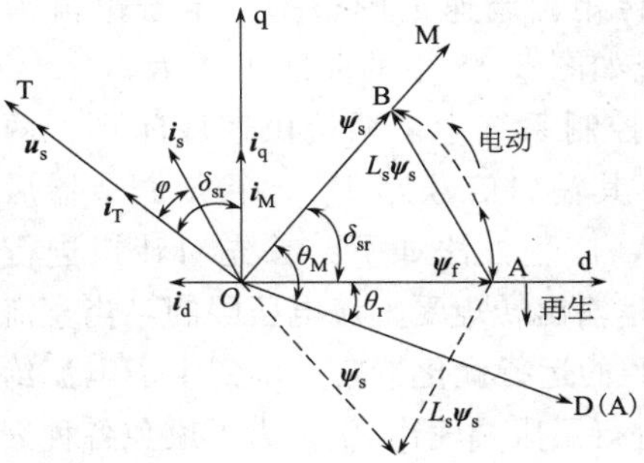

图 5.20　电机相量图

在图 5.20 中，假设当电机正转时，相量图中 d 轴相对于静止坐标系 D（A）逆时针以同步转速 ω_{r} 旋转，且在任意时刻，d 轴与 D（A）轴夹角为 $\theta_{\mathrm{r}}=\omega_{\mathrm{r}}t$。相反，当电机反转时，转矩角 δ_{sr}（$\boldsymbol{\psi}_{\mathrm{s}}$ 和 $\boldsymbol{\psi}_{\mathrm{f}}$ 的夹角）和转矩电流 i_{T} 为负，位于第四象限。

可以看出，转矩电流 i_{T} 用于控制转矩，即决定输入有功功率。定子磁链 $\boldsymbol{\psi}_{\mathrm{s}}$ 的幅值由 $\psi_{\mathrm{s}}=\sqrt{(L_{\mathrm{s}}i_{\mathrm{s}})^2+\psi_{\mathrm{f}}^2}$ 决定，即 $\boldsymbol{\psi}_{\mathrm{s}}$ 为 i_{M} 和 i_{T} 的函数。同样，由定子电压方程［式（5.68）］可知，定子电压 $\boldsymbol{u}_{\mathrm{s}}$ 与定子磁链 $\boldsymbol{\psi}_{\mathrm{s}}$ 正交，即定子电压 $\boldsymbol{u}_{\mathrm{s}}$ 位于 T 轴上。通过控制电流 $\boldsymbol{i}_{\mathrm{s}}$ 的相角，可以控制功率因数角 φ。例如，如果使 $i_{\mathrm{M}}=0$，$\mathrm{j}i_{\mathrm{T}}=\boldsymbol{i}_{\mathrm{s}}$，则功率因数 $\cos\varphi$ 近似为 1，可实现单位功率因数控制。

通过控制 $\boldsymbol{i}_{\mathrm{s}}$ 可以改善电机运行效率。例如，在恒转矩区域，可以通过控制定子磁链 ψ_s 使其为某一恒定值。图 5.21 为用于效率改善的定子磁链规划曲线 FG1，在 A 点，转矩 $T_{\mathrm{e}}=0$，$i_{\mathrm{T}}=0$，此时 $\boldsymbol{\psi}_{\mathrm{s}}=\boldsymbol{\psi}_{\mathrm{f}}$；随着 T_{e} 增大，$\boldsymbol{\psi}_{\mathrm{s}}$ 同时增大，此时控制 i_{M} 和 i_{T} 也随着增加，沿虚线直到到达额定转矩 B 点处。在图 5.22 的电流规划曲线 FG2 中，给出了 i_{M} 和 i_{T} 的关系。需要注意，在恒转矩控制的边界，电流控制器会饱和，使得 i_{M} 和 i_{T} 的控制和矢量控制失效，系统进入恒功率控制模式。

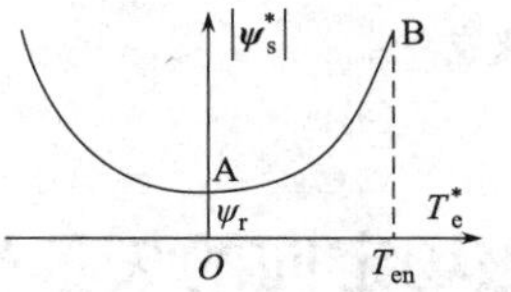

图 5.21　用于效率改善的定子磁链规划曲线 FG1

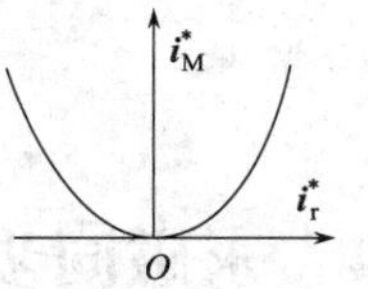

图 5.22　电流规划曲线 FG2

5.4.2　定子磁场矢量控制系统

图 5.23 是定子磁链定向的矢量控制系统方框图。转速控制采用双环控制，外环为转速闭环，内环是转矩闭环。给定转矩 T_{e}^* 与实际转矩 T_{e} 比较，产生误差通过转矩调节器产生有功电流 i_{T}^*，同时 i_{T}^* 通过电流规划曲线 FG2 产生无功电流 i_{M}^*。定子磁链 $|\boldsymbol{\psi}_{\mathrm{s}}^*|$ 由 T_{e}^* 通过定子磁链规划曲线 FG1 得到，$|\boldsymbol{\psi}_{\mathrm{s}}^*|$ 与实际磁链 $|\boldsymbol{\psi}_{\mathrm{s}}|$ 比较得到差值，通过定子磁链调节器输出 Δi_{M}^*，用来修正 FG2 的输出。i_{T}^* 和 i_{M}^* 分别通过两个电流闭环调节器，

再通过 2r/2s 坐标变换、2s/3s 坐标变换，得到 i_a^*、i_b^*、i_c^*。其中，需要用定子磁链估计器对 $\boldsymbol{\psi}_s$ 和 δ_{sr} 进行估计。但考虑到转子凸极电感饱和使得交轴和直轴间存在复杂耦合效应，同时温度对磁链的影响，使估计高精确的 $\boldsymbol{\psi}_s$ 很困难，目前有大量研究文献提出了定子磁链估计器改进方法。

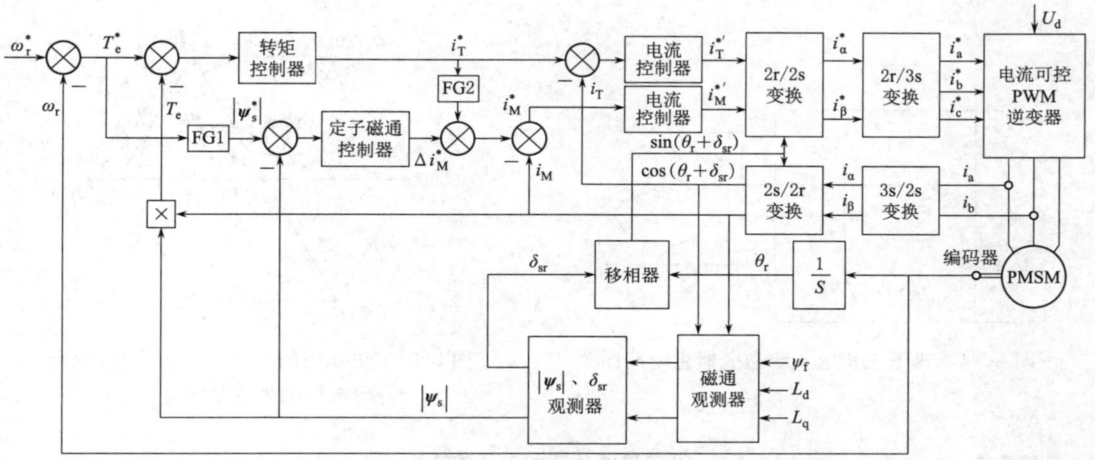

图 5.23　定子磁链定向的矢量控制系统方框图

5.5　永磁同步电机矢量控制系统的仿真

用 MATLAB 中 Simulink/Power System 工具箱搭建系统的仿真模型，实现对图 5.13 所示的在 $i_d=0$ 下电压可控 PWM 逆变器矢量控制系统的仿真。

5.5.1　电压源逆变器和电压空间矢量

仿真中使用图 5.24 所示的典型三相电压源逆变器。6 个功率开关管（$VT_1 \sim VT_6$）分别由 6 个 PWM 信号控制，其中，S_A、S_B、S_C 分别包括两种状态量。当 $S_A=1$ 时表示上桥臂开关管导通，当 $S_A=0$ 时表示下桥臂开关管导通。u_s 的 8 个开关状态分别对应 8 个电压空间矢量 $\boldsymbol{U}_0 \sim \boldsymbol{U}_7$，矢量的顺序从状态“1”到“6”逆时针旋转，对应开关状态为 100—110—010—011—001—101，如图 5.25 所示。表 5.1 详细列出了开关导通状态和电压输出的对应表。

5.5.2　SVPWM 算法实现

该控制系统采用 SVPWM 控制技术，8 个电压矢量把空间分成 6 个扇区，如图 5.25 所示。

1. 判断参考矢量所在的扇区

假设 $u_{\alpha ref}$ 和 $u_{\beta ref}$ 分别为在 α 轴和 β 轴上希望的电压矢量，首先应该确定采样时刻由 $u_{\alpha ref}$ 和 $u_{\beta ref}$ 合成的电压矢量 u_{ref} 位于哪一扇区。通过坐标变换可以得到中间变量 V_a、V_b、V_c 为

$$\begin{cases} V_a = u_{\beta ref} \\ V_b = \dfrac{1}{2}(\sqrt{3}u_{\alpha ref} - u_{\beta ref}) \\ V_c = \dfrac{1}{2}(-\sqrt{3}u_{\alpha ref} - u_{\beta ref}) \end{cases} \tag{5.70}$$

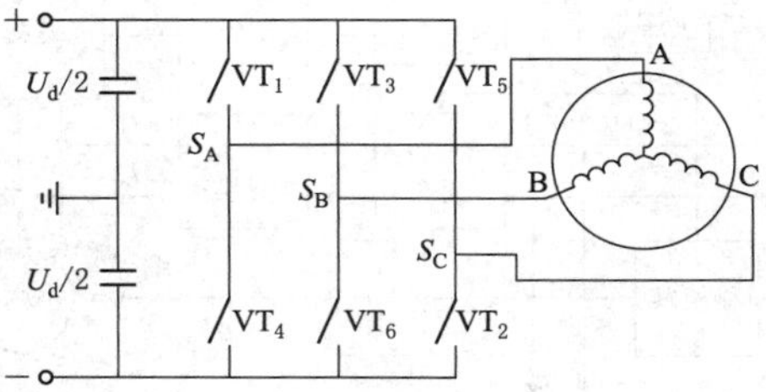

图 5.24　典型三相电压源逆变器主电路图

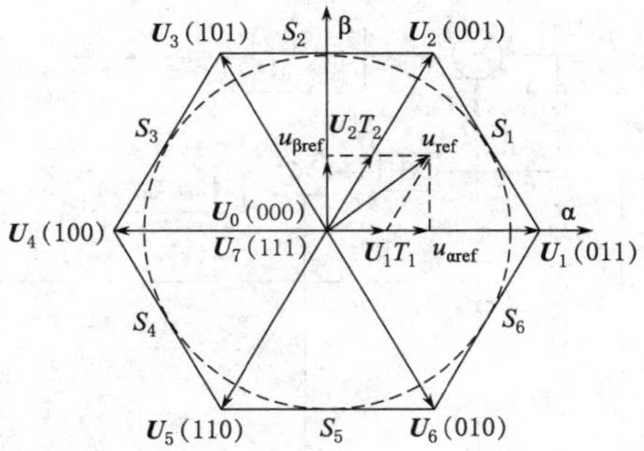

图 5.25　电压空间矢量、扇区分布及给定电压的矢量分解图

表 5.1　　**开关导通状态和电压的输出**

各桥臂导通状态			线电压与 U_d 之比			相电压与 U_d 之比			U_α、U_β 与 U_d 之比		输出电压
a	b	c	U_{ab}/U_d	U_{bc}/U_d	U_{ca}/U_d	U_a/U_d	U_b/U_d	U_c/U_d	U_α/U_d	U_β/U_d	
0	0	0	0	0	0	0	0	0	0	0	$\boldsymbol{U}_0$
0	0	1	0	−1	1	−1/3	2/3	−1/3	−1/3	$1/3^{1/2}$	$\boldsymbol{U}_5$
0	1	0	−1	1	0	−1/3	2/3	−1/3	−1/3	$-1/3^{1/2}$	$\boldsymbol{U}_3$
0	1	1	−1	0	1	−2/3	1/3	1/3	−2/3	0	$\boldsymbol{U}_4$
1	0	0	1	0	−1	2/3	2/3	−1/3	−1/3	0	$\boldsymbol{U}_1$
1	0	1	1	−1	0	1/3	1/3	−2/1	1/3	$-1/3^{1/2}$	$\boldsymbol{U}_6$
1	1	0	0	1	−1	1/3	1/3	−2/3	1/3	$1/3^{1/2}$	$\boldsymbol{U}_2$
1	1	1	0	0	0	0	0	0	0	0	$\boldsymbol{U}_7$

根据式（5.70）可以确定空间电压矢量所处扇区对应 N 为

$$N = A + 2B + 4C \tag{5.71}$$

其中，如果 $V_a>0$，那么 $A=1$，否则 $A=0$；如果 $V_b>0$，那么 $B=1$，否则 $B=0$；如果 $V_c>0$，那么 $C=1$，否则 $C=0$。于是根据式（5.70）和式（5.71）可计算出 N 大小。

表 5.2 为 N 与扇区对应关系。例如 $N=3$，则 $A=1$，$B=1$，$C=0$，即 $V_a>0$，$V_b>0$，$V_c<0$，可得 $u_{\beta ref}>0$，$u_{\alpha ref}>0$ 且 $\sqrt{3}u_{\alpha ref}>u_{\beta ref}$，由此可知合成的电压矢量 u_{ref} 位于第Ⅰ扇区。

表 5.2　　***N* 与扇区对应关系**

扇区号	Ⅰ	Ⅱ	Ⅲ	Ⅳ	Ⅴ	Ⅵ
N	3	1	5	4	6	2

2. 计算基本电压矢量的作用时间

下面以第I个扇区 S_1 为例，计算合成电压矢量 $\boldsymbol{u}_{\mathrm{ref}}$ 分解到这一扇区内两相邻电压矢量的导通时间 t_1 和 t_2，其余5个扇区的基本电压作用时间原理相同。在图5.25中，按逆时针旋转方向，相邻电压矢量 $\boldsymbol{U}_1$ 和 $\boldsymbol{U}_2$，合成电压矢量 $\boldsymbol{u}_{\mathrm{ref}}$ 将两个基本矢量向 α、β 轴上投影，得到

α 轴：
$$u_{\alpha\mathrm{ref}}T_{\mathrm{s}}=|\boldsymbol{U}_1|T_1+\frac{1}{2}|\boldsymbol{U}_2|T_2 \tag{5.72}$$

β 轴：
$$u_{\beta\mathrm{ref}}T_{\mathrm{s}}=\frac{\sqrt{3}}{2}|\boldsymbol{U}_2|T_2 \tag{5.73}$$

其中，T_i 为对应电压矢量 $\boldsymbol{U}_i$ 作用的时间（$i=0\sim7$），采样周期 T_{s} 通常为PWM的调制周期。根据 $\boldsymbol{U}_0=0$，$\boldsymbol{U}_1=\frac{2}{3}U_{\mathrm{d}}(1+\mathrm{j}0)$，$U_2=\frac{2}{3}U_{\mathrm{d}}(\frac{1}{2}+\mathrm{j}\frac{\sqrt{3}}{2})$，可求解得到第I个扇区 S_1 的基本矢量 U_1、U_2 的作用时间为

$$\begin{cases}T_2=\dfrac{\sqrt{3}u_{\beta\mathrm{ref}}T}{U_{\mathrm{d}}}\\[2mm]T_1=\dfrac{\sqrt{3}T}{2U_{\mathrm{d}}}(\sqrt{3}u_{\alpha\mathrm{ref}}-u_{\beta\mathrm{ref}})\end{cases} \tag{5.74}$$

其余5个扇区的基本电压作用时间都根据如上的运算求得。通过对每个扇区基本矢量动作时间的求解不难发现，它们都是一些基本时间的组合。于是给出几个基本的时间变量为

$$\begin{cases}X=\dfrac{\sqrt{3}u_{\beta\mathrm{ref}}}{U_{\mathrm{d}}}T\\[2mm]Y=\dfrac{\sqrt{3}T}{2U_{\mathrm{d}}}(\sqrt{3}u_{\alpha\mathrm{ref}}+u_{\beta\mathrm{ref}})\\[2mm]Z=\dfrac{\sqrt{3}T}{2U_{\mathrm{d}}}(u_{\beta\mathrm{ref}}-\sqrt{3}u_{\alpha\mathrm{ref}})\end{cases} \tag{5.75}$$

对于每个扇区，其导通时间可以按表5.3对 T_1、T_2 进行赋值。但是，由于直流电源电压的下降可能使电压矢量的幅值减小，因此，计算时间 T_1 和 T_2 之和有可能超过PWM调制波周期，即 $T_1+T_2>T$，称这种情况为饱和，需进行如下修正。

若 $T_1+T_2<T$，则 T_1、T_2 保持原值不变；若 $T_1+T_2>T$，则

$$\begin{cases}T_1=\dfrac{T_1}{T_1+T_2}T\\[2mm]T_2=\dfrac{T_2}{T_1+T_2}T\end{cases} \tag{5.76}$$

3. 计算电压空间矢量切换点

定义逆变器A、B、C三相桥臂上桥臂功率器件占空比参数分别为 T_{a}、T_{b}、T_{c}，用 T_{a}、T_{b}、T_{c} 代替 T_1 和 T_2，即

$$\begin{cases} T_a = (T_s - T_1 - T_2)/4 \\ T_b = T_a + T_1/2 \\ T_c = T_b + T_2/2 \end{cases} \tag{5.77}$$

最后，可以确定实际控制所需要的对应三相 PWM 波的占空比 T_{aon}、T_{bon}、T_{con}，见表 5.3。

表 5.3　　各扇区导通时间、切换点和 PWM 波形

扇区号	Ⅰ	Ⅱ	Ⅲ	Ⅳ	Ⅴ	Ⅵ
N	1	2	3	4	5	6
T_1	Z	Y	−Z	−X	X	−Y
T_2	Y	−X	X	Z	−Y	−Z
T_{aon}	T_b	T_a	T_a	T_c	T_c	T_b
T_{bon}	T_a	T_c	T_b	T_b	T_a	T_c
T_{con}	T_c	T_b	T_c	T_a	T_b	T_a
输出的 PWM 波形	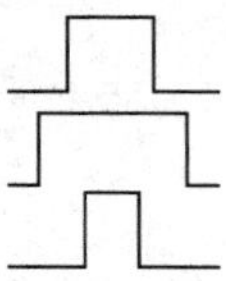	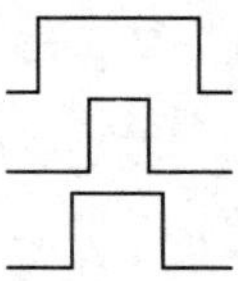	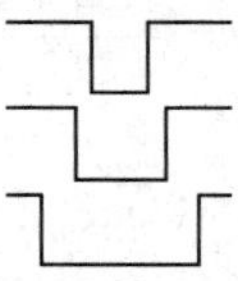	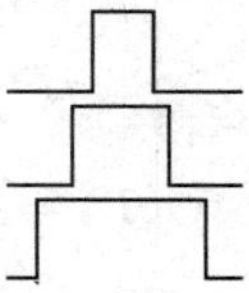	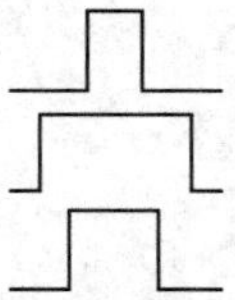	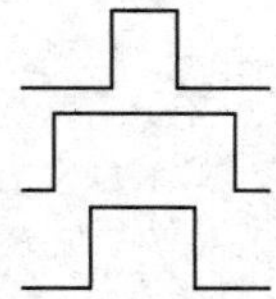

将计算得到的 T_{aon}、T_{bon}、T_{con} 值与等腰三角形进行比较，如图 5.26 所示，就可以生成对称空间矢量 PWM 波形。将对应生成的 A、B、C 三相桥臂上桥臂功率器件的 PWM1、PWM3、PWM5 进行"非"运算就可以生成下桥臂功率器件的 PWM2、PWM4、PWM6。

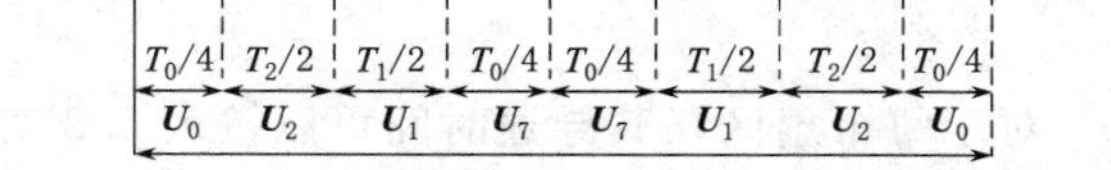

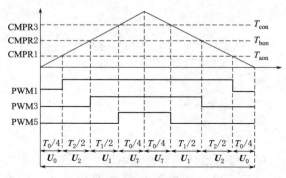

图 5.26　空间矢量位于第Ⅰ扇区时的 PWM 输出及占空比

5.5.3　MATLAB 仿真实现

对应图 5.27 的仿真系统，将控制系统分成许多功能独立的子模块，包括 PI 调节器模块、坐标系变换模块、空间电压脉宽调制控制模块、逆变器模块、PMSM 模块、测量模块，其中坐标系变换模块、逆变器模块、PMSM 模块和测量模块等在 SimPower System Toolbox 中可直接调用并设置好参数。搭建的 PMSM 矢量控制系统仿真模型如图 5.28 所示。

将参考转速 ω_r^* 与实际检测转速 ω_r 进行比较，通过 PI 速度控制器输出电流 i_q^*。设定 $i_{dref}=0$，两个电流内环分别通过 PI 电流调节器输出电压 u_{dref}、u_{qref}；再通过 2r/2s 坐标变换得到 $u_{\alpha ref}$、$u_{\beta ref}$。$u_{\alpha ref}$、$u_{\beta ref}$ 和位置信号 θ_r 输入到空间电压脉宽调制模块上，输出 PWM 脉冲信号，并施加到三相逆变器功率开关上，实现 PMSM 矢量控制。PI 控制器模块如图 5.28 所示，饱和限幅器将输出变量限定在一定范围内。图 5.29 为 SVPWM 调

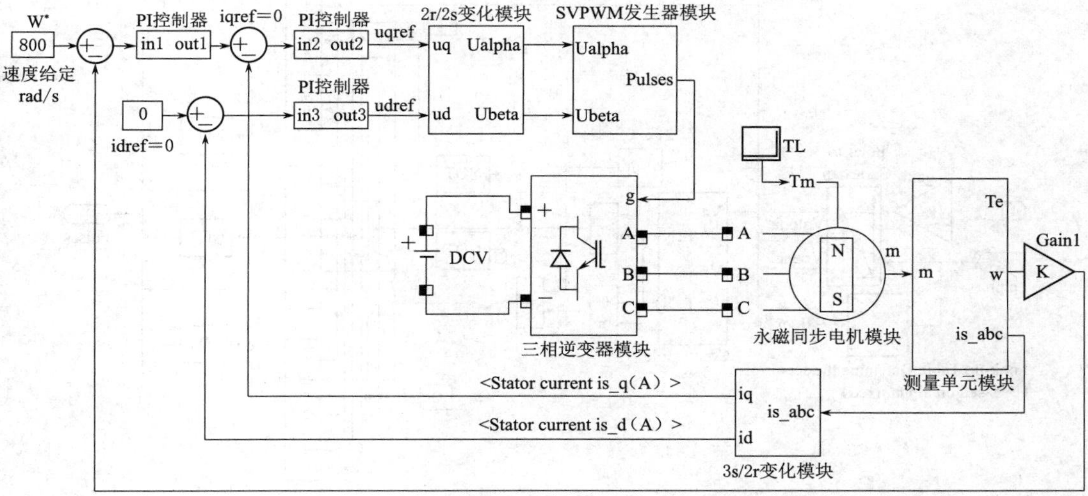

图 5.27 基于 Simulink 的 PMSM 矢量控制仿真模型

制发生器模块。

仿真中，PMSM 的参数设置如下：定子电阻 $R_s=2.875\Omega$，交直轴定子电感均为 $L_d=L_q=8.5e^{-3}$H，电机转动惯量 $J=0.8e^{-3}\text{kg}\cdot\text{m}^2$，摩擦系数为 $F=0$N·m·s，极对数 $p_n=4$。设置速度 PI 控制器模块参数 $K_P=10$、$K_I=0.1$，两个电流 PI 控制器模块参数为 $K_P=10$、$K_I=0.02$ 和 $K_P=10$、$K_I=0.01$，电流滞环比较器的带宽为 $h=20$kHz。

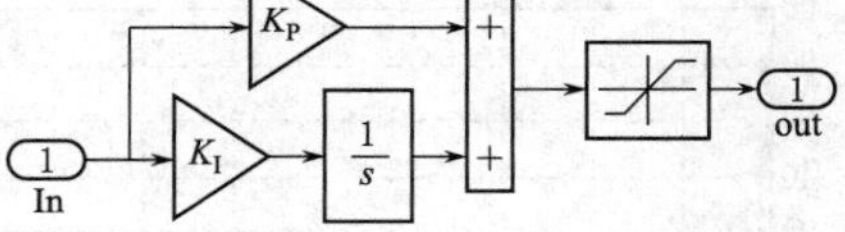

图 5.28 PI 控制器模块

系统进行仿真实验，转矩响应、转速响应和三相相电流仿真曲线分别如图 5.30～图 5.32 所示。系统在 $t=0$ 空载时起动，在起动阶段能保持较大起动转矩，转矩和电流冲击较小，起动过程较快速和平稳，电磁转矩和电流平均值接近 0；进入稳态后，在 $t=0.5$s

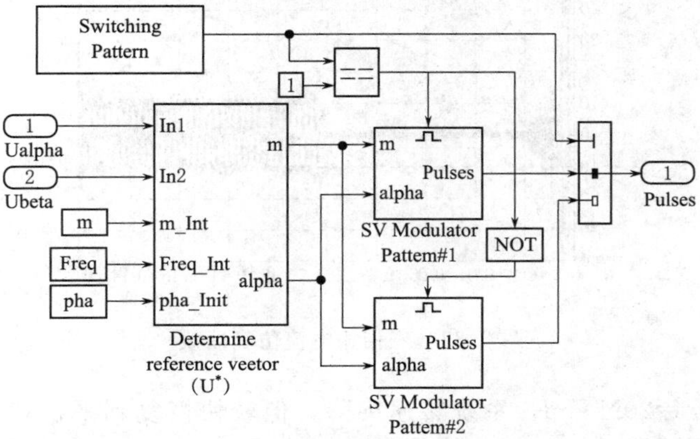

(a) SVPWM 整体模型

图 5.29（一） SVPWM 调制发生器模块

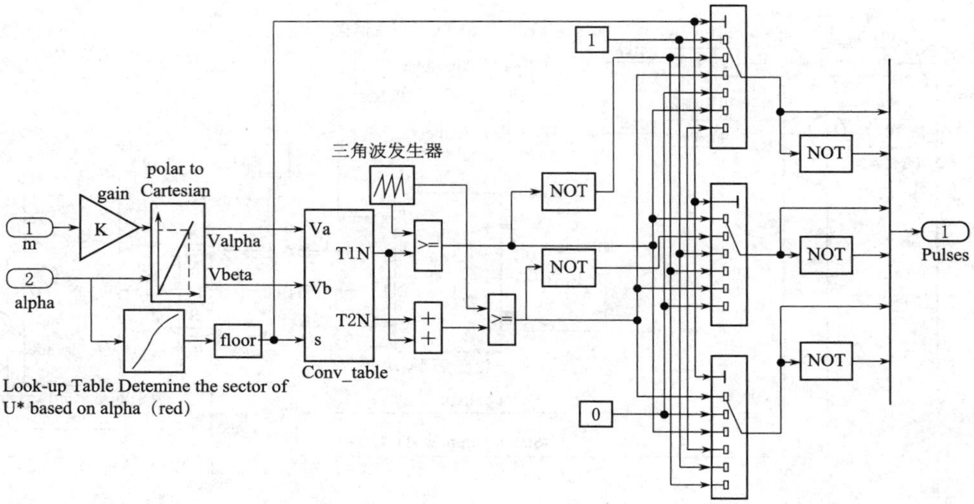

（b）SVPWM 波形生成模块

图 5.29（二）　SVPWM 调制发生器模块

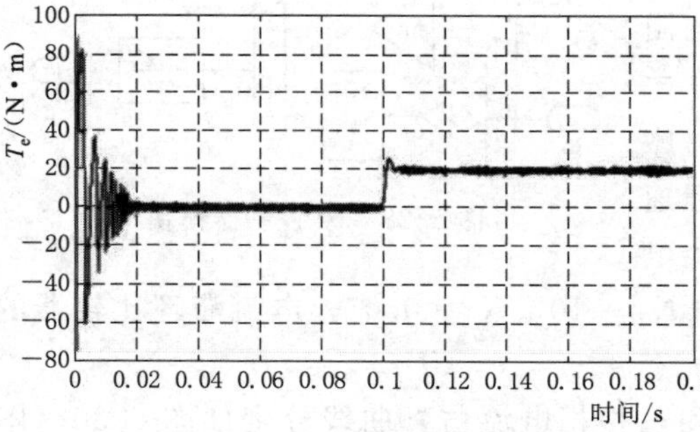

图 5.30　转矩响应仿真曲线

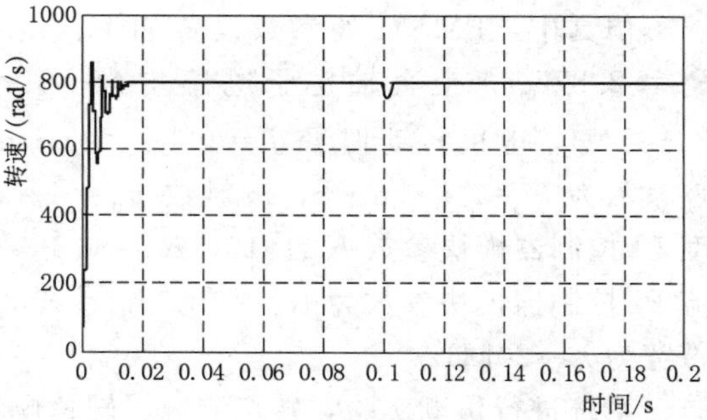

图 5.31　转速响应仿真曲线

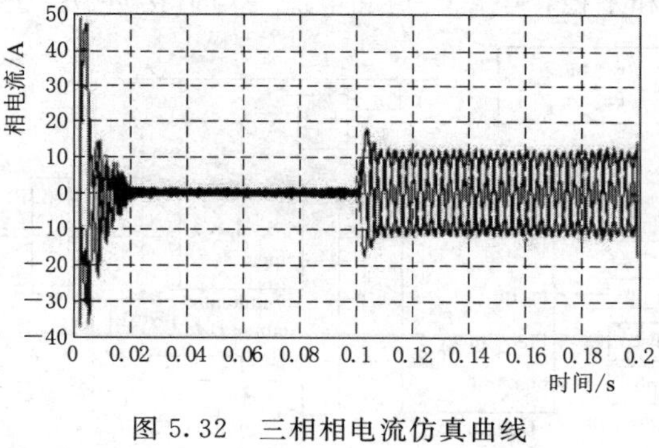

图 5.32　三相相电流仿真曲线

时突加负载转矩 T_L =20N·m，系统转速突降，但较快恢复到平稳状态，系统稳态无静差。由以上分析可以看出，对于 i_d =0 下 PMSM 矢量控制，转矩的变化主要取决于交流电流，能快速准确地控制转矩，且调速系统具有较好的动态性能。

第 6 章　永磁同步电机直接转矩控制及无速度传感器技术

PMSM 控制本质上是对电机转矩的控制，矢量控制主要通过对电机直交轴电流的控制来间接控制转矩，实现过程中要求严格的磁场定向。而直接转矩控制（DTC）则是将电机和逆变器作为一个整体，直接以转矩为控制对象，通过优选的空间电压矢量实现对电机转矩的直接控制。目前，基于 DTC 控制的 PMSM 控制技术已得到迅速发展，并应用到实际工业控制系统中。

6.1　直接转矩控制原理

DTC 所需电压矢量必须由逆变器产生，在第 2 章详细介绍了逆变器电压空间矢量的概念，在此基础上本节阐述永磁同步电机 DTC 控制原理。

6.1.1　转矩偏差与转矩角偏差

在 dq 坐标系下，重写 PMSM 的转矩方程［式（5.40)］，即

$$T_e=\frac{3p_n}{2L_dL_q}\left[\psi_f\psi_sL_q\sin\delta_{sr}+\frac{1}{2}(L_d-L_q)\psi_s^2\sin2\delta_{sr}\right] \tag{6.1}$$

从式（6.1）可知，当电机参数确定后，只要保证定子磁链 ψ_s 为恒定值，可以通过改变转矩角 δ_{sr} 控制电机 T_e 大小，实现对转矩的快速控制，这是 PMSM 的 DTC 控制基本原理。

对于表面式 PMSM，由于 $L_d=L_q=L_s$，式（6.1）的第二项为零，转矩方程式为式（5.41)。图 6.1 是内置式和表面式永磁同步电机 DTC 的矢量表示图。

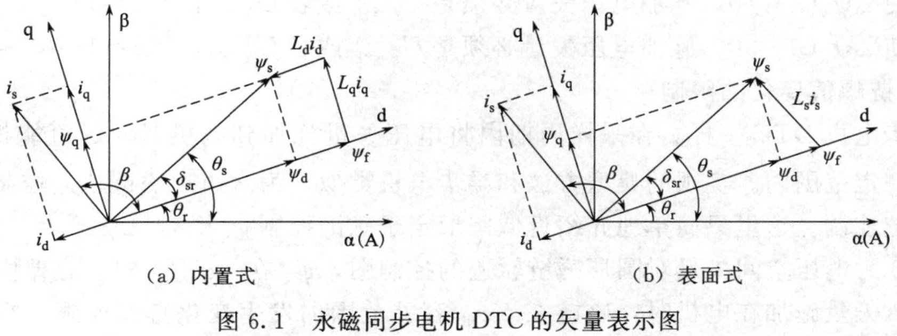

图 6.1　永磁同步电机 DTC 的矢量表示图

6.1.2　磁链偏差与电压空间矢量的关系

在 ABC 坐标系中，将定子电压方程［式（5.3)］写为

$$\boldsymbol{\psi}_s = \int (\boldsymbol{u}_s - R\boldsymbol{i}_s)\mathrm{d}t \tag{6.2}$$

在忽略定子电阻压降，$\boldsymbol{\psi}_s$ 的增量可近似表示为

$$\Delta\boldsymbol{\psi}_s \approx \boldsymbol{u}_s \Delta t \tag{6.3}$$

即在 $\boldsymbol{u}_s$ 作用很短时间内，$\boldsymbol{\psi}_s$ 的增量 $\Delta\boldsymbol{\psi}_s$ 等于 $\boldsymbol{u}_s$ 和 Δt 的乘积，$\Delta\boldsymbol{\psi}_s$ 的运动方向与 $\boldsymbol{u}_s$ 的运动方向一致，即 $\boldsymbol{\psi}_s$ 轨迹变化的方向与 $\boldsymbol{u}_s$ 的方向基本一致，$\boldsymbol{\psi}_s$ 轨迹变化速率近似等于 $\boldsymbol{u}_s$ 的幅值 $|\boldsymbol{u}_s|$。设 $\boldsymbol{\psi}_s$ 可表示如下：

$$\boldsymbol{\psi}_s = |\boldsymbol{\psi}_s| \mathrm{e}^{\mathrm{j}\theta_s} \tag{6.4}$$

其中

$$\theta_s = \int \omega_s \mathrm{d}t$$

式中：θ_s 为定子磁链位置角（$\boldsymbol{\psi}_s$ 和 A 轴夹角）；ω_s 为 $\boldsymbol{\psi}_s$ 的同步旋转速度。

如果忽略电阻压降影响，将式（6.4）代入式（5.3）中，得

$$\boldsymbol{u}_s = \frac{d\,|\boldsymbol{\psi}_s|}{\mathrm{d}t}\mathrm{e}^{\mathrm{j}\theta_s} + \mathrm{j}\,|\boldsymbol{\psi}_s|\,\omega_s = \boldsymbol{u}_{s1} + \boldsymbol{u}_{s2} \tag{6.5}$$

可以看出，式（6.5）第一项电动势 $\boldsymbol{u}_{s1}$ 作用方向与 $\boldsymbol{\psi}_s$ 一致或反向，其仅改变了 $\boldsymbol{\psi}_s$ 的幅值而不改变 $\boldsymbol{\psi}_s$ 的相位，因此通过控制 $\boldsymbol{u}_{s1}$ 可以控制 $\boldsymbol{\psi}_s$ 的幅值；第二项电动势 $\boldsymbol{u}_{s2}$ 作用方向与 $\boldsymbol{\psi}_s$ 垂直，其仅改变了 $\boldsymbol{\psi}_s$ 的相位而不改变 $\boldsymbol{\psi}_s$ 的幅值，因此通过控制 $\boldsymbol{u}_{s2}$ 可以控制 $\boldsymbol{\psi}_s$ 的旋转速度 ω_s。这与第 4 章异步电机 DTC 性质一样，也是 DTC 具有快速性的原因之一。图 6.2 是定子电压矢量作用与磁链矢量轨迹变化图。

6.1.3　直接转矩控制的黄金法则

和异步电机转矩控制一样，永磁电机 DTC 控制的黄金法则也是要保持电压矢量始终垂直于 $\Delta\boldsymbol{\psi}_s(k)$，是获得最快 $\Delta\boldsymbol{\psi}_s(k)$旋转最合适的方式，如图 6.2 所示。转矩的动态取决于定子磁链相对于磁体磁链矢量的旋转速度。要获得快速的转矩响应，应尽快改变转矩角 δ_{sr}。

逆变器只能产生 6 个非零电压矢量，但通常不垂直于 $\Delta\boldsymbol{\psi}_s(k)$。因此作为快速响应的条件，如何在每一个开关周期内找到最佳的电压矢量尽可能与 $\Delta\boldsymbol{\psi}_s(k)$垂直至关重要。和 4.4.4 节异步电机 DTC 控制一样，将磁链等分为 6 个扇区和 8 个开关矢量，可以推出 6 个扇区使 $\Delta\boldsymbol{\psi}_s(k)$或转矩增加或减小的电压矢量，如图 4.4 所示。该方法可以用以下方式表达：

为了使 $\Delta\boldsymbol{\psi}_s(k)>0$，施加电压矢量必须是 U_{k+1} 或者 U_{k+2}，$\forall k=1\sim6$

为了使 $\Delta\boldsymbol{\psi}_s(k)<0$，施加电压矢量必须是 U_{k-1} 或者 U_{k-2}，$\forall k=1\sim6$

6.1.4　磁链幅值变化的限制

和异步电机 DTC 一样，在采样周期内将电压矢量施加到电机时，尽可能把 $\boldsymbol{\psi}_s$ 的幅值限制在一定范围内。实现的典型方法和异步电机类似，为六边形磁链轨迹控制和近似圆形定子磁链控制。这里只简单地介绍近似圆形定子磁链控制。

图 6.3 为电压空间矢量对圆形磁链轨迹的控制图，$\boldsymbol{\psi}_s$ 在 $-\varepsilon_m$、$+\varepsilon_m$ 容差内的磁链轨迹。当电压矢量施加在电机时，磁链在 $\pm\varepsilon_m$ 容差范围内发生变化直到极限。当磁链达到磁链带极限时，逆变器会自动切换施加的电压。图 6.3 显示了根据 4.1.4 节方法在不同开关情况下将电压矢量连续施加到电机上。这种方法磁链矢量转得很快，而其幅值被限制在磁链带内。

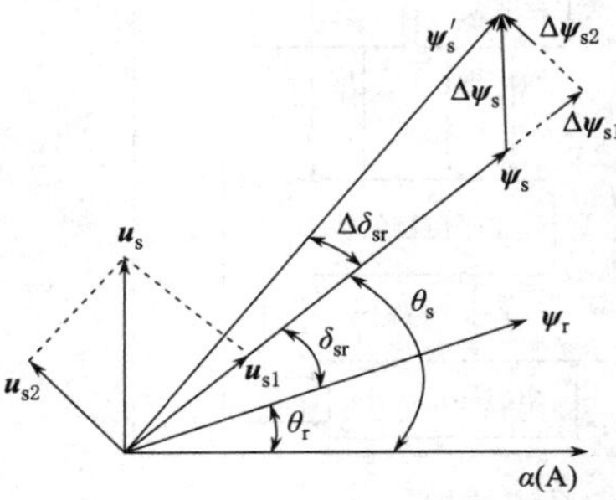

图 6.2 定子电压矢量作用与磁链矢量轨迹变化

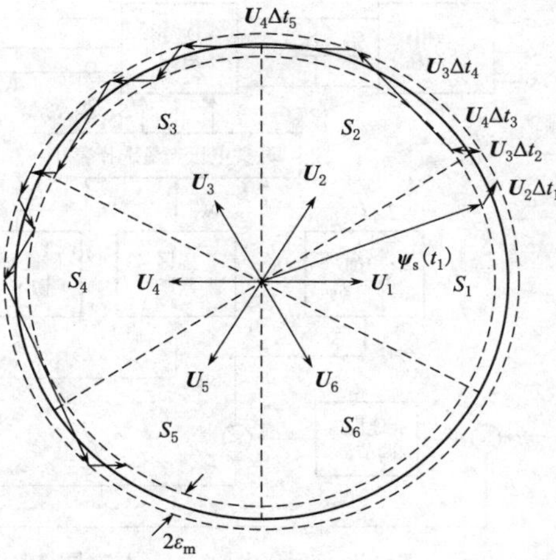

图 6.3 DTC 中的磁链带和连续电压矢量

6.2 基本直接转矩控制系统

6.2.1 直接转矩控制系统

图 6.4 是永磁同步电机基本 DTC 系统结构图。DTC 方法的实施流程为：在每一控制周期内，首先将角速度给定值 ω_r^* 与实际值 ω_r 进行比较，经过速度 PI 调节器输出电磁转矩给定值 $T_e{}^*$。其次将转矩给定值 $T_e{}^*$ 和实际值 T_e 进行比较，经过转矩滞环比较器得到转矩控制信号 T_Q，作为开关电压矢量选择表的一个输入；将定子磁链给定值 $\boldsymbol{\psi}_s{}^*$ 与计算得到的实际值 $\boldsymbol{\psi}_s$ 进行比较，偏差通过磁链滞环比较器输出得到磁链控制信号 ψ_Q，作为开关电压矢量选择表的第二个输入；利用定子磁链分量 ψ_α 和 ψ_β 计算 $\boldsymbol{\psi}_s$ 所在的区间信号 S_N，作为开关电压矢量选择表的第三个输入。最后，开关电压矢量选择表根据三个输入量选择合适开关矢量 S_a、S_b 和 S_c，控制逆变器功率开关器件的通断。从而保证电机磁链能在给定值附近变化，同时使得电机输出转矩能够快速跟随给定值变化，获得高动态性能。

磁链和转矩滞环比较器规定了一个磁链圆环形误差带和一个转矩的误差区间。这里的磁链滞环调节器如图 4.7 所示；转矩滞环控制器采用三段式，如图 4.8 所示。DTC 就是根据滞环比较器的输出信号和磁链空间位置，利用开关电压矢量表来选择合适的空间电压矢量，见表 6.1，使得通过控制逆变器的开关状态来强迫定子磁链矢量和转矩不超出各自的误差范围，从而达到控制电机的目的。但与异步电机不同的是，在异步电机的控制中，零电压矢量加入可以迅速改变转差频率，使转矩为负；而在永磁同步电机控制中，无转差概念，转矩只与转矩角 δ_{sr} 有关，当施加零电压矢量时，δ_{sr} 近似不变，转矩基本保持不变（略有减小）。因此，可利用零电压矢量来保持转矩基本不变。

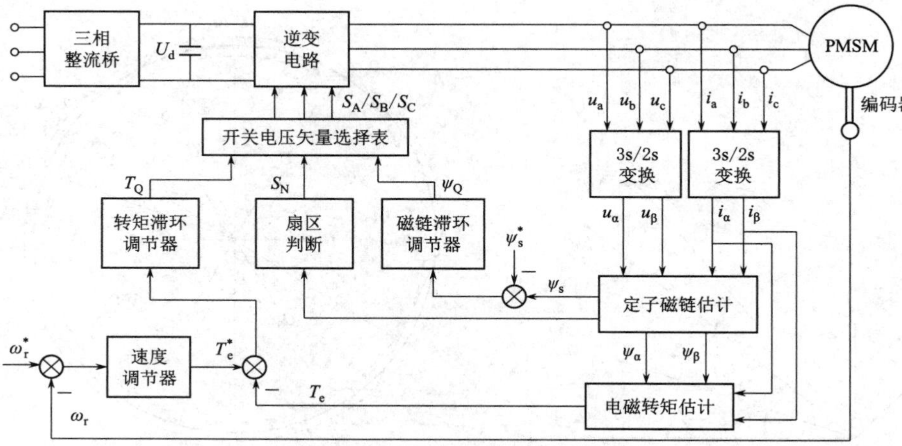

图 6.4　永磁同步电机基本 DTC 系统结构

表 6.1　　　　**开关电压矢量选择表**

ψ_Q	T_Q	磁链扇区划分					
		S_1	S_2	S_3	S_4	S_5	S_6
1	1	$\boldsymbol{U}_5$	$\boldsymbol{U}_6$	$\boldsymbol{U}_1$	$\boldsymbol{U}_2$	$\boldsymbol{U}_3$	$\boldsymbol{U}_4$
	0	$\boldsymbol{U}_0/\boldsymbol{U}_7$	$\boldsymbol{U}_0/\boldsymbol{U}_7$	$\boldsymbol{U}_0/\boldsymbol{U}_7$	$\boldsymbol{U}_0/\boldsymbol{U}_7$	$\boldsymbol{U}_0/\boldsymbol{U}_7$	$\boldsymbol{U}_0/\boldsymbol{U}_7$
	−1	$\boldsymbol{U}_3$	$\boldsymbol{U}_4$	$\boldsymbol{U}_5$	$\boldsymbol{U}_6$	$\boldsymbol{U}_1$	$\boldsymbol{U}_2$
−1	1	$\boldsymbol{U}_6$	$\boldsymbol{U}_1$	$\boldsymbol{U}_2$	$\boldsymbol{U}_3$	$\boldsymbol{U}_4$	$\boldsymbol{U}_5$
	0	$\boldsymbol{U}_0/\boldsymbol{U}_7$	$\boldsymbol{U}_0/\boldsymbol{U}_7$	$\boldsymbol{U}_0/\boldsymbol{U}_7$	$\boldsymbol{U}_0/\boldsymbol{U}_7$	$\boldsymbol{U}_0/\boldsymbol{U}_7$	$\boldsymbol{U}_0/\boldsymbol{U}_7$
	−1	$\boldsymbol{U}_2$	$\boldsymbol{U}_3$	$\boldsymbol{U}_4$	$\boldsymbol{U}_5$	$\boldsymbol{U}_6$	$\boldsymbol{U}_1$

6.2.2　磁链和转矩估计

在 DTC 中，定子磁链 ψ_s 是由定子电压、定子电流和转速的检测值以及电机的参数通过估算而得到的。通常定子磁链的估算有电压模型法（$u-i$ 模型法）、电流模型法（$i-n$ 模型）和组合模型法（$u-n$）模型三种方法。在进行估算前，电机定子侧的电流信号和电压信号经过 3s/2s 变换进行变换，将 ABC 坐标系变换到 αβ 坐标系。

（1）磁链估计的电压模型法。在 αβ 坐标系中，式（6.1）的 $\boldsymbol{\psi}_s$ 可用两个分量（ψ_α 和 ψ_β）来估计它的幅值和空间相位，即

$$\begin{cases}\psi_\alpha = \int (u_\alpha - R_s i_\alpha)\mathrm{d}t \\ \psi_\beta = \int (u_\beta - R_s i_\beta)\mathrm{d}t\end{cases} \tag{6.6}$$

$$\begin{cases}|\boldsymbol{\psi}_s| = \sqrt{\psi_\alpha^2 + \psi_\beta^2} \\ \theta_s = \arctan \dfrac{\psi_\beta}{\psi_\alpha}\end{cases} \tag{6.7}$$

图 6.5 为定子磁链的电压模型结构图。该方法实现简单，但由于积分存在，使得存在

误差积累和直流温漂问题，在电机低速运行时十分突出。同时，在低速时定子电阻压降将占主导地位，因此定子电阻参数变化对积分结果影响很大。

（2）磁链估计的电流模型法。利用式（5.35）估计ψ_d和ψ_q，通过旋转坐标变换得到在αβ坐标系中两个分量ψ_α和ψ_β。可以看出，与电压模型法相比，电流模型法不受定子电阻变化的影响，但需要实时测量转子位置θ_r，同时其精度受到电机内部参数L_d、L_q和ψ_f的影响，必要时需要实时辨识这些参数。

在实际控制系统中，电压模型和电流模型法可以一起使用，电压模型法适用于高速段的定子磁链估算，在低速时利用电流模型法进行修正，作为一个全速域的定子磁链估计模型。

（3）转矩估计模型法。在αβ坐标系下，由式（5.38）得到电磁转矩估计为

$$T_e=\frac{3}{2}p_n\boldsymbol{\psi}_s\times\boldsymbol{i}_s=\frac{3}{2}p_n(i_\beta\psi_\alpha-i_\alpha\psi_\beta) \tag{6.8}$$

转矩估计模型如图6.6所示。

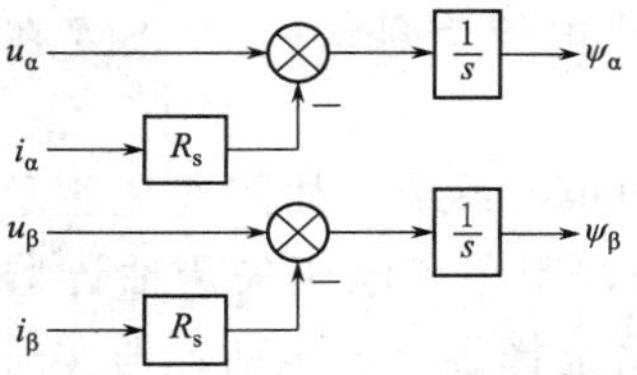

图6.5 定子磁链的电压模型结构

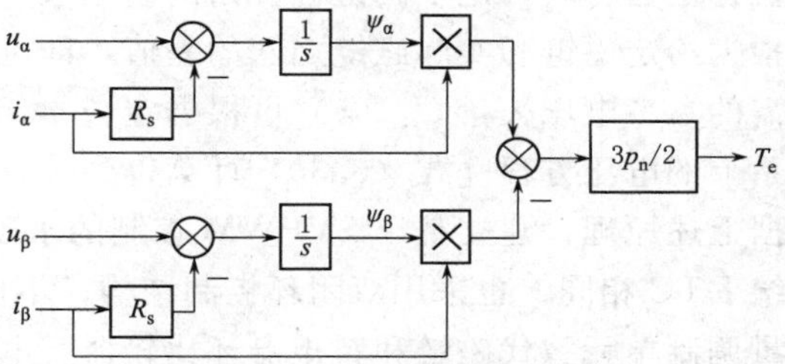

图6.6 转矩估计模型

6.2.3 基于空间电压脉宽调制的直接转矩控制系统

在永磁同步电机传统DTC系统中，采用滞环比较器控制存在明显的缺陷，逆变器的开关频率受滞环宽度、转速及负载等诸多因素的影响，导致开关频率不稳定。同时，由于传统DTC中只有8种电压矢量和6个扇区，随着定子磁链在扇区内位置的变化，电压矢量对磁链和转矩的作用不均衡的。目前也提出了增加电压空间矢量，更精细地划分扇区等方法，但是合成得到的空间电压矢量数和细分得到的扇区数终究是有限的；每个采样周期内所施加的空间矢量都很难恰好补偿磁链和转矩误差，因而磁链和转矩脉动的抑制效果也受到影响。同时，从图6.3中可以看出，需要经过多个T_s才能获得需要的磁链角速度$\bar{\omega}_\psi$。当电机低速时，定子磁链变化频率不变（和高速时一致），但系统需要较小定子频率，所以产生较大转矩脉动，形成了低频转矩脉动。因此，需要研究如何利用有限的基本电压矢量合成更多的空间电压矢量，从而增加对电机磁链和转矩的控制精度，达到降低磁链和转矩脉动的目的和使逆变器获得固定开关频率。将SVPWM技术引入到DTC系统中，利用有效电压矢量和零矢量合成出无数个空间电压矢量，同时也将整个定子磁链平面空间分成了无数个扇区。SVPWM技术的基本思路是根据定子磁链和电磁转矩控制要求，利用SVPWM技术合成一个可精确补偿磁链和转矩误差的最佳空间电压矢量，最终达到降低磁链和转矩脉动的目的。此外，由于使用了SVPWM技术，使得逆变器功率器件可实现恒定频率导通和关断。

SVPWM 的输入为参考电压矢量，经过扇区判断、矢量作用时间计算和开关切换点分配等过程，最终输出 PWM 波形，控制逆变器功率器件的通断。参考电压矢量可由两个相邻的非零矢量和零矢量合成，原理图如图 5.25 所示，扇区判断、矢量作用时间计算和开关切换点分配等实现方法在 5.5.2 节已详细阐述，本节不再赘述。

直接转矩控制是通过磁链和转矩闭环实现对电磁转矩的直接控制，因此，如何根据两者的误差来得到所需空间电压矢量的精确幅值和相位就成为 SVPWM 技术的关键问题。

由式（6.1）可以看出，当定子磁链幅值一定时，可根据电磁转矩变化量确定负载角变化量，这里通过 PI 转矩调节器实现，即转矩误差 ΔT_e 经过 PI 调节器后产生所需的负载角变化量 $\Delta\delta_{sr}$。由负载角定义可知，负载角的变化和定子磁链角度的变化有关，得到负载角变化量 $\Delta\delta_{sr}$ 也就相应得到控制周期内定子磁链矢量所要转过的角度。因此，根据转矩和磁链幅值误差来确定电压矢量，就可归结为根据定子磁链误差矢量来确定所要合成的参考电压矢量。

电机稳定运行时，定子磁链位置角的参考值 $\theta_s{}^*$ 可由实际值 θ_s 和负载角偏差 $\Delta\delta_{sr}$ 得到。再根据给定磁链和实际磁链之间的差值，即可计算出定子磁链误差矢量，补偿该误差矢量所需的参考电压矢量 U_s（k）可根据定子电阻和定子电流信息，由 PMSM 在两相静止坐标系上的电压方程［式（5.30）］计算得到。

根据上述原理，建立基于 SVPWM 控制的永磁电机 DTC 系统，如图 6.7 所示。该系统与传统 DTC 相同，也采用双闭环控制结构；不同的是，用参考电压矢量估计器和空间电压矢量调制单元替代磁链和转矩滞环比较器及电压矢量选择表。电压估计器实时地根据磁链和转矩误差及磁链位置角信息确定出满足磁链和转矩控制要求的定子电压矢量，再经过空间电压矢量调制单元输出相应的 PWM 波，控制逆变器和电机的运行状态。在本系统中，定子磁链矢量的幅值、角度和电磁转矩的计算都采用与传统 DTC 中相同的公式。

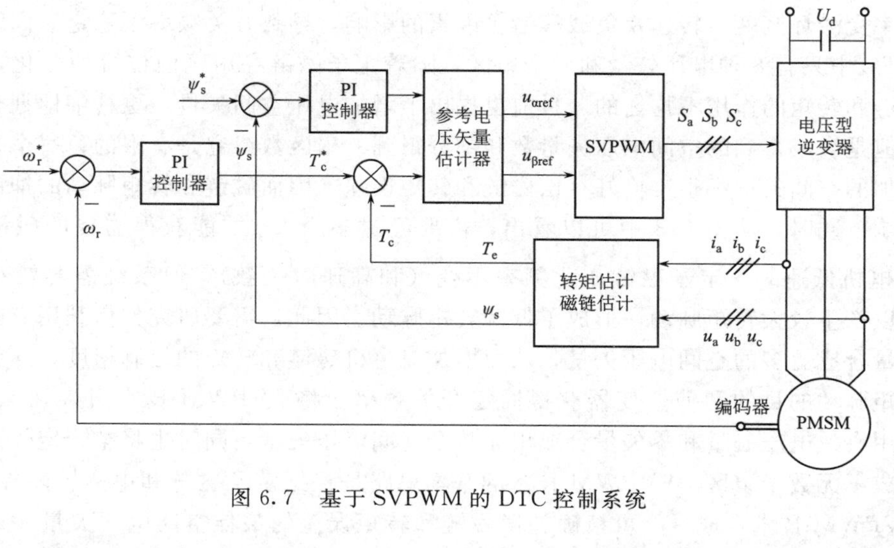

图 6.7　基于 SVPWM 的 DTC 控制系统

该方法利用磁场定向控制中的 SVPWM 技术，可以保持开关频率恒定，同时可以有效抑制转矩脉动。从电压空间矢量的细分优化上，在一个开关状态内，增加施加作用的电压空间矢量来补偿系统转矩、磁链误差，重构输出的电压矢量；由于使用了使逆变器输出幅值和方向均可调的任意电压矢量，以期磁链轨迹更接近于圆形，相对传统 DTC 方法的固定电压矢量而言，能更好地跟踪转矩和磁链给定值，从而既有效抑制转矩脉动。

6.2.4 最大转矩/电流控制

第 5 章介绍了在转子磁场定向矢量控制中，通过控制电流 i_d 和 i_q 实现 MTPA 控制。DTC 通过控制定子磁链和转矩无法直接控制电流 i_d 和 i_q。因此，本节介绍通过动态设定定子磁链的幅值，在 DTC 中实现 MTPA 控制，从而降低定子电流，减小定子损耗，提高电机效率。

对内置式永磁同步电机，由于存在凸极效应，可以根据式（5.57）和式（5.58）求出对应参考转矩 T_e^* 下的电流 i_d 和 i_q，再根据下式求出定子磁链的幅值，即

$$|\boldsymbol{\psi}_s|=\sqrt{(L_d i_d+\psi_f)^2+(L_q i_q)^2} \tag{6.9}$$

对应表面式永磁同步电机，当 $i_d=0$ 控制时，可实现 MTPA 控制。由于转矩方程为

$$T_e=\frac{3}{2}p_n\psi_f i_q \tag{6.10}$$

将上式代入式（6.9），得到定子磁链的幅值为

$$|\boldsymbol{\psi}_s|=\sqrt{\psi_f{}^2+(L_s i_q)^2}=\sqrt{\psi_f{}^2+L_s^2\left(\frac{T_e^*}{p_n\psi_f}\right)^2} \tag{6.11}$$

同样，在 DTC 控制中也可以实现其他控制，如单位功率因数控制、带 $i_d=0$ 控制的 DTC 控制和带无功转矩的 DTC 控制等，由于篇幅限制，本节不再介绍。

6.3 改善直接转矩控制低速性能的措施

6.3.1 传统直接转矩控制性能分析

传统 DTC 有很多优点，但也存在不足之处，主要归纳为下面几点。

1. 磁链、转矩脉动大

由磁链估计式（6.6）和转矩估计式（6.8）可知，磁链估计是否准确会影响电磁转矩的计算精度、滞环比较器的输出和磁链所在扇区的判断，进而影响空间电压矢量的选择，因此定子磁链的准确估计在直接转矩控制中至关重要，直接影响整个控制系统的性能。

式（6.6）通过对反电动势积分计算定子磁链，受积分器初始值、积分饱和、误差累积等因素的影响，导致计算出的定子磁链值偏离磁链真实值，最终导致施加给逆变器的空间电压矢量并非是能够补偿当前磁链和转矩误差的电压矢量，产生很大磁链和转矩脉动，引起电流畸变。传统 DTC 系统对磁链和转矩均采用离散的滞环比较器，是造成磁链和转矩脉动大的另一个主要原因。滞环比较器的实质是将磁链和转矩值控制在给定的滞环带宽内，磁链和转矩轨迹沿着滞环容差范围的上下限作往返振动运行。滞环比较器的带宽设定越大，磁链和转矩脉动越大，而减小带宽会使逆变器开关频率过高，增加开关损耗。此外，磁链和转矩误差（给定值一实际值）经滞环比较器输出数字信号或“1”，只能表示磁链（转矩）需要增加还是减小，不能给出所需改变的具体数值，因此，根据这两个数字信

号所选择的空间电压矢量只能对当前的磁链和转矩误差做定性地调节，并不能按照它们的实际误差值做精确的补偿，进一步加剧了磁链和转矩脉动。

在实际的数字化控制系统中，输出转矩脉动还受到系统采样周期大小的影响。系统采样周期的大小很大程度上决定了转矩波动的幅值；采样周期越小，输出转矩的波动越小，但系统的采样周期不可能无限减小，它受到硬软件性能等限制。

2. 逆变器开关频率不恒定

传统 DTC 中用滞环比较器和开关电压矢量选择表代替 SVPWM 控制技术，是造成开关频率不恒定的主要原因。规定一个定子磁链扇区为 60°电角度，所以可能在多个采样周期内，定子磁链所处的扇区号不变，如果此时磁链滞环比较器和转矩滞环比较器的输出信号也没有发生变化，那么这几个周期内电压矢量选择表保持输出同一个电压矢量，即功率开关器件的状态不发生变化，导致逆变器开关频率并不恒定，使得逆变器无法得到充分利用。

3. 低速时定子磁链估算精度低

低速时定子电阻压降增大，造成磁链波形畸变，用传统磁链估计法很难准确估计。下面针对表面式 PMSM，在一个恒定的采样周期 T_s 内分析转矩变化。

在 dq 坐标系下，由式（5.34）可知定子电压矢量方程为

$$\boldsymbol{u}_s = R_s \boldsymbol{i}_s + p\boldsymbol{\psi}_s + j\omega_r \boldsymbol{\psi}_s \tag{6.12}$$

定子电流矢量为

$$\boldsymbol{i}_s = \frac{\boldsymbol{\psi}_s - \boldsymbol{\psi}_f}{L_s} \tag{6.13}$$

对式（6.12）进行离散化处理，在一个 T_s 周期内电压矢量 $\boldsymbol{u}_{s,k+1}$ 作用下产生的定子磁链矢量为

$$\boldsymbol{\psi}_{s,k+1} = \boldsymbol{\psi}_{s,k} + T_s \left\{ \boldsymbol{u}_{s,k+1} - \frac{R_s}{L_1}(\boldsymbol{\psi}_{s,k} - \boldsymbol{\psi}_f) - j\omega_r \boldsymbol{\psi}_{s,k} \right\} \tag{6.14}$$

将式（6.14）代入电机转矩［式（6.1）］中，得

$$T_{e,k+1} = \frac{3p_n}{2L_1} I_m |\boldsymbol{\psi}_{s,k+1} \boldsymbol{\psi}_f| = T_{e,k} + \Delta T_{e1} + \Delta T_{e2} + \Delta T_{e3} \tag{6.15}$$

式中：I_m 为复数的虚部，表示在 $t = kT_s$ 时刻电机的电磁转矩，其他三个分量是转矩在 $t =（k+1）T_s$ 时刻的增量，分别为

$$\begin{cases} \Delta T_{e1} = -T_s T_{e,k} R_s / L_s \\ \Delta T_{e2} = -T_s \omega_r T_{e,k} \cos\delta_{sr} / \sin\delta_{sr} \\ \Delta T_{e3} = K_1 T_s \psi_f u_q = K_1 T_s |\psi_f| |u_q| \sin\gamma_1 \end{cases} \tag{6.16}$$

$$K_1 = \frac{3p_n}{2L_s}$$

式中：γ_1 为定子电压矢量 $\boldsymbol{u}_{s,k+1}$ 超前转子磁链矢量 $\boldsymbol{\psi}_f$ 的夹角。

根据以上推导结果，可以深入分析影响永磁同步电机电磁转矩变换的原因具体如下：

（1）在电动控制下，转矩增量 ΔT_{e1} 和 ΔT_{e2} 是产生负转矩，ΔT_{e3} 是在 $\boldsymbol{u}_{s,k+1}$ 作用下产生正转矩。每一项都与电机内部参数有关，要求设计和精确估计这些参数。

(2) 三项转矩增量均与采样时间 T_s 有关，如果 T_s 越小，则转矩脉动越小。因此，在满足数字系统硬软件需求的情况下（如逆变器开关频率、系统散热条件、数字控制器运算速度和运算量等），尽量使 T_s 越小。

(3) 转子磁链对 ΔT_{e3} 有明显影响。定子磁链通过对 δ_{sr} 的作用直接影响 ΔT_{e2}，同时可以用来对系统运行效率进行优化。

(4) 转速 ω_r 变化会影响 ΔT_{e2} 和 ΔT_{e3} 两项。其中随着转速 ω_r 增加，ΔT_{e2} 将成比例下降；而对 ΔT_{e3} 项，在高速时 γ_1 不再是恒定值，将发生显著变化（减少），使得在 ΔT_{e3} 高速时对转矩贡献比低速小。

(5) 定子电压矢量对 ΔT_{e3} 产生直接影响。DTC 就是通过选取合适的电压矢量来产生希望的转矩。为此，下面详细地分析电压矢量对电机定子磁链和转矩的影响。

首先假设定子磁链的给定值为 $\boldsymbol{\psi}_s^*$，当忽略定子电阻影响时 $\boldsymbol{\psi}_s \approx \int \boldsymbol{u}_s \mathrm{d}t$，即定子磁链矢量短点运动的线速度 v_ψ 就是电压矢量的幅值，可表示为 $v_\psi = |\boldsymbol{u}_s|$。传统 DTC 有 6 个非零电压矢量和 2 个零电压矢量，交替作用于电机定子上。在非零电压矢量 $\boldsymbol{U}_4$ 和零电压矢量 $\boldsymbol{U}_0$ 作用下，图 6.8 是电机三种不同工况下电压矢量作用的示意图。

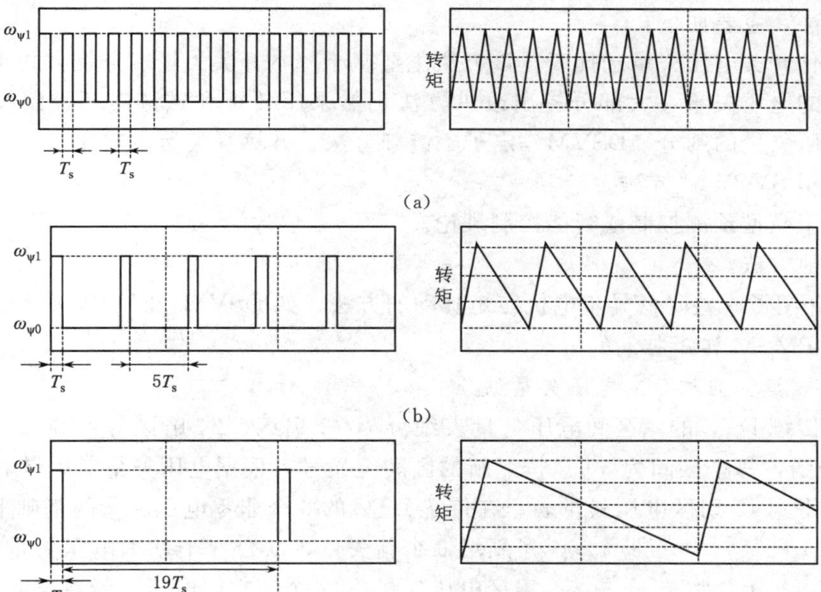

图 6.8 定子电压对磁链和转矩作用示意图

对于非零电压矢量 $\boldsymbol{U}_4$，有 $v_{\psi4} = |\boldsymbol{U}_4| = 2/3U_d$，磁链矢量瞬时角速度为 $\omega_{\psi4} = 2U_d/(3\psi_s^*)$；对于零电压矢量 $\boldsymbol{U}_0$，有 $v_{\psi0} = 0$，瞬时角速度为 $\omega_{\psi0} = 0$。在电机稳定时，定子磁链旋转平均角速度与转子旋转平均角速度相等。对于图 6.8 (a)，$\boldsymbol{U}_4$ 和 $\boldsymbol{U}_0$ 交替作用，此时平均角速度为 $\bar{\omega}_\psi = 0.5\omega_{\psi1}$，此时是转子转速为基速一半时的工况，电机转矩以较快速度上升和下降，转矩脉动较小。对于图 6.8 (b)，此时平均角速度为 $\bar{\omega}_\psi = 0.167\omega_{\psi1}$；随着

转子速度降低，在非零电压矢量作用下，在相同时间 T_s 内转矩角 δ_{sr} 将增加，使得电磁转矩在该时间段内增加较快；在下一个时段 T_s 内处于零电压矢量作用下，定子磁链基本不动，但由于转子速度降低，同样 δ_{sr} 将变小，使得转矩减少速度变慢。可以看出，图 6.8（b）与图 6.8（a）相比，需要经过多个零电压矢量后转矩才会下降到滞环调节器下限，转矩脉动增大。同理，图 6.8（c）的平均角速度下降更低，约为 $\bar{\omega}_{\psi}=0.05\omega_{\psi 1}$；在非零电压矢量作用下的 T_s 内，电磁转矩在该时间段内增加更快，在下一个时段需要插入更多零电压矢量，使得转矩脉动更大。同时，定子磁链波动也很大，使得电流中谐波增加和严重畸变。因此，在电机低速时，转矩脉动通过电机机械系统较大的惯性衰减后变为转速的波动，使得机械系统振动，对生产过程产生不利影响。

通过对前面分析可以看出，选择合理 T_s、不同开关电压矢量选择表、滞环调节器和宽度等，都会对 DTC 性能产生重要影响；同时在低速时提高直流电压 U_d，也会降低转矩脉动，当然这需要设计交-直-交主回路。

6.3.2　降低转矩脉动的措施

和异步电机降低 DTC 转矩脉动的措施一样，也提出了很多改进 PMSM 的 DTC 低速转矩脉动方法，主要如下：

（1）优化开关电压矢量选择表。该方法主要基于基本开关矢量表查询方式来确定控制周期中发出的电压矢量，大部分提出改进方法仍然采用转矩和磁链滞环控制技术。主要有：空间电压矢量的细分、DSVM、定子磁链细分法、计算零矢量占空比。

（2）采用 SVPWM 方法。

（3）基于模型预测控制或智能控制理论。

（4）其他方法。

4.3 节介绍了一些降低异步电机转矩脉动的方法，如 DSVM、SVPWM 方法，下面介绍几种降低 PMSM 转矩脉动的方法。

1. 空间磁链区间细分或电压矢量细分

可以将传统 DTC 的六区间电压矢量表细分为 12 扇区、24 扇区等。例如，图 6.9 是 12 扇区划分图，每个区间为 30°。按照新的区间定义号，根据电压矢量对磁链和转矩的作用效果从而得到 12 扇区电压矢量表。在传统 DTC 的 6 个非零电压矢量的基础上，还提出了新增 6 个新矢量，联合 6 个基本电压矢量得到 12 个扇区电压矢量，12 个新空间电压矢量在空间上相隔 30° 分布，幅值彼此相等且小于原 6 个基本电压矢量的幅值，如图 6.9 所示。该方法可更准确地选择电压矢量，每个电压的作用时间更短，控制更精确。

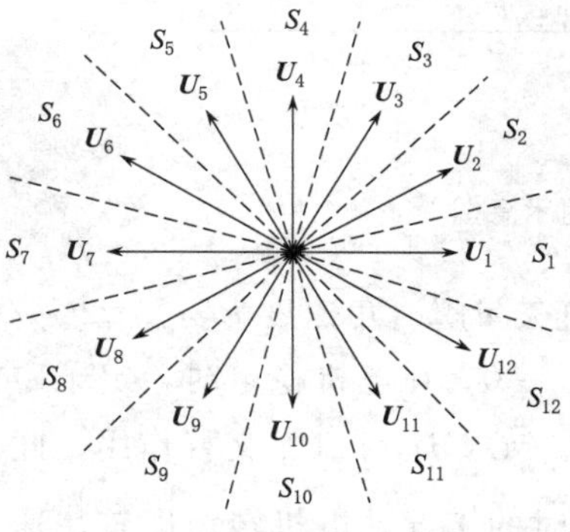

图 6.9　定子磁链 12 扇区划分图

2. 矩阵变换器

和第 4 章异步电机降低转矩脉动的措施一样，也可以采用矩阵变换器技术来降低转矩脉动。与传统交-直-交逆变器相比，矩阵变换器独特的拓扑结构可以提供更多电压空间矢量，所构成的永磁同步电机 DTC 控制系统可以实现功率因数近似为 1 的控制，而且可以实现转矩和电流同时控制，有效降低转矩脉动。图 6.10 是三相/三相矩阵变换器示意图，采用 9 个矩阵排列的四象限开关实现输出相到任意输入相电源的连接，具有电能双向传输的自然特性。图 6.11 是一种传统矩阵变换器的 DTC 系统，S_d 为矩阵变换器的传输矩阵，φ_1 是输入相电压矢量超前于输入电流矢量的角度，$C\varphi_1$ 表示＜$\sin\varphi_1$＞滞环比较器的输出，其中符号＜＞表示平均值。在三相/三相的矩阵变换器中，9 个双向功率开关管 $S_{Aa} \sim S_{Cc}$ 形成 27 种电压矢量，其中 21 种可以用于 DTC 策略中。在传统两电平逆变器直接转矩控制基础上建立了矩阵变换器开关表，通过对空间矢量的两次筛选来确定矩阵变换器开关状态。首先，根据转矩、磁链滞环比较器输出和定子磁链所在扇区从两电平逆变器开关表中选择一个虚拟矢量，完成第一次矢量筛选；然后再根据＜$\sin\varphi_1$＞滞环比较器输出和输入电压所在扇区从矩阵变换器开关表中选择与虚拟矢量同方向的矩阵变换器矢量，完成第二次矢量筛选。

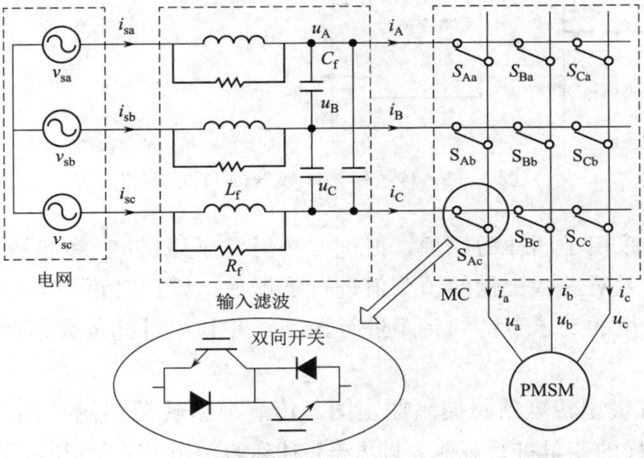

图 6.10　三相/三相矩阵变换器示意图

在传统矩阵变换器的 DTC 系统基础上，也提出了一些改进方法，解决输入电流质量差、转矩磁链波动减少和解决开频率不固定等问题。

3. 模型转矩预测控制

对于 PMSM 控制系统，模型预测控制（MPC）首先利用采样的变量，如电流、转子转速及电机的数学模型来计算定子磁链等变量。然后，利用电机模型来预测每个电压矢量对应的电机变量的变化趋势。最后，选择使目标函数最小的电压矢量使其在下一个采样时刻用于驱动电机。标准的 MPC 包括三个阶段：状态观测、预测及目标函数评估。而电机的数学模型是 MPC 中最重要的部分，因为变量的观测和预测都依赖于电机模型。和异步电机控制类似，PMSM 驱动的 MPC 策略可分为模型预测转矩控制和模型预测电流控制。这里简要介绍模型预测转矩控制，该方法具有恒定的开关频率并且可预测转矩波动，相比于传统的磁场定向 DTC，其转矩的稳定时间减小。

模型转矩预测控制的控制目标是电磁转矩和定子磁链幅。传统 PMSM 的 DTC 控制是通过选择合适的电压矢量序列来控制定子磁链，同时增加或减少转子和定子之间的夹角。

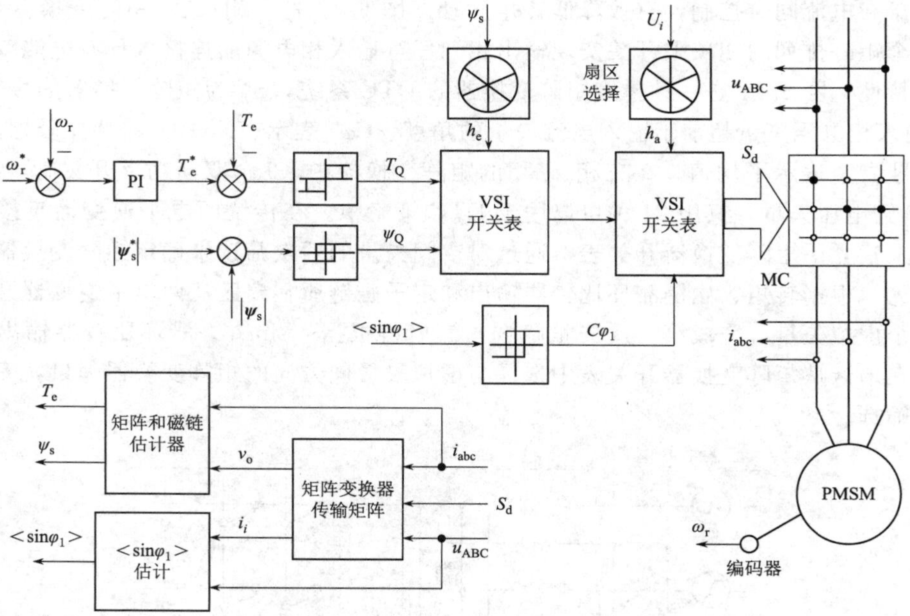

图 6.11　传统矩阵变换器的 DTC 系统

模型转矩预测控制采用了同样的原理，但该方法对定子磁链 ψ_s 和转矩的未来值进行了预测，并通过目标函数对这些变量的预测值进行了评估。模型转矩预测控制需要对每个可能的电压矢量对应产生的定子磁链和转矩进行预测，并利用目标函数选择使得跟踪误差最小的电压矢量。

图 6.12 是传统模型转矩预测控制原理图。传统模型转矩预测控制分为三个主要步骤：第一步，对无法采样的变量进行观测，即 $k+1$ 时刻的转矩 T_e^{k+1} 和定子磁链 $\boldsymbol{\psi}_s^{k+1}$。第二步，传统模型转矩预测控制将计算 $k+2$ 时刻的转矩预测值 T_e^{k+2} 和定子磁链预测值 $\boldsymbol{\psi}_s^{k+2}$。预测计算需要针对逆变器的每一个可能的电压矢量进行。例如采用两电平电压源逆变器驱动 PMSM，可以产生 8 种开关状态和 7 种不同的电压矢量。第三步，预测控制选择使目标函数最小的最优电压矢量，目标函数包含了转矩和定子磁链及其参考值 T_e^*、$|\boldsymbol{\psi}_s^*|$。

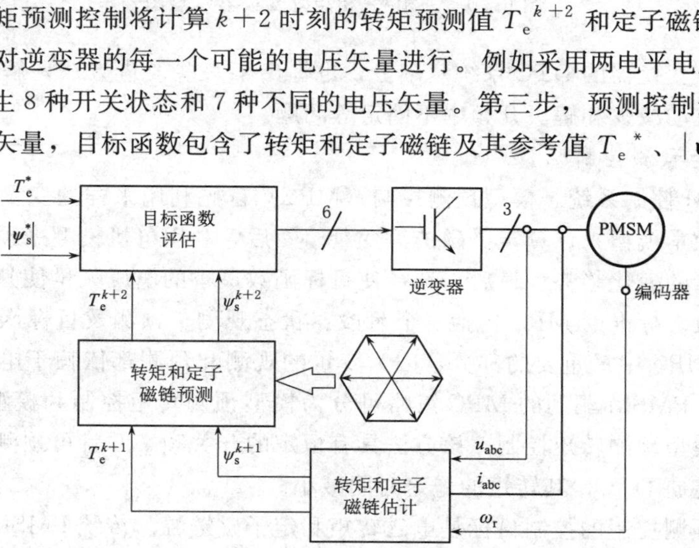

图 6.12　传统模型转矩预测控制原理图

6.4 永磁同步电机直接转矩控制系统仿真

本节利用 Simulink/PowerSystem 工具箱，以图 6.4 的典型永磁同步电机 DTC 调速系统为例开展仿真实验。仿真的永磁同步电机参数为：额定转速 $n_N=300rad/s$，转动惯量 $J=0.008kg \cdot m^2$，黏滞摩擦系数 $B=0$，每相电阻 $R_s=2.875\Omega$，交、直轴等效电感 $L_d=L_q=8.5mH$，给定的磁链幅值$\psi_f=0.175Wb$，极对数 $p_n=4$。电机给定转速为 300rad/s，母线直流电压为$U_d=310V$。

图 6.13 是 DTC 系统仿真模型结构图，由主电路和控制模块组成。主电路模型主要由逆变器模块、永磁同步电机和电机测量单元组成；其中永磁同步电机模型采用 Simulink 的工具箱建模，控制模块主要由速度环调节器模块（Speed Control）、磁链和转矩估计模块（Torque & Flux Calculator）、磁链和转矩滞环调节器、磁链扇区判断模块（Sectors）、电压矢量开关表选择模块（Switch Table）和 3s/2s 变换模块等组成。在图 6.13 中，三相逆变器产生交流电压，该电压信号（电力系统库中信号）通过信号转换模块转换为永磁同步电机模型（Simulink 库）需要的输入信号。

速度环 PI 调节器模型如图 6.14 所示。利用定子磁链电压模型法和转矩估计方法，建立了磁链和转矩估计器模型，如图 6.15 所示；其中 3s/2s 坐标变换模型如图 6.16 所示，同时求出磁链幅值和磁链位置角 $\theta_s=\arctan\frac{\psi_\beta}{\psi_\alpha}$，其中 θ_s 位于$-\pi\sim+\pi$之间。

磁链扇区分区模型（Sectors）如图 6.17 所示，用于判断磁链当前所处的扇区位置。该模型首先输入磁链位置度 θ_s，当 θ_s 为$-30°\sim30°$、$30°\sim90°$、$90°\sim150°$、$150°\sim180°$或$-180°\sim-150°$、$-150°\sim-90°$、$-90°\sim-30°$时，分别表示定子磁链矢量此时位于第 1、2、3、4、5、6 扇区中。模型输出为扇区数 $N=1\sim6$。

电压矢量开关表选择模型是根据磁链所在扇区数 N、磁链调节器输出 ψ_Q 和转矩调节器的输出 T_Q 求出系统输出电压矢量或者逆变器开关信号，如图 6.18 所示。这里设磁链调节器和转矩调节器采用图 4.8 的两段式比较器，但设置磁链 ψ_Q 和转矩 T_Q 输出两种状态为 1 和 0。开关电压矢量的选择可参考表 6.1，但去掉了零向量。

表 6.1 是一个三维表，为了简化该表，在图 6.18 中，通过设置变量 $m=2\psi_Q+T_Q$，把磁链ψ_Q 和转矩 T_Q 进行综合，得到 m 分别为 0、1、2、3，分别表示（ψ_Q、T_Q）的 4 种不同状态；再将该状态 m 和扇区数 N 输入到一个二维表［Lookup Table（2-D)］中，得到电压矢量的编号，然后通过查询三个一维表（Lookup Table）分别得到各自的三相开关信号。

电机仿真波形如图 6.19～图 6.23 所示。可以看出，磁链轨迹接近圆形旋转磁链；在空载下，动态速度响应较快并在 $t=0.072s$ 时到达稳定的目标转速 310rad/s，转矩以最大转矩起动并在 $t=0.072s$ 时到达稳定。

(1) 突加负载时电机运行分析。在负载转矩 $T_L=2N \cdot m$ 下电机起动，当 $t=0.15s$ 时负载转矩变为 $T_L=3N \cdot m$，转速、定子三相电流和转矩波形如图 6.21 所示。可以看出，当 $t=0.072s$ 时速度、定子三相电流和转矩到达稳定；突加转矩时，转速基本不变，定子三相电流和转矩较快响应，转矩最后稳定在 $3N \cdot m$。可以看出系统抗干扰性较好。

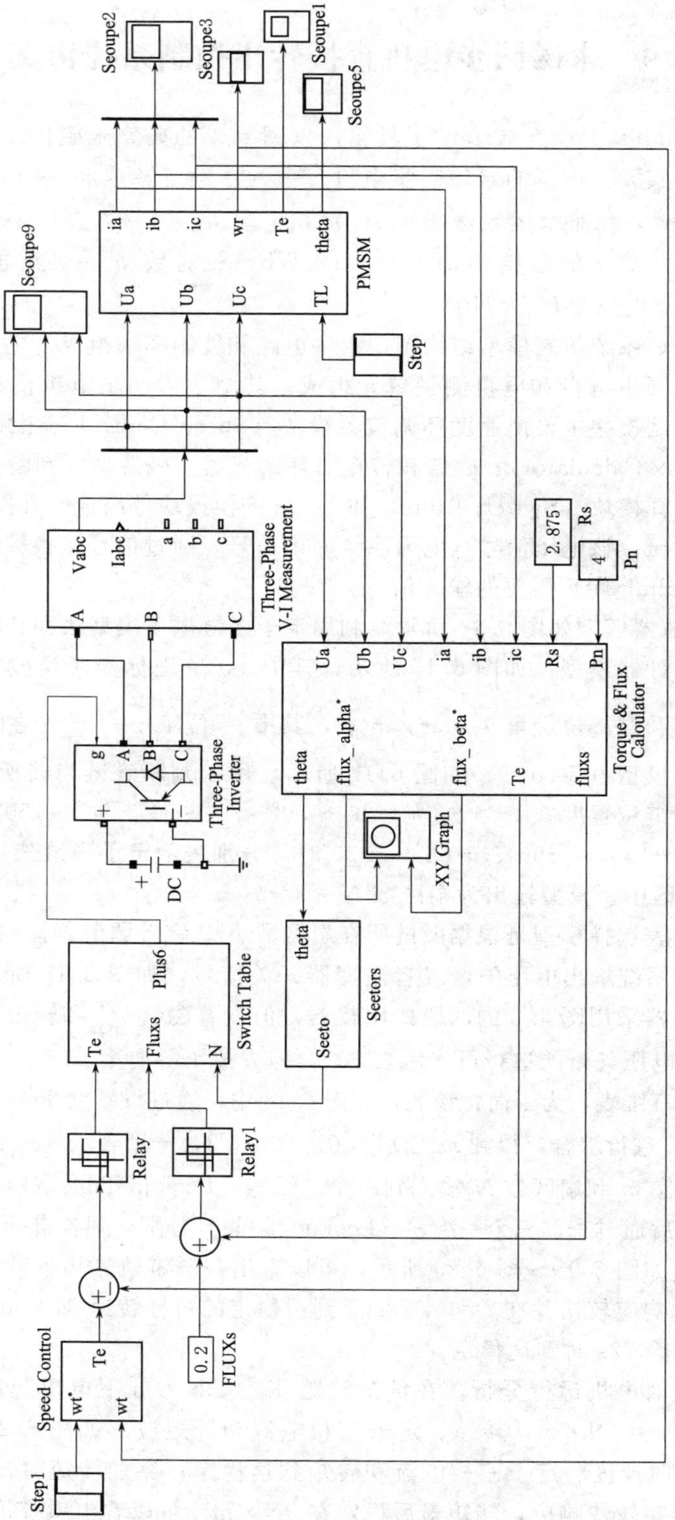

图 6.13　DTC 系统仿真模型结构图

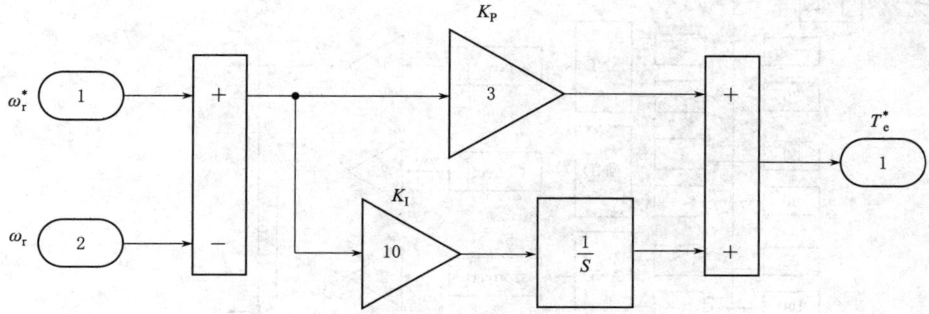

图 6.14 速度环 PI 调节器模块

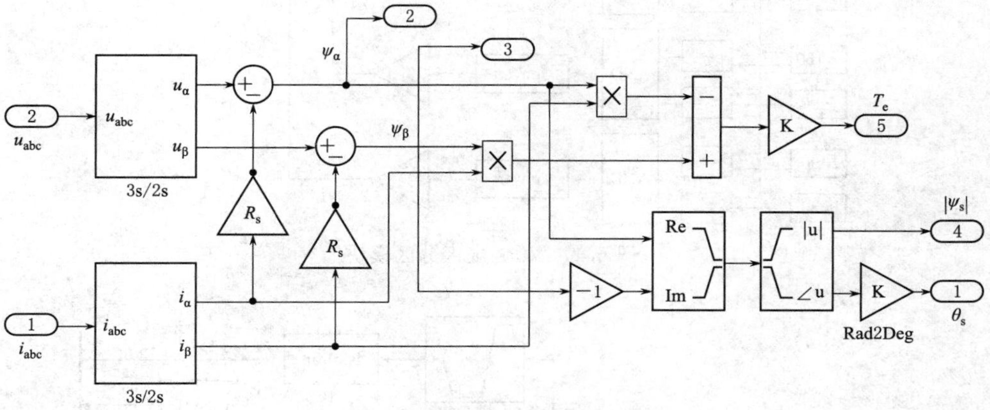

图 6.15 磁链和转矩估计器模块

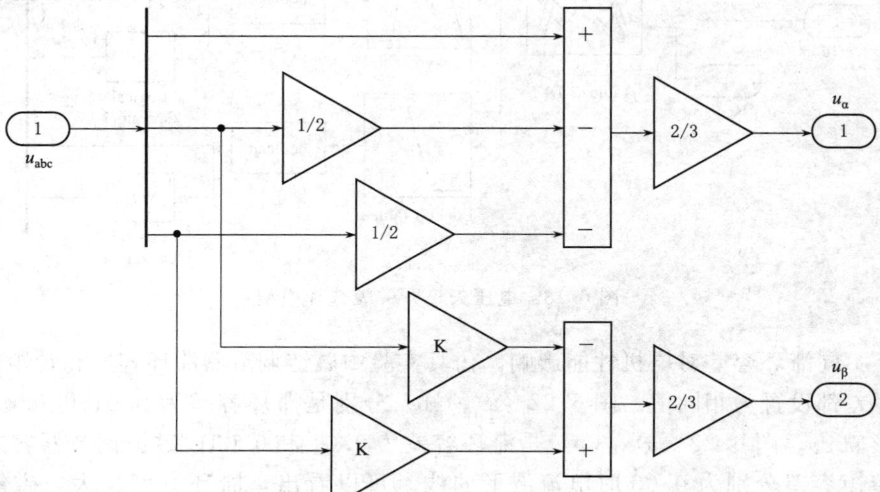

图 6.16 3s/2s 坐标变换模块

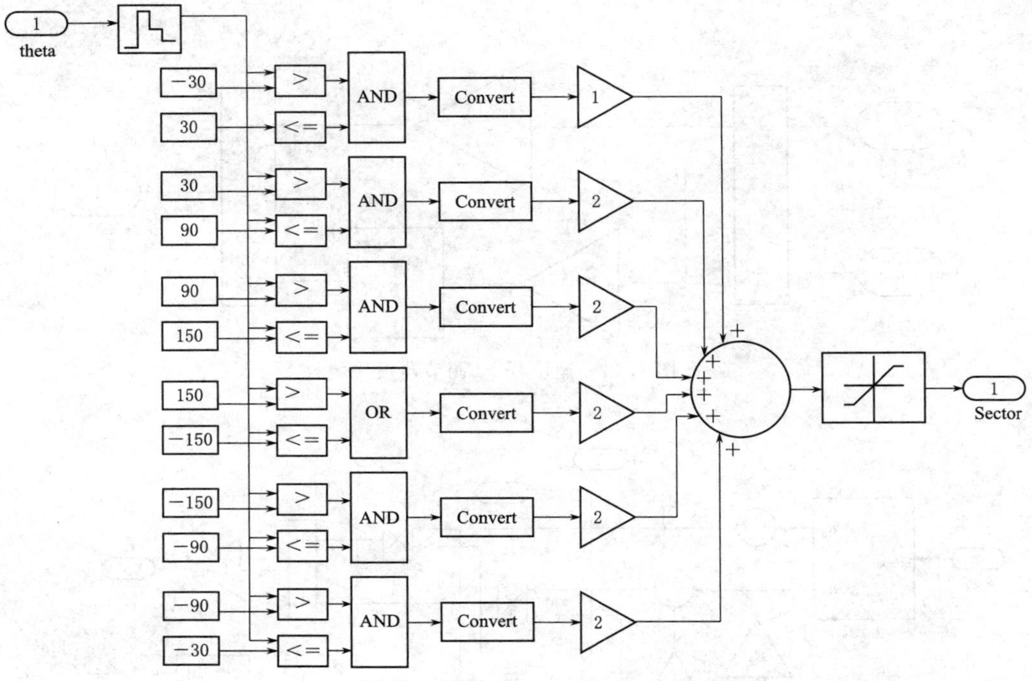

图 6.17　磁链扇区分区模块

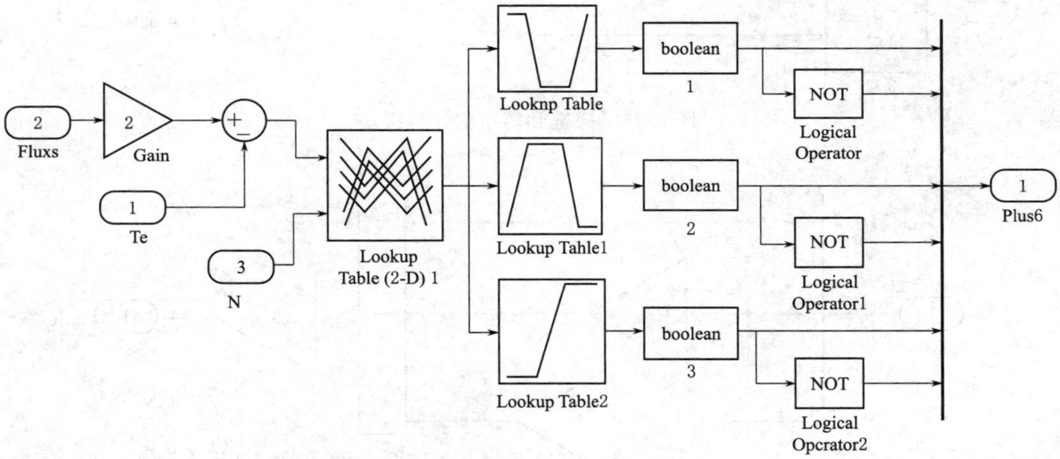

图 6.18　电压矢量开关表选择模型

（2）不同滞环容差对电机性能影响。仿真实验中磁链调节器滞环容差和转矩调节器转矩滞环容差都设置为相同值。图 6.22（a）、（b）分别是滞环容差为 0.01 和 0.03 时定子磁链圆形轨迹。图 6.23（a）、（b）是滞环容差为 0.01 和 0.03，磁链调节器容差和转矩调节器转矩容差分别为 0.03 时电流波形曲线。可以看出，滞环宽度越大，磁链幅值波动就越大，电机电流的谐波分量也会增加，可进一步通过定子电流谐波分析电流畸变情况。

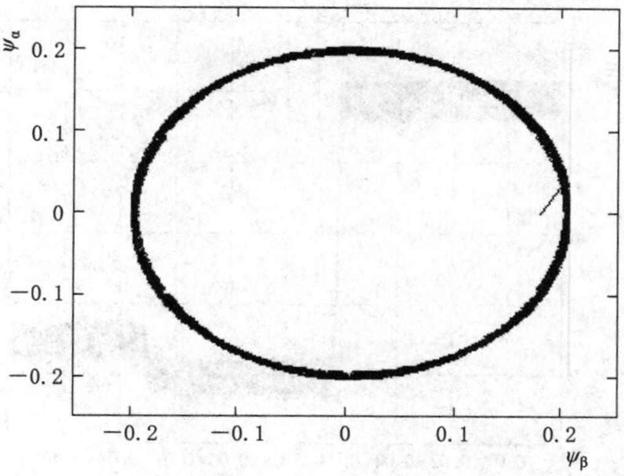

图 6.19　电机定子磁链圆形轨迹

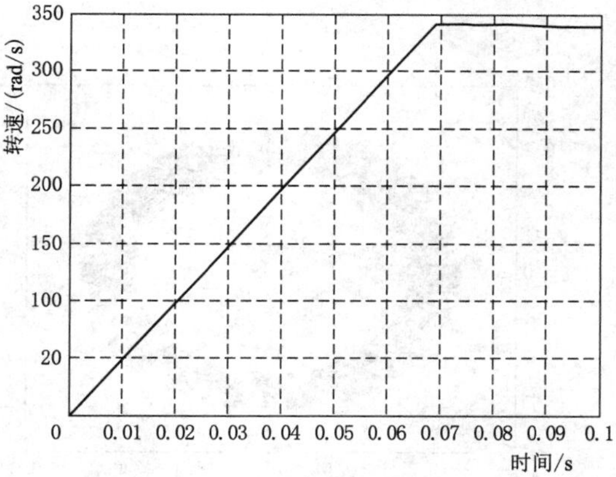

(a) 转速波形

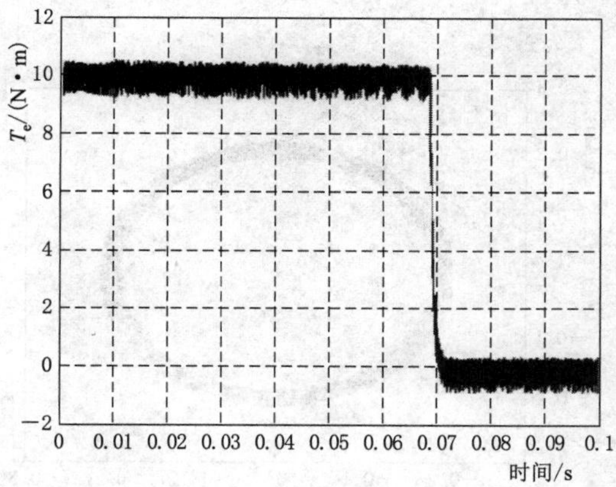

(b) 转矩波形

图 6.20　空载时电机转速和转矩的波形

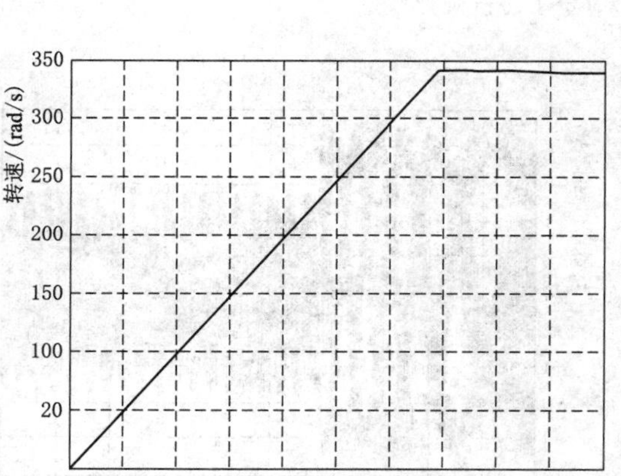

(a) 转速波形

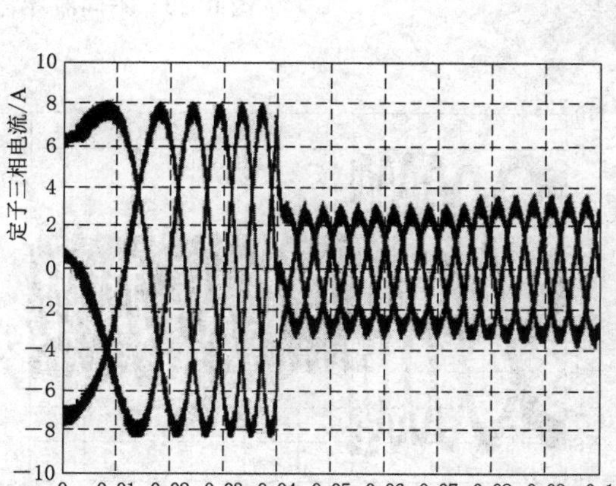

(b) 定子三相电流波形

图 6.21（一）　突加负载时转度、电流和转矩波形

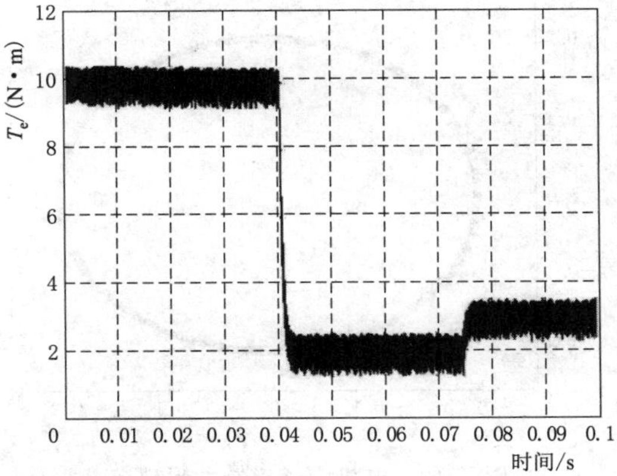

(c) 转矩波形

图 6.21（二）　突加负载时转度、电流和转矩波形

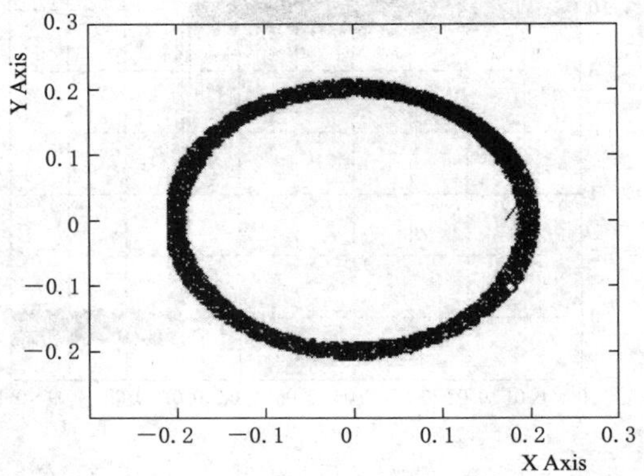

(a) 滞环容差为 0.01

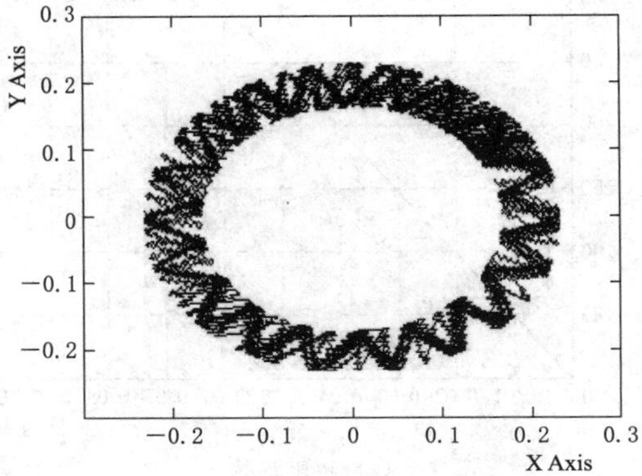

(b) 滞环容差为 0.03

图 6.22　不同滞环容差时定子磁链圆形轨迹

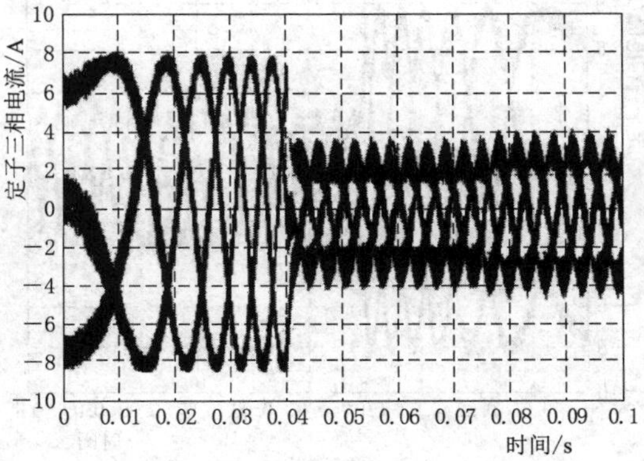

(a) 滞环容差为 0.01

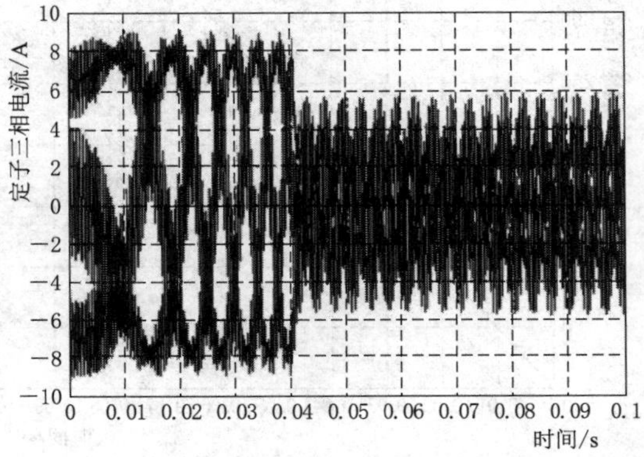

(b) 滞环容差为 0.03

图 6.23　不同滞环容差时电流波形

6.5 永磁同步电机无速度传感器技术

和异步电机无传感器控制一样，由于机械式传感器往往使得系统体积和重量增加，成本上升，因此限制了永磁同步电机在一些特殊场合的应用。为了克服这一缺陷，永磁同步电机无传感器控制技术成为电机控制领域的一个研究热点。

永磁同步电机的无传感器方法主要分为两类：①基于电机基频数学模型（反电动势或者磁链信息）的估计，即模型法，主要包括基于电机数学方程的直接计算法、模型参考自适应法、观测器法和人工智能算法等；②利用电机的凸极性估计，比较典型的方法有载波频率成分法、低频信号注入法和高频信号注入法。当电机在静止状态和低速运行时，由于电机内部微小的信号不足以检测到准确的转子位置和速度信息；因此，人们对高性能永磁同步电机无位置传感器控制技术的研究从来没有间断。

6.5.1 基于电机数学方程的直接计算法

这种方法属于开环估计方法，基本思想是通过检测电机电压和电流，并根据由电机的数学模型推导出的相关公式进行直接计算，从而得到电机的转子位置和转速。主要包括直接计算法、反电动势或定子磁链估算法以及基于电感变化的估计算法。

1. 直接计算法

通过检测电机端电压和电流，由电机电压与磁链方程直接计算出转子位置和转速。此算法相对简单，但对电机参数的依赖性太大，不能保证转子位置和速度估计值的精度。

2. 反电势估算法

在 $\alpha\beta$ 坐标系中，根据永磁同步电机的磁链方程［式（5.28）］和电压方程［式（5.30）］，可知定子反电动势为

$$\begin{cases} e_\alpha = -\omega_s \psi_f \sin\theta_r = u_\alpha - R_s i_\alpha - L_s \dfrac{di_\alpha}{dt} \\ e_\beta = \omega_s \psi_f \cos\theta_r = u_\beta - R_s i_\beta - L_s \dfrac{di_\beta}{dt} \end{cases} \tag{6.17}$$

根据上式，可以计算出转子位置角为

$$\theta_r = \arctan\frac{-e_\alpha}{e_\beta} = \frac{-u_\alpha + R_s i_\alpha + L_s \dfrac{di_\alpha}{dt}}{u_\beta - R_s i_\beta - L_s \dfrac{di_\beta}{dt}} \tag{6.18}$$

该方法简单、直接，且不会发生较大的延迟，系统的动态响应也比较快。但是由于对电机参数依赖较大，因此对外界因素引起的电机参数变化会非常敏感。同时，反正切运算本身也会给系统引入比较大的噪声干扰，所以这种方法往往比较容易引起较大的转速和转子位置检测误差，精确率相对较低。

3. 基于电感变化的估计算法

对于内嵌式和内置式永磁同步电机，定子电感大小随转子位置改变呈正弦变化，测量出电感值大小即可获知转子的位置。该方法适用于低速和零速时永磁同步电机无位置传感

器控制方法，其原理如图 6.24 所示。

以电机 A 相为例。对于两极电机，当忽略定子绕组漏互感的平均值 M_{a0}，则满足 $M_{s0}=\frac{1}{2}L_{aa0}$。同时，在交轴 d 和直轴 q 上同步电感为

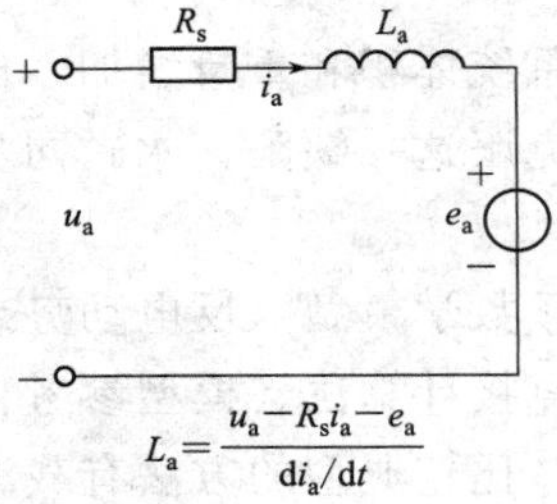

图 6.24　A 相绕组等效电路图

$$\begin{cases}L_d=1.5(L_{aa0}+L_{s2})+L_{a0}\\L_q=1.5(L_{aa0}-L_{s2})+L_{a0}\end{cases}\tag{6.19}$$

从上式可以得到

$$\begin{cases}L_{a0}+1.5L_{aa0}=\dfrac{L_d+L_q}{2}\\L_{s2}=\dfrac{L_d-L_q}{3}\end{cases}\tag{6.20}$$

由于电力电子开关频率很高（一般大于 10kHz），因此一个开关周期的电感变化可忽略不计，这时 A 相电压方程为

$$u_a=R_si_a+L_a\frac{di_a}{dt}+e_a\tag{6.21}$$

其中
$$L_a=L_{AA}-L_{AB}$$

式中：L_a 为 A 相的同步电感；e_a 为 A 相的反电动势。

从式（5.16）、式（5.21）定子三相绕组的自感、互感分析可以得到

$$\begin{cases}L_a=L_{AA}-M_{AB}=B_1+B_2\left[\cos2\theta_r-\cos\left(2\theta_r-\dfrac{2\pi}{3}\right)\right]\\L_b=L_{BB}-M_{BC}=B_1+B_2\left[\cos\left(2\theta_r+\dfrac{2\pi}{3}\right)-\cos2\theta_r\right]\\L_c=L_{CC}-M_{CA}=B_1+B_2\left[\cos\left(2\theta_r-\dfrac{2\pi}{3}\right)-\cos\left(2\theta_r+\dfrac{2\pi}{3}\right)\right]\end{cases}\tag{6.22}$$

其中
$$B_1=0.5(L_d+L_q)\quad B_2=(L_d-L_q)/3$$

可以看出电机三相同步电感是 θ_r 的函数。通过电压方程［式（6.21）］可估算出每一项同步电感，即

$$L_a=\frac{u_\alpha-R_si_\alpha-e_a}{\dfrac{di_a}{dt}}\tag{6.23}$$

其中
$$\frac{di_a}{dt}\approx\frac{i_\alpha(t_2)-i_\alpha(t_1)}{\Delta T};\ e_a=K\omega_r\approx K\frac{[\theta_r(t_2)-\theta_r(t_1)]}{\Delta T}$$

由式（6.23）求出待测量的 A 相绕组电感 L_a、L_b、L_c，同理可以计算出 B 相和 C 相的绕组电感值，则可以得到如图 6.25 所示的三相同步电感变化曲线。可以看出，不同位置的电感大小不同，它们变化的曲线频率是基波频率的 2 倍，根据该曲线可以估计出转子的位置。

该方法具体的实现步骤如下：①通过离线测量的方式，获得定子电感值和转子位置的对应关系，并制成表存储于控制器中；②在电机运行过程中，实时检测定子绕组的电压和电流，代入定子电压方程，计算出此时的电感值；③通过查表方法得到对应的转子位置角。

该方法实施简单，可用于测量低速电机转速，但估计精度有限，需要占用一定的存储器空间，不适用于电感不随位置发生变化的表面式永磁同步电机。

6.5.2 模型参考自适应方法

MRAS 转速估计模型是以参考模型为基础的，因此需要选择出合理的参考模型和可调模型，力求减少变化的参数个数。本节以表面式永磁同步电机为例，介绍一种 MRAS 转速估计方法，永磁同步电机作为参考模型，以含转速信息的电流观测器模型作为可调模型的转速估计模型，如图 6.26 所示。图中 u 是输入的电压和电流，$\boldsymbol{x}=[i_d \quad i_q]^T$ 是参考模型输出，$\boldsymbol{y}=[\hat{i}_d \quad \hat{i}_q]^T$ 是电流模型输出，e 是误差信息，$\hat{\omega}_r$ 是估计的转速。下面介绍一种构建 MRAS 可调模型的方法。

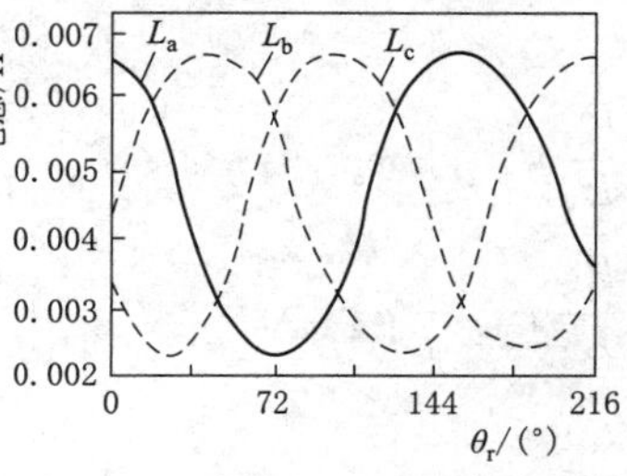

图 6.25 三相同步电感变化曲线

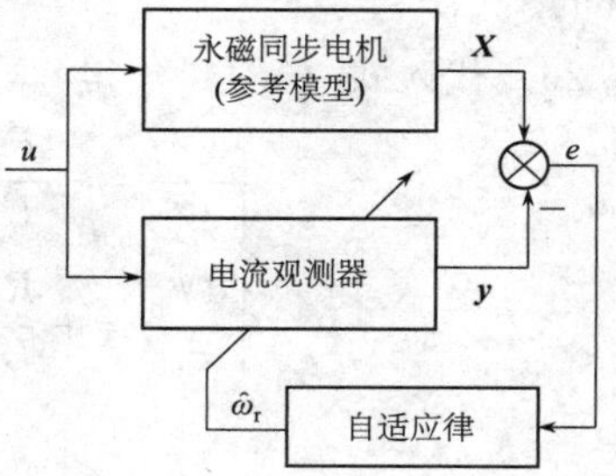

图 6.26 MRAS 转速估计模型

在 dq 坐标系中，设 $L_s=L_d=L_q$，将式 (5.45) 作为永磁同步电机的电流方程作为可调模型，即

$$\begin{cases} \dfrac{d\hat{i}_d}{dt}=-\dfrac{R_s}{L_s}\hat{i}_d+\hat{\omega}_r\hat{i}_q+\dfrac{u_d}{L_s} \\ \dfrac{d\hat{i}_q}{dt}=-\hat{\omega}_r\hat{i}_d-\dfrac{R_s}{L_s}\hat{i}_q-\hat{\omega}_r\dfrac{\psi_f}{L_s}+\dfrac{u_q}{L_s} \end{cases} \tag{6.24}$$

式中：$\hat{i}_d$、$\hat{i}_q$ 分别为定子电流在 d、q 轴的估计值。

根据 Popov 超稳定理论，采用比例积分形式的自适应率，可以推导系统的自适应率辨识算法为

$$\hat{\omega}_r=\int_0^t K_P\left[i_d\hat{i}_q-i_q\hat{i}_d-\frac{\psi_f}{L_s}(i_q-\hat{i}_q)\right]d\tau+K_I\left[i_d\hat{i}_q-i_q\hat{i}_d-\frac{\psi_f}{L_s}(i_q-\hat{i}_q)\right]+\hat{\omega}_r(0) \tag{6.25}$$

该方法是基于稳定性理论设计的，能够保证估计系统渐进收敛。它的优点是估计系统构成较为简单、稳定性好。由于采用了闭环控制结构，因此具有较高的估计精度，但是在计算可调模型时，依赖电机电阻和电感参数。

6.5.3 状态观测器方法

目前，利用定子电压和电流实现转子位置检测的观测器法也被广泛应用于永磁同步电机无位置传感器控制中。状态观测器本身也依赖电机参数，但是参数带来的不确定和变化

可由状态观测器的校正环节予以补偿。根据观测器中校正环节选取的不同，可以分为全（降）阶状态观测器、自适应观测器、扩展卡尔曼滤波器和滑模观测器等。本节介绍基于全（降）阶状态观测器估计转速或位置方法。

在 αβ 坐标系中，以表面式永磁同步电机为例，介绍一种状态观测器方法。

将式（5.29）写为

$$\begin{cases} i_\alpha = \dfrac{1}{L_s}\psi_\alpha - \dfrac{1}{L_s}\psi_{m\alpha} \\ i_\beta = \dfrac{1}{L_s}\psi_\beta - \dfrac{1}{L_s}\psi_{m\beta} \end{cases} \tag{6.26}$$

其中，$\psi_{m\alpha}$、$\psi_{m\beta}$ 分别为ψ_f 在 α 轴和 β 轴上分量，这两个分量是不可测的，即 $\psi_{m\alpha}=\psi_f\cos\theta_r$ 和 $\psi_{m\beta}=\psi_f\sin\theta_r$。

将式（6.26）代入式（5.44），得

$$\begin{cases} \dfrac{d\psi_\alpha}{dt} = -\dfrac{R_s}{L_s}\psi_\alpha + \dfrac{R_s}{L_s}\psi_{m\alpha} + u_\alpha \\ \dfrac{d\psi_\beta}{dt} = -\dfrac{R_s}{L_s}\psi_\beta + \dfrac{R_s}{L_s}\psi_{m\beta} + u_\beta \end{cases} \tag{6.27}$$

其中

$$\begin{cases} \dfrac{d\psi_{m\alpha}}{dt} = -\omega_r\psi_{m\beta} \\ \dfrac{d\psi_{m\beta}}{dt} = \omega_r\psi_{m\alpha} \end{cases} \tag{6.28}$$

可以用式（6.27）和式（6.28）构成观测器的状态方程和输出方程，即

$$\begin{cases} \dot{\boldsymbol{x}} = \boldsymbol{A}\boldsymbol{x} + \boldsymbol{B}\boldsymbol{u} \\ \boldsymbol{y} = \boldsymbol{C}\boldsymbol{x} \end{cases} \tag{6.29}$$

其中　$\boldsymbol{x}=[\psi_\alpha \quad \psi_\beta \quad \psi_{m\alpha} \quad \psi_{m\beta}]^T$；$\boldsymbol{u}=[u_\alpha \quad u_\beta]^T$；$\boldsymbol{y}=[i_\alpha \quad i_\beta]^T$

同时

$$\boldsymbol{A} = \begin{bmatrix} -R_s/L_s & 0 & R_s/L_s & 0 \\ 0 & -R_s/L_s & 0 & R_s/L_s \\ 0 & 0 & 0 & -\omega_r \\ 0 & 0 & \omega_r & 0 \end{bmatrix};\boldsymbol{B} = \begin{bmatrix} 1 & 0 \\ 0 & 1 \\ 0 & 0 \\ 0 & 0 \end{bmatrix}$$

$$\boldsymbol{C} = \begin{bmatrix} 1/L_s & 0 & -1/L_s & 0 \\ 0 & 1/L_s & 0 & -1/L_s \end{bmatrix}$$

对上面观测器可以进行降阶处理。令 $\boldsymbol{z}=[\psi_\alpha \quad \psi_\beta]^T$，$\boldsymbol{v}=[\psi_{m\alpha} \quad \psi_{m\beta}]^T$。设 $\boldsymbol{z}=\hat{\boldsymbol{v}}-\boldsymbol{G}\boldsymbol{y}$，以 $\boldsymbol{Z}$ 作为状态变量的降阶观测器：

$$\begin{cases} \dfrac{d\boldsymbol{z}}{dt} = (\boldsymbol{A}_{11} - \boldsymbol{G}\boldsymbol{A}_{21})\boldsymbol{z} + [(\boldsymbol{A}_{11} - \boldsymbol{G}\boldsymbol{A}_{21})\boldsymbol{G} + \boldsymbol{A}_{12} - \boldsymbol{G}\boldsymbol{A}_{22}]\boldsymbol{y} + (\boldsymbol{B}_1 - \boldsymbol{G}\boldsymbol{B}_2)\boldsymbol{u} \\ \hat{\boldsymbol{v}} = \boldsymbol{z} + \boldsymbol{G}\boldsymbol{y} \end{cases} \tag{6.30}$$

其中
$$A_{11}=\begin{bmatrix}-R_s/L_s & 0\\0 & -R_s/L_s\end{bmatrix}=-(R_s/L_s)\boldsymbol{I}$$
$$A_{12}=\begin{bmatrix}R_s/L_s & 0\\0 & R_s/L_s\end{bmatrix}=(R_s/L_s)\boldsymbol{I}$$
$$A_{21}=\begin{bmatrix}0 & 0\\0 & 0\end{bmatrix}=[0];\boldsymbol{A}_{22}=\begin{bmatrix}0 & \omega_r\\-\omega_r & 0\end{bmatrix}=-\omega_r\boldsymbol{J}$$
$$\boldsymbol{B}_1=\boldsymbol{I};\boldsymbol{B}_2=\begin{bmatrix}0 & 0\\0 & 0\end{bmatrix};\ \boldsymbol{I}=\begin{bmatrix}1 & 0\\0 & 1\end{bmatrix};\ \boldsymbol{J}=\begin{bmatrix}0 & -1\\1 & 0\end{bmatrix};\ \hat{\boldsymbol{v}}=[\psi_{m\alpha}\quad \psi_{m\beta}]^{T}$$

式中：$\hat{\boldsymbol{v}}$ 为被估计的磁链变量；G 为降阶估计器的增益。

图 6.27 是降阶观测器的结构图，其中 $\boldsymbol{F}=\boldsymbol{A}_{11}-\boldsymbol{GA}_{21}$，$\boldsymbol{K}_0=(\boldsymbol{A}_{11}-\boldsymbol{GA}_{21})\boldsymbol{G}+\boldsymbol{A}_{12}-\boldsymbol{GA}_{22}$，$\boldsymbol{B}_0=\boldsymbol{B}_1-\boldsymbol{GB}_2$。选择合适的增益 $\boldsymbol{G}$，则可以估计出电机位置为

$$\hat{\theta}_r=\arctan(\hat{\psi}_{m\beta}/\hat{\psi}_{m\alpha}) \tag{6.31}$$

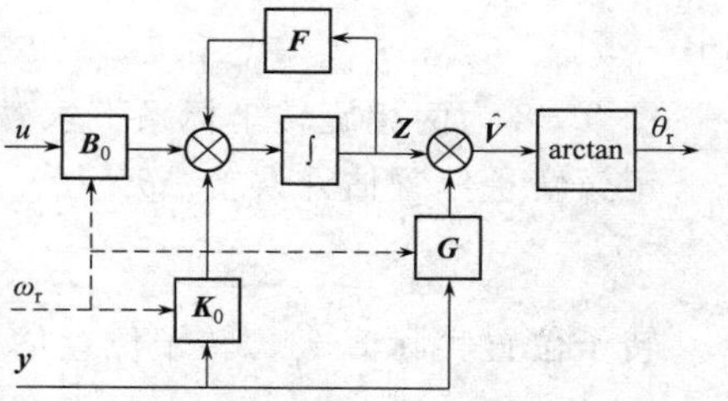

图 6.27　降阶观测器的结构图

在式（6.30）的降阶观测器中，需要知道 ω_r 的大小，可以用下式简单估计其幅值为

$$|\omega_r|=\frac{\sqrt{e_\alpha^2+e_\beta^2}}{\delta\psi_m} \tag{6.32}$$

式中，电机在 α 轴和 β 轴上的反电动势 e_α 和 e_β 分别由式（6.17）求得。

全阶状态观测器在辨识转子速度的同时，可以对转子磁链、定子电流等状态量进行观测。但其对电机参数依赖过多，低速范围内效果不好，反馈增益矩阵的选取直接关系到观测精度，选取不当会引起系统不稳定。将全阶观测器中的可测部分与不可测部分分离开来，即可构成降阶观测器，与全阶观测器相比，降阶观测器的优点在于简单可靠，计算时间较少，但是同样存在全阶观测器的缺陷。

6.5.4　高频信号注入法

永磁同步电机的凸极性与电机转速等运行状态无关，零速和低速运行下永磁同步电机无位置传感器控制技术，主要利用电机凸极性能够产生定子电感变化的特点，获取位置与转速信息。目前提出了多种不同方法，主要有电感测量法、载波频率成分法、低频信号注入法和高频信号注入法。其中高频信号注入法具有实现方式简单灵活，对电机转动惯量等参数变化不敏感等特点。

高频信号注入法的基本原理是向电机定子绕组中注入一定形式的高频电信号，利用电机本身存在的结构凸极性或者由高频信号激励产生的饱和凸极性，这种凸极性中包含着转子位置信息，并会反映在注入信号的响应上。通过检测该响应信号，运用适当的信号分离提取技术，可以估计出转子位置与转速。注入的高频信号一般分为旋转高频电压（电流）信号和脉振高频电压信号。这里在介绍永磁同步电机高频模型的基础上，分析旋转高频电压注入法、旋转高频电流注入法和脉振高频信号注入法。

1. 永磁同步电机高频模型

为了简化分析，通常作出以下两个假设：

（1）为了便于分离高频信号和电机自身旋转频率的信号，一般选择注入高频信号的频率 ω_h（一般为 0.5～2kHz）大大高于电机旋转角频率 ω_r，此时电机绕组的阻抗主要是自感的感抗，可以忽略电机相绕组上电阻压降和反电势。

（2）由于该类方法适用于零速和低速段，电机的旋转角频率非常小，忽略电压方程中的反电动势 $\omega_r\psi_f$ 和交叉耦合项 $\omega_r L_q$、$\omega_r L_d$。此时，在 dq 坐标系中，永磁同步电机在高频信号激励下的模型可以等效为纯电感模型，高频激励下电机电压方程可简化为

$$\begin{bmatrix} u_{dh} \\ u_{qh} \end{bmatrix} = \begin{bmatrix} j\omega_h L_{dh} & 0 \\ 0 & j\omega_h L_{qh} \end{bmatrix} \begin{bmatrix} i_{dh} \\ i_{qh} \end{bmatrix} = \begin{bmatrix} L_d & 0 \\ 0 & L_q \end{bmatrix} \begin{bmatrix} \dfrac{di_{dh}}{dt} \\ \dfrac{di_{qh}}{dt} \end{bmatrix} \tag{6.33}$$

式中：u_{dh}、u_{qh}，i_{dh}、i_{qh} 和 L_{dh}、L_{qh} 分别为 d、q 轴的高频电压、电流和电感。

图 6.28 为两相旋转坐标系下永磁同步电机高频等效模型。

定义转子位置估计误差 $\Delta\theta_r$ 为

$$\Delta\theta_r = \theta_r - \hat{\theta}_r \tag{6.34}$$

转子位置实际值 θ_r、转子位置估计值 $\hat{\theta}_r$ 和位置估计误差 $\Delta\theta_r$ 的关系如图 6.29 所示。其中，实际的两相旋转坐标系为 dq 坐标系，估计的两相旋转坐标系为 $\hat{d}\hat{q}$ 坐标系，则有

$$\begin{bmatrix} u_d \\ u_q \end{bmatrix} = \begin{bmatrix} \cos\Delta\theta & \sin\Delta\theta \\ -\sin\Delta\theta & \cos\Delta\theta \end{bmatrix} \begin{bmatrix} \hat{u}_d \\ \hat{u}_q \end{bmatrix} \tag{6.35}$$

$$\begin{bmatrix} i_d \\ i_q \end{bmatrix} = \begin{bmatrix} \cos\Delta\theta & \sin\Delta\theta \\ -\sin\Delta\theta & \cos\Delta\theta \end{bmatrix} \begin{bmatrix} \hat{i}_d \\ \hat{i}_q \end{bmatrix} \tag{6.36}$$

式中：$\hat{u}_d$、$\hat{u}_q$ 和 $\hat{i}_d$、$\hat{i}_q$ 分别为估计的两相旋转坐标系下直、交轴电压与电流。

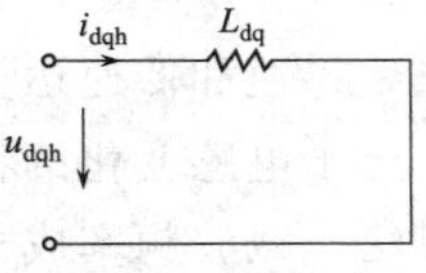

图 6.28　两相旋转坐标系下永磁同步电机高频等效模型

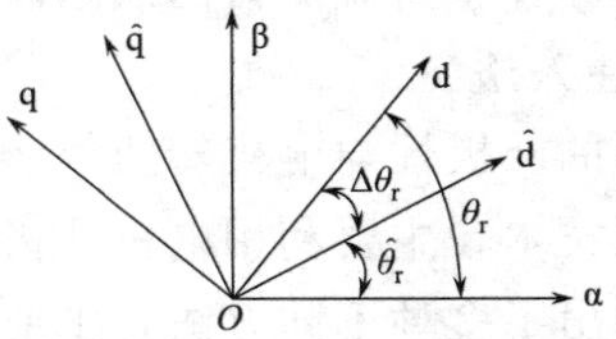

图 6.29　各坐标关系图

2. 旋转高频电压注入法

在 dq 坐标系中，对于凸极永磁同步电机，其电压方程为式（5.34），磁链方程为式（5.35）。在 αβ 坐标系中，电压方程为式（5.30），磁链方程式（5.35），可以分别写为

$$\begin{bmatrix} \psi_\alpha \\ \psi_\beta \end{bmatrix} = \begin{bmatrix} L - \Delta L\cos 2\theta_r & -\Delta L\sin 2\theta_r \\ -\Delta L\sin 2\theta_r & L + \Delta L\cos 2\theta_r \end{bmatrix} \begin{bmatrix} i_\alpha \\ i_\beta \end{bmatrix} + \begin{bmatrix} \psi_f\cos\theta_r \\ \psi_f\sin\theta_r \end{bmatrix} \tag{6.37}$$

其中
$$L=\frac{L_{d}+L_{q}}{2};\ \Delta L=\frac{L_{q}-L_{d}}{2}$$

式中：L 为定子平均电感；ΔL 为定子微分电感。

在 αβ 坐标系中注入高频电压励磁信号，幅值为 U_{m}，频率为 ω_{h}，注入高频电压信号频率 ω_{h} 一般为 0.5～2kHz，该信号直接叠加在电机基波激励信号上，可以表示为

$$\boldsymbol{u}_{h}=\begin{bmatrix}u_{\alpha h}\\u_{\beta h}\end{bmatrix}=U_{m}\begin{bmatrix}\cos\omega_{h}t\\-\sin\omega_{h}t\end{bmatrix}=U_{m}e^{j\omega_{h}t} \tag{6.38}$$

式中：$u_{\alpha h}$、$u_{\beta h}$ 分别为高频信号在 α、β 坐标轴的电压分量。

将式（6.33）变换到 αβ 坐标系中，可以整理得到

$$\begin{aligned}\begin{bmatrix}\dfrac{di_{\alpha h}}{dt}\\\dfrac{di_{\beta h}}{dt}\end{bmatrix}&=(\boldsymbol{L}_{\alpha\beta h})^{-1}\begin{bmatrix}u_{\alpha h}\\u_{\beta h}\end{bmatrix}\\&=\frac{1}{L^{2}-\Delta L^{2}}\begin{bmatrix}L-\Delta L\cos2\theta_{r}&\Delta L\sin2\theta_{r}\\\Delta L\sin2\theta_{r}&L+\Delta L\cos2\theta_{r}\end{bmatrix}U_{m}\begin{bmatrix}\cos\omega_{h}t\\-\sin\omega_{h}t\end{bmatrix}\end{aligned} \tag{6.39}$$

式中：$i_{\alpha h}$、$i_{\beta h}$ 和 $\boldsymbol{L}_{\alpha\beta h}$ 分别为 α、β 轴的高频电流和电感矩阵。

对上式取积分，于是可得高频信号激励下永磁同步电机电流响应为

$$\begin{bmatrix}i_{\alpha h}\\i_{\beta h}\end{bmatrix}=\frac{U_{m}}{(L^{2}-\Delta L^{2})\omega_{h}}\begin{bmatrix}(L-\Delta L\cos2\theta_{r})\sin\omega_{h}t+\Delta L\sin2\theta_{r}\cos\omega_{h}t\\-\Delta L\sin2\theta_{r}\sin\omega_{h}t-(L+\Delta L\cos2\theta_{r})\cos\omega_{h}t\end{bmatrix} \tag{6.40}$$

其对应的电流矢量为

$$\begin{aligned}i_{\alpha\beta h}&=\frac{LU_{m}}{(L^{2}-\Delta L^{2})\omega_{h}}(\sin\omega_{h}t-j\cos\omega_{h}t)+\frac{-\Delta LU_{m}}{(L^{2}-\Delta L^{2})\omega_{h}}\\&\quad[\sin(\omega_{h}t-2\theta_{r})+j\cos(\omega_{h}t-2\theta_{r})]\\&=\frac{LU_{m}}{(L^{2}-\Delta L^{2})\omega_{h}}e^{j(\omega_{h}t-\frac{\pi}{2})}+\frac{-\Delta LU_{m}}{(L^{2}-\Delta L^{2})\omega_{h}}e^{j(\frac{\pi}{2}+2\theta_{r}-\omega_{h}t)}\\&=i_{\alpha\beta h-ip}+i_{\alpha\beta h-in}\end{aligned} \tag{6.41}$$

式中：$i_{\alpha\beta h-ip}$、$i_{\alpha\beta h-in}$ 分别为高频电流响应中的正、负相序电流分量。

可以看出，只有负序电流分量包含转子位置信息估计值 $\hat{\theta}_{r}$。因此，通过提取高频电流中的负序分量，可以获得转子位置信息 $\hat{\theta}_{r}$。

为了提取高频电流负相序分量相角，需要滤除基波频率电流、载波频率电流和高频电流中的正序分量。如图 6.30 所示，基波电流和载波频率都可通过带通滤波器（band pass filter，BPF）予以滤除。高频电流中正相序分量与负相序分量的旋转方向相反，可通过同步轴系高通滤波器（synchronous frame filter，SFF）将正序成分滤除。位置跟踪观测器对剩下的高频电流负序分量进行信号处理，得到估计的转子位置与转速。电流内环采用低通滤波器（low pass filter，LPF）滤除电流反馈中的高频信号。

3. *旋转高频电流注入法*

与旋转高频电压注入法类同，在电机基波电流上叠加一个三相对称的高频电流信号作

为激励，即

$$\boldsymbol{i}_{\mathrm{h}}=\begin{bmatrix} i_{\alpha\mathrm{h}} \\ i_{\beta\mathrm{h}} \end{bmatrix}=I_{\mathrm{m}}\begin{bmatrix} \cos\omega_{\mathrm{h}}t \\ -\sin\omega_{\mathrm{h}}t \end{bmatrix}=I_{\mathrm{m}}\mathrm{e}^{\mathrm{j}\omega_{\mathrm{h}}t} \tag{6.42}$$

式中：I_{m} 为高频电流信号幅值；$i_{\alpha\mathrm{h}}$、$i_{\beta\mathrm{h}}$ 分别为高频电流信号在 αβ 坐标系上分量。

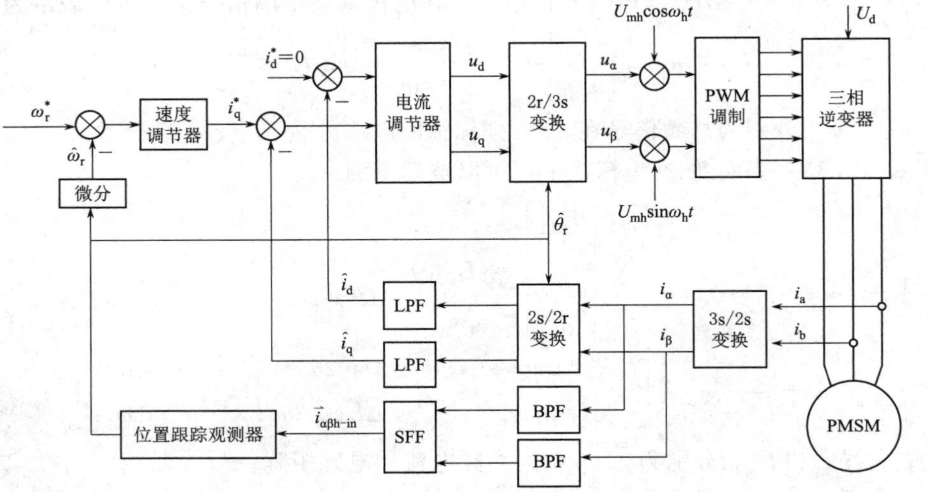

图 6.30　采用旋转高频电压信号注入法的电机控制系统

将式（6.42）代入式（6.39），得高频电压响应为

$$\begin{bmatrix} u_{\alpha\mathrm{h}} \\ u_{\beta\mathrm{h}} \end{bmatrix}=\begin{bmatrix} -\omega_{\mathrm{h}}I_{\mathrm{m}}L\sin\omega_{\mathrm{h}}t+\omega_{\mathrm{h}}I_{\mathrm{m}}\Delta L\sin(2\theta_{\mathrm{r}}-\omega_{\mathrm{h}}t) \\ \omega_{\mathrm{h}}I_{\mathrm{m}}L\cos\omega_{\mathrm{h}}t-\omega_{\mathrm{h}}I_{\mathrm{m}}\Delta L\cos(2\theta_{\mathrm{r}}-\omega_{\mathrm{h}}t) \end{bmatrix} \tag{6.43}$$

其对应电压矢量为

$$\begin{aligned} \boldsymbol{u}_{\alpha\beta\mathrm{h}} &=-\omega_{\mathrm{h}}I_{\mathrm{m}}L(\sin\omega_{\mathrm{h}}t-\mathrm{j}\cos\omega_{\mathrm{h}}t)+\omega_{\mathrm{h}}I_{\mathrm{m}}\Delta L\left[\sin(2\theta_{\mathrm{r}}-\omega_{\mathrm{h}}t)-\mathrm{j}\cos(2\theta_{\mathrm{r}}-\omega_{\mathrm{h}}t)\right] \\ &=\omega_{\mathrm{h}}I_{\mathrm{m}}L\mathrm{e}^{\mathrm{j}(\omega_{\mathrm{h}}t-\frac{\pi}{2})}+\omega_{\mathrm{h}}I_{\mathrm{m}}\Delta L\mathrm{e}^{\mathrm{j}(-\frac{\pi}{2}+2\theta_{\mathrm{r}}-\omega_{\mathrm{h}}t)} \\ &=u_{\alpha\beta\mathrm{h-ip}}+u_{\alpha\beta\mathrm{h-in}} \end{aligned} \tag{6.44}$$

式中：$u_{\alpha\beta\mathrm{h-ip}}$、$u_{\alpha\beta\mathrm{h-in}}$ 分别为高频电压中的正、负相序电压分量。

同样可以看出，只有负序分量包含转子位置信息。因此，与高频电压注入法一样，通过提取负序分量可以获得转子位置信息。

旋转高频注入技术适用于具有一定程度凸极率的电机，采用高频载波注入技术，摆脱了传统基波信息检测、辨识的处理方式，因此能够在全速度范围内有效检测转子的空间位置。由于转子位置信息只存在于载波信号电流负相序分量的相角中，因此该方法对电机参数的变化不敏感，具有较强的鲁棒性。

4. 脉振高频信号注入注

脉振高频电压注入法是向估计的两相旋转坐标系的直轴上注入高频正弦电压信号，由此产生一个高频脉振的磁场，该电压信号能够激励电机产生电感饱和效应，使得表面式永磁同步电机呈现“凸极性”，通过检测包含有转子位置信息的高频电流响应，将此响应信号解调后就可得到转子位置与转速，从而实现无位置传感器控制。

在估计的两相旋转坐标系的直轴上注入高频余弦电压信号，即

$$\begin{bmatrix}\hat{u}_{dh}\\ \hat{u}_{qh}\end{bmatrix}=\begin{bmatrix}U_{mh}\cos\omega_h t\\ 0\end{bmatrix} \tag{6.45}$$

式中：$\hat{u}_{dh}$ 和 $\hat{u}_{qh}$ 分别为估计的两相旋转坐标系下直、交轴高频电压。

结合式（6.33）、式（6.35）和式（6.36），可得到估计的两相旋转坐标系下的电流响应为

$$\begin{bmatrix}\hat{i}_{dh}\\ \hat{i}_{qh}\end{bmatrix}=\frac{1}{-\omega_h^2 L_{dh}L_{qh}}\begin{bmatrix}j\omega_h L_{qh}\cos^2\Delta\theta_r+j\omega_h L_{dh}\sin^2\Delta\theta_r\\ \sin\Delta\theta_r\cos\Delta\theta_r(j\omega_h L_{qh}-j\omega_h L_{dh})\\ \sin\Delta\theta_r\cos\Delta\theta_r(j\omega_h L_{qh}-j\omega_h L_{dh})\\ j\omega_h L_{qh}\sin^2\Delta\theta_r+j\omega_h L_{dh}\cos^2\Delta\theta_r\end{bmatrix}\begin{bmatrix}\hat{u}_{dh}\\ \hat{u}_{qh}\end{bmatrix} \tag{6.46}$$

将式（6.45）代入式（6.46），整理后可得电流估计值为

$$\hat{i}_{qh}=\frac{U_{mh}\Delta L\sin 2\Delta\theta_r}{\omega_h(L^2-\Delta L^2)}\sin\omega_h t \tag{6.47}$$

可以看出 $\hat{i}_{qh}$ 的幅值中含有转子位置估计误差 $\Delta\theta_r$。结合式（6.34）中 $\Delta\theta_r=\theta_r-\hat{\theta}_r$，可见，只要通过适当的控制方式，调节 $\hat{i}_{qh}$ 使其为零，就可以使位置估计值 $\hat{\theta}_r$ 与实际值 θ_r 相等。

从式（6.45）可以看出，当位置估计值与实际值逐渐接近时，$\hat{i}_{qh}$ 也逐渐接近于零。因此，通过检测包含位置估计误差的交轴高频电流估计值，经适当信号处理，提取其中有用信息 $f(\Delta\theta_r)$，作为调节器的输入，再经过 PI 调节就可以获得转子位置与转速的估计值，具体实现框图如图 6.31 所示。图中，首先要得到高频信号 $\hat{i}_{qh}$，通过加入带通滤波器（band - pass filter，BPF），滤除频率远大于注入频率的载波频率信号和远低于注入频率的

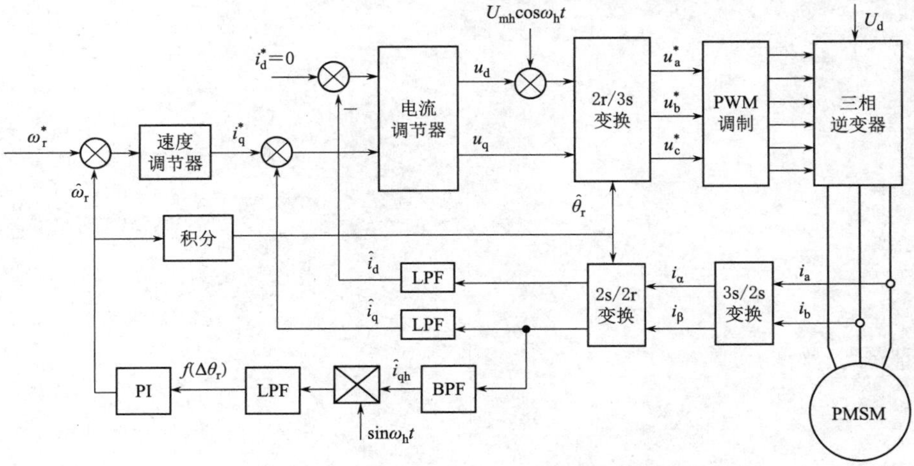

图 6.31　脉振高频电压注入法的系统控制结构框图

基波频率信号；然后将 $\hat{i}_{qh}$ 与调制信号 $\sin\omega_h t$ 相乘，再经低通滤波后得到调节器所需的输入量 $f(\Delta\theta_r)$，则

$$f(\Delta\theta_r)=\mathrm{LPF}\{\mathrm{BPF}[i_q\times\sin\omega_h t]\}=\frac{U_{mh}\Delta L\sin 2\Delta\theta_r}{2\omega_h(L^2-\Delta L^2)} \tag{6.48}$$

第7章 电机集成系统

在第1章基础知识中已经回顾了电机集成系统特性。本书介绍的现代电机控制技术都是通过变频电源实现的，电机与变频电机集成构成了交流电机控制系统，实现了前面章节介绍的电机矢量控制或直接转矩控制。本章重点介绍电机与变频电源的集成特性、能量变换、控制与检测信号的数据通信、几种电机集成系统案例和电机集成控制实现。

7.1 集成系统中的能量变换

7.1.1 集成系统中的电磁能量

1. 电磁关系的特点

电力电子与电机集成系统的本质是实施电磁能量的可控变换和传输。在变换和传输的过程中必须遵循电磁能量守恒和能量不能突变原则，这是集成系统中电磁能量变换过程的基础。从电磁能量的可控变换和传输来考虑，集成系统的电磁关系主要有以下几个特点：

（1）多回路。以半导体的驱动电路为界，可将整个系统划分为两部分：①驱动电路前的控制系统，主要承担信息传输的任务，确保信息畅通无阻；②驱动电路后的部分，包括半导体器件、主回路及负载等，构成功率回路，专注于能量的传递。这种能量的传输不仅随时间变化，还涉及空间维度（一维时间，三维空间），其流向不仅可以是双向的，更可以是多向的。能量不仅通过连接线进行传导，还能以辐射的形式在空间中传播。在能量的传输过程中，存在多种能流回路，如导线中的自由电子回路、半导体器件中的载流子回路，以及负责散热冷却的热流回路。此外，电力电子与电机集成系统还涉及信息传输，这些信息从主控芯片出发，通过传输介质到达驱动电路，再转化为驱动信号作用于半导体器件的门极，从而引发各种换流过程，达到期望的控制效果，实现信息与能量的有效交互。

（2）高功率。电力半导体因其所处理的电磁场强度远超过信号器件，因此对额定电量的要求也相应提高。这些器件的电压、电流和功率容量可能高达数千伏、数千安，甚至达到上兆伏安的级别。经过试验验证，尽管半导体开关器件内部处理的电磁能量相对较少，但开关过程中的内部电磁暂态过程却成为其性能的关键制约因素。电流范围从数十安到数百数千安，电压从几伏到几百几千伏，这种电流和电压的突变极易导致开关器件损坏。此外，器件内部电流密度的不均匀性进一步加剧了其损坏的风险。由于各单元的电流密度可能存在数十倍的差异，动态电流密度的不均匀会导致硅片上各点所承受的功率密度和温度不同，过高的温度点特别容易发生损坏。在高速的开关模式下，大电流和高电压带来的电磁变换幅度极大，从而产生强烈的电磁能量冲击。

（3）多媒质。硅片、散热片、电机绕组铁心、电容、电感和电阻等是电磁能量传递的媒介。在集成系统中，电力半导体器件是各种能流汇聚的关键节点，也是整个电力电子装置中最脆弱但至关重要的环节。电力半导体器件内部的导电机制不仅受到信息脉冲（如驱动信号的上升速度、幅度和再触发等）的限制，还需满足功率脉冲的要求（如 di/dt 和 du/dt 的要求），这两方面同等重要。实际应用中，线路中存在着分布电感和分布电容，这些分布储能元件在动态和稳态过程中都会参与能量的传输，它们可以存储或释放能量。这可能导致能量在短时间内集中在某个媒介或媒介的某个部分，从而引发损坏。这种损坏可能是长期的疲劳损伤，也可能在一个脉冲内就发生，甚至可能在一个脉冲的上升或下降沿就造成损坏。图 7.1 展示了一个典型的三电平电力电子变换器的主电路示意图，包括主断路器、输入变压器、二极管整流器、保护开关、直流母排、吸收电路、逆变器、滤波器和电机绕组等部分。在这个系统中，电磁能量经历了产生、变换、传输和形态变化等多个环节。

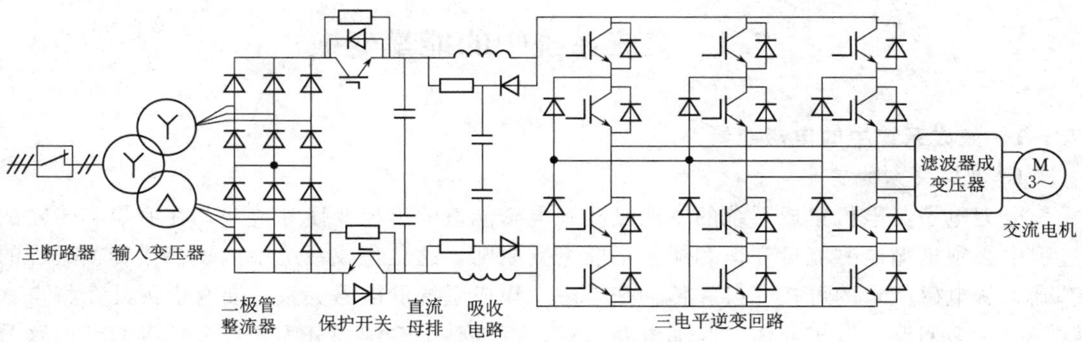

图 7.1　典型的三电平电力电子变换器的主电路示意图

（4）多变性。集成系统中的变换器主要依赖 PWM 调制来保持信号脉冲的稳定。比如 IGBT 驱动信号，它需要陡峭的上升沿，并保持一定的持续时间和高度，以确保功率器件的正常工作。然而，信号脉冲在传输过程中可能会受到线路中分布参数的干扰，导致其形状改变和传输延迟，这在光纤信号和器件门极信号的传输中尤为明显。在能量传输方面，由于传播路径上存在的各种分布参数和干扰因素，传输过程中的能量形态变化更为显著。特别是负载的变化，它可以直接影响能量传输的形态。此外，电力半导体器件的响应延迟和窄脉宽限制特性，使得脉冲功率难以达到理想状态，导致最终输出的电量形态可能与预期的差异较大。当这些能量最终到达末端负载时，其幅值、脉宽等特性可能与预期值存在显著偏差，这就会使得控制算法在实际应用中难以达到预期的效果。这些现象都体现了集成系统中存在的复杂性和多变性。

（5）多时间常数。考虑一个典型的电力电子与电机集成系统的基本结构，它应该包括四个基本方面：电源（包括系统电源和控制电源）、控制系统（包括控制单元、驱动回路和通信）、功率变换主回路（包括变压器和半导体器件等）、传输与负载（包括传输线路和电机），如图 7.2 所示。

该系统是一个电磁功率变换结构，其中多个时间常数回路并存。在这些回路中，能量的传播速度并不一致，如热流、电磁流、空穴流和电子流，各自以不同的速度和时间常数在系统中流动。具体来说，系统中的各子系统能量变换时间常数存在显著差异。例如，无

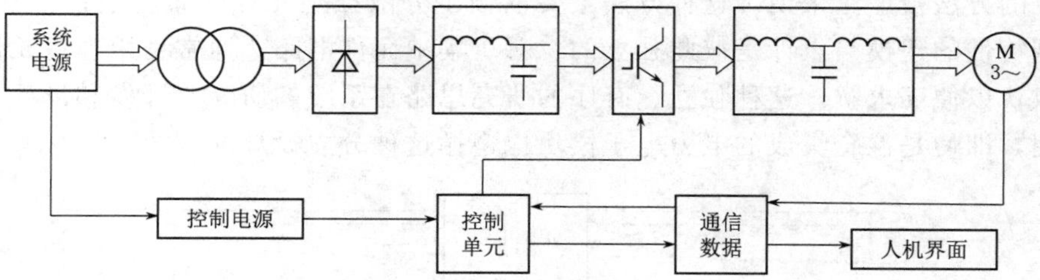

图 7.2 电力电子与电机集成系统基本结构

源器件及其构成的回路的时间常数通常以毫秒为单位，而功率开关器件子系统和部分控制回路的时间常数则以微秒计算。进一步地，开关内部的载流子和数字控制系统的时间常数更是达到了纳秒级别，而电机拖动中的机电能量转换部分的时间常数则以秒为单位。这些具有不同时间常数的子系统共同构成了整个电力电子与电机集成系统。在这样一个系统中，如何实现能量的动态平衡成为了一个关键问题，特别是在其变换、传输和储存过程中。试验结果显示，大多数系统或其中的元器件失效都发生在瞬态过程中，即从一个稳态能量分布过渡到另一个稳态的过程中。特别是在这种瞬态过程中，当时间常数不同的各子系统协同工作时，能量分布很容易失衡，导致局部能量集中，从而引发破坏性后果。这种过渡过程引起的电磁干扰、器件失效等问题在不同功率等级的装置中都有不同程度的体现。特别是在大容量电力电子装置中，由于脉冲能量高，电磁能量瞬变问题尤为突出，使得器件更容易受损。

基于上述分析，可以明显看出，用理想化的器件和线性电路拓扑理论来精确描述电力电子与电机集成系统中信息控制到能量传输的复杂转化过程，实际上是一项极具挑战性的任务。同时，也不能过分期待通过一种统一的拓扑理论来全面研究电力电子装置中某个器件从开启到关闭的过渡过程。因此，在电力电子与电机集成系统的分析中，仅仅依赖常规基于基尔霍夫定律的电路理论往往存在一定的局限性。在低频条件下，这些集中元件模型与实际情况能够很好地吻合。然而，随着频率的升高，尤其是在处理脉冲电源时，这些元件与实际物理结构的对应关系发生了变化。这时，需要考虑分布参数以及更复杂的模型，这些模型可能包括多个子网络。为了更准确地描述物理元件（如导线电感），可能需要引入额外的电阻、电感和电容元件。但这样做往往需要考虑各子电路中元件之间的耦合效应，这在实践中往往难以实现。最终，这类模型可能退化为一个复杂的“曲线拟合”问题。

2. 面向电磁能量处理的系统集成

针对电力电子与电机集成系统独特的电磁特性，可以将整个系统划分为电磁能量的产生、储存、变换和传输四个核心环节。这四个环节在功能上既相互独立又紧密相连，它们之间的电磁能量在主动控制及外部回路条件的共同作用下实现有效变换和传输。这种相互关系如图 7.3 所示，形象地展示了各环节之间的交互作用。在系统中，每一部分的功能都不是孤立的，而是在控制中心的统一调度和外部状态的共同影响下，彼此协作、相互影响，共同实现系统的整体功能。

在电力电子与电机集成系统的传统研究方法中，一种离散、解耦的建模、设计和搭建变换系统的方法被广泛采用。这种方法主要依赖于分散独立元件的布置连接，其中电气、热和机械特性的建模与设计是彼此独立的。对于集中元件电路，通常利用理想元件来建立传递函数，以便于求解。这种独立、有序的研究思路在系统的研究、开发和设计中得到了广泛应用，即使是混合集成的电力电子模块也遵循这种分立设计的方式。

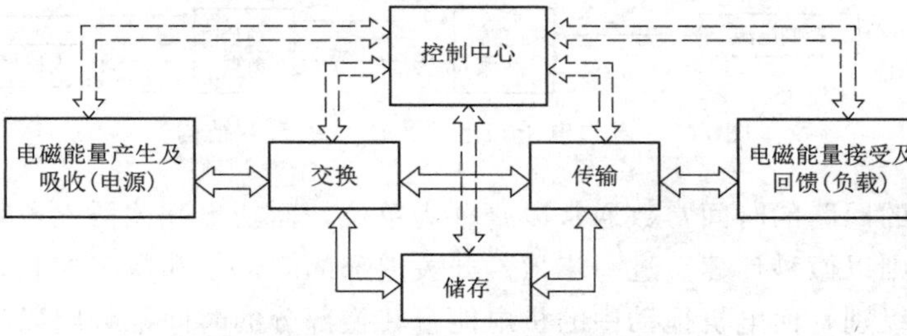

图 7.3　集成系统中各部分功能的相互关系

然而，随着能量密度和（或）频率的不断提升，组成变换器的所有元件与互联装置的电磁、热、机械特性之间的耦合关系变得越来越紧密。这种紧密耦合使得各个元件之间产生了强烈的相互影响。因此，仅仅从单一元件的特性出发来组合系统特性已经显得远远不够。这种情况下需要采用更加综合、全面的方法来研究电力电子与电机集成系统，以充分考虑各个元件之间的相互作用和影响，从而更准确地描述和预测系统的行为。

7.1.2　电磁能量变换建模

电力电子与电机集成系统的核心功能在于电磁能量的变换。因此，构建一个准确反映其电磁能量变换特性的模型，是进行深入分析和实现有效控制的关键基础。

1. 集成系统的物理描述

集成系统可划分为能量回路、开关函数和储能单元三个主要部分。能量回路涉及线路分布参数、电磁材料特性、能流时空描绘及元器件结构等因素。电力电子开关函数则是结合宏观控制策略与微观脉冲功率瞬态过程，实现高可靠性与控制性能的提升，推动脉冲功率的数字化进程。而电磁储能单元则涵盖储能器件参数选择、电磁集成以及系统内的瞬态电磁能量平衡。这三个部分相互关联，共同构成了一个不可分割的整体。

能量回路在集成系统中扮演着举足轻重的角色。它是一个涵盖热、电、机械等多场域、多维度的综合设计过程。在高频情况下，多路传输时的集肤效应便是一个重要考虑因素，通过场的方法分析，可以深入了解集肤深度和位置的影响。同时，电力电子装置中的连线和接头问题亦不容忽视。然而，面对那些连线复杂、连接介质多样的大容量电力电子装置，如何准确描述其电磁特性仍然是一个具有挑战性的难题。

在描述电力电子装置中的能量回路时，可以引入一个虚拟的“能量界面”概念，如图 7.4 所示。这一概念从瞬时无功的视角出发，清晰地绘制出系统内部的能量流动关系图（涵盖了电磁能流、热流以及机械能等多个方面），在能量流动的路径上，存在着所谓的能量界面（interface），这些界面在电力电子装置中具体表现为器件之间的连接线和接头。这些接头在能量转换过程中起到了关键的作用，它们左右两侧的电压和电流呈现出截然不同的形态。以两电平电力电子变换器的一个桥臂为例，这个界面就是图 7.4（b）中的 A

点。在A点的左侧，电压表现为直流形式，而电流则除了直流分量外还含有交流分量，电压与电流的乘积既含有有功分量也含有无功分量。而在A点的右侧，电压和电流均为交流分量。无论是左侧还是右侧，都严格遵循能量守恒的定律。通过这样的描述，能够更加深入地理解和分析电力电子装置中的能量流动和转换过程。

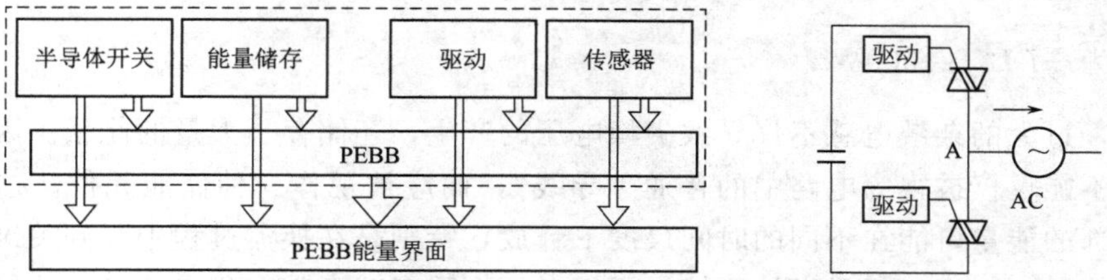

（a）基于PEBB的电力电子装置示意　　（b）两电平的一个桥臂

图7.4　电力电子装置中的能量界面

在能量回路的建模过程中，需要对母排、电缆等能量传播媒质进行重新定位。它们不再仅仅是电路中的简单连接导线，而是扮演着能量传输的重要角色。常见的能量回路建模方法是采用传输线模型，尤其是在处理电缆、母排等较长距离的介质时。传输线模型在电力电子装置的研究中展现出强大的威力，它不仅可以用于器件开关特性的近似仿真，还可以应用于热分析之中。通过整合器件模型、回路模型以及热模型等，可以在一个统一的数学框架下描述它们。简而言之，电力电子与电机集成系统中的各类器件都可以借助传输线模型进行有效表述。

电力电子与电机集成系统中的另一核心组成部分是电力电子开关及其开关函数。传统上，这些开关函数是通过PWM控制算法实现的，用以生成脉冲及脉冲序列，属于算法层面的设计。然而，由于信号级PWM脉冲与功率级PWM脉冲波形之间存在显著差异，开关函数的设计必须与能量回路紧密结合。因此，如何在算法设计过程中充分考虑开关换流回路的过渡过程，从而实现算法与能量回路的有效统一，并找到最优的脉冲序列，成为了一个亟待解决的关键问题。一般需综合考虑器件的最小脉宽限制、最大开关频率限制（对应最小开关周期）、最大可能的调制比M、电量波形畸变率（THD）、电机损耗以及噪声和电磁干扰等因素，寻找最佳脉冲序列组合。开关函数期望优化目标函数即损耗因子σ的描述如所示：

$$\min\sigma=\sqrt{\sum_{n=5,7,\cdots}\left(\frac{V_n}{n}\right)^2},V_n=f(T_{\min},T_{\mathrm{s}},M,THD) \tag{7.1}$$

式中：V_n为n次谐波下考虑最小脉宽、开关周期、调制比以及THD等因素的综合参量。

通过对损耗因子σ的比较，最优的开环控制策略可以认为在低、中、高调制比三个阶段，分别采用异步SVPWM、谐波消除法和最优PWM控制等。

电力电子与电机集成系统中的电磁储能元件占据着重要地位。在传统意义上，通常提及的电磁储能元件主要是指平波电感、母线电容等无源器件。然而，实际上，由于线路中杂散参数的存在，导线的杂散电感、回路之间的分布电容，以及器件结电容等同样扮演着储能单元的角色。特别是在小时间常数的过渡过程中，这些储能元件的作用可能占据主导地位。因此，从这个角度来看，能量回路与电磁储能元件之间存在着密不可分的联系。

比如，考虑杂散电感 L 为 $1\mu H$，流过电流有效值 I 为 1000A，开关频率 f 为 600Hz，关断时刻 $di/dt=1000A/\mu s$，则瞬间电压 $U=L\dfrac{di}{dt}=1\mu H\times\dfrac{1000A}{1\mu s}=1000V$。从微观角度来看，在关断脉冲的下降沿处，将感应出 1000V 尖峰电压。从宏观角度来看，电感上储存的能量为 $\dfrac{1}{2}LI^2f=300W$。

显然，过大的杂散电感不仅导致尖峰电压的产生，还储存了大量的能量。因此，这样的线路已不能仅仅被视为电路中的普通“导线”，而应被视作一种储能元件。这些“储能元件”内部的能量可能在不同的时间尺度下释放，特别是在换流过程中起到关键作用。对于相同的能量，如果时间尺度被压缩得更短，那么瞬态功率就会相应增高，这可能导致器件承受的瞬态电应力（如关断过电压）增大。

除了杂散电感，分布电容同样是一个不容忽视的因素。例如，开关器件的结电容可能导致器件在关断过程中内部产生较大的位移电流，进而增加重新开通的风险。因此，在设计和分析电力电子与电机集成系统时，必须充分考虑这些因素的影响。

2. 系统的数学建模

电磁场理论为系统建模提供了两种途径：一是分析电压和电流的变化；二是描述电磁场能量传输过程。依据“麦克斯韦理论”，电介质区域内电场力会形成势能。无论是在导体区域还是其他部分，由于场内所有元件间的电磁感应效应，总会发生电磁感应过程。这些过程通常被认为是由导线中的电流引起的。数学建模的理论和方法可以在相关的资料中深入研究。

3. 开关器件中的电磁能量变换

开关器件作为电磁能量变换的关键节点，其开关速度的提升使得电路的寄生效应日益凸显。杂散电感、硅片和结构电容之间的振荡，成为开关模式下集成系统高频电磁干扰的主要源头。在传统封装中，电力半导体硅片通常置于散热片上，导线以集束形式并行排列。大功率模块则采用混合集成技术，硅片直接连接于模块内部的铜膜电路。为增强电流通过能力，常采用多并行集束线，进而形成平板传导结构。图 7.5 为典型的 Buck 电路拓扑结构，其中 U_S 为外加电压源，S_1 为功率半导体开关器件，VD 为钳位二极管，L 为电感，C 为电容，R 为外接负载。

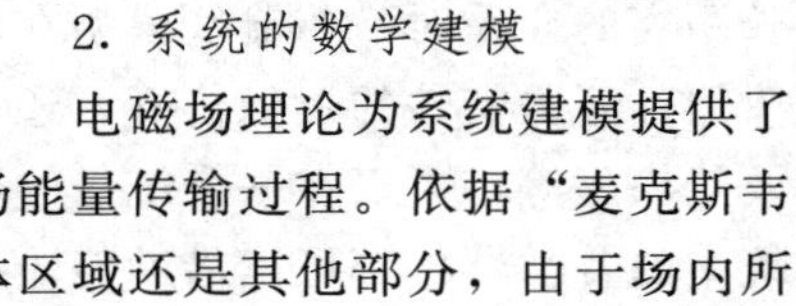

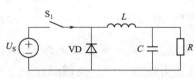

图 7.5　典型的 Buck 电路拓扑结构

为了进行电磁能量分析，假设将金属-氧化物半导体场效应晶体管（metal - oxide semiconductor FET, MOSFET）作为电力电子功率半导体器件放置在两导板之间以便做简单的分析。测试采用硬开关模式，通过电路工作波形开展详细的电磁能量变化分析，由于篇幅限制，这里不再叙述，可以参考相关文献。

4. 储能元件中的电磁能量变换

在集成系统中，电感和电容都是储能元件。非理想的开关元件和连接导线也都有部分储能作用。理想的储能元件是不消耗能量的，但是储能元件之间的能量可以相互交换。储能元件中的能量交换起着系统能量变换中的能量平衡和置换作用。基于储能元件的电磁能量变换关系分析有助于对系统电磁能量变换和传输的认识。

(1) 半导体开关。半导体开关器件对能量流进行时间调制。它们尽管在变换器中占据了相当大的体积，但是其内部的能量流却很小。这是因为它们以开关的方式动作，分别承受电压或者电流，但是两者不同时存在。所以，电场和磁场分量的叉积很小，坡印廷矢量的值也很小。理想开关内部根本不存在能量流。然而，这并不意味着开关器件的电磁分析不重要。相反，实际开关在动作过程中吸收和释放的电磁能量经常导致器件上的功率损耗以及硅片上的电磁应力增加，严重时导致器件损坏。

(2) 容性器件。一个典型的2—D平板电容器的电磁能量关系如图7.6所示。平板电容器两端分别通过导线连接到一个电源，正负方向如图所示。由于在平板电容器两端电压不同，则两端的电场 $\boldsymbol{E}$ 也不同，正高负低，而电容器两端的电流相同，故两端 $\boldsymbol{H}$ 相同。根据坡印廷矢量定义 $\boldsymbol{S}=\boldsymbol{E}\times\boldsymbol{H}$，其大小方向如图7.6所示，沿 x 方向，电磁能流是变化的，说明部分电磁能量储存在电容器中。图中的空白箭头反映了与电荷相关的电磁能量流动。

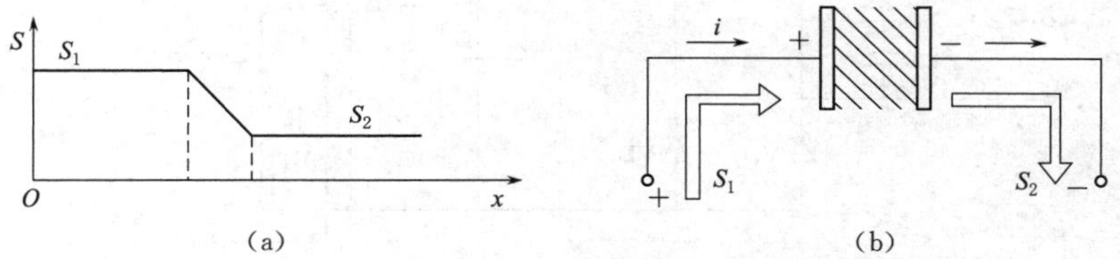

图7.6 2—D平板电容器的电磁能量关系图

(3) 电磁集成器件。在由若干个元件构成的器件中，如在滤波器特别是软开关变换器的谐振腔内，能量以高频方式在电容和电感间转换。图7.7说明了空间内存在不同的储存电磁能量的器件组合，图7.6 (a) 为电磁能量的分布图。

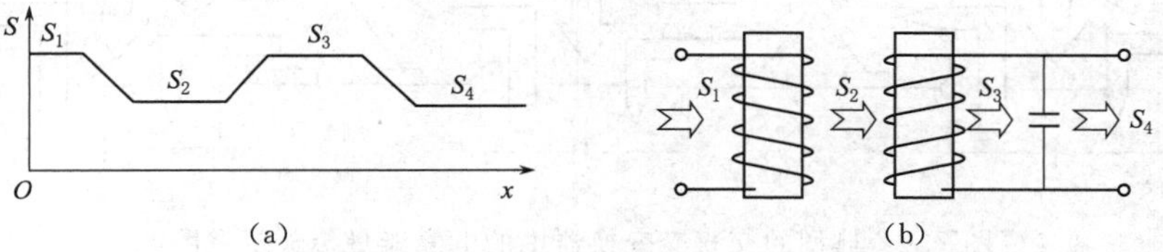

图7.7 集成的电感-电容-变压器电磁能量关系图

5. 连接件中的电磁能量

连接件主要包括直流母排、相母排、辅助器件的连线以及电机与变换器、电源与变换器之间的连线。这些连线不仅仅是电磁能量传输的导线，而且是改变电磁能量形态的元件。

母排电缆是变换器中重要的连接介质，主要用于无源元件的连接，如母线电容和吸收电路元器件之间的连接。为了在无源元件的等效电路中包含连接电缆的分布参数，在对无源元件进行阻抗测量时，应包括与元件连接的电缆。基于IGCT的大容量三电平变换器母排，具有尺寸大、复杂、形状不规则、分散性强等突出特点。受集肤效应和边缘效应影响，不同频率下的分布参数不同，且分布参数和频率之间的关系为非线性。

7.1.3　变换器中的电磁能量传输

经过集成系统中的电磁能量在系统中传输，该传输特性受系统结构、媒质材料特性和元件电磁参数等的作用和影响。

1. 典型的能量传输

如图 7.8 所示，以一个典型的交直交变换器的电路结构为例进行讲解。图 7.8 中包含了输入和输出交流滤波器，一个基于功率二极管的整流器，一个基于 IGBT 的逆变器和一个直流滤波器。变换器中的电磁能量转换可以用图 7.9 描述，半导体硅片仅占一小部分，用小的长方形表示。两大类电磁能量流，即电荷相关能量和磁感应能量由坡印廷矢量给出，用空心箭头表示。由于 L_2、C_2 构成的滤波器的作用，从左侧进入变换器的电磁能量接近恒定。

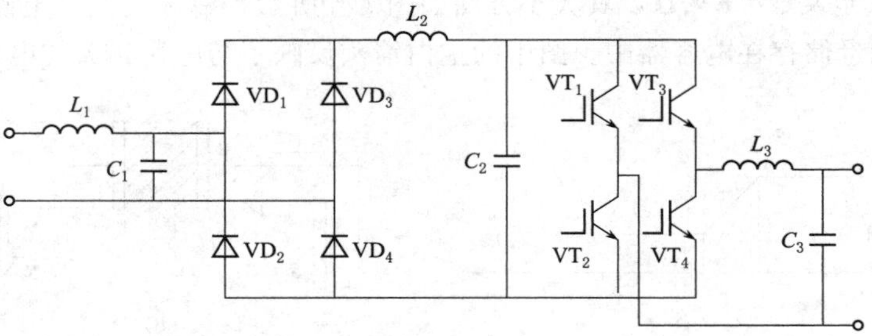

图 7.8　典型的交直交变换器的电路结构

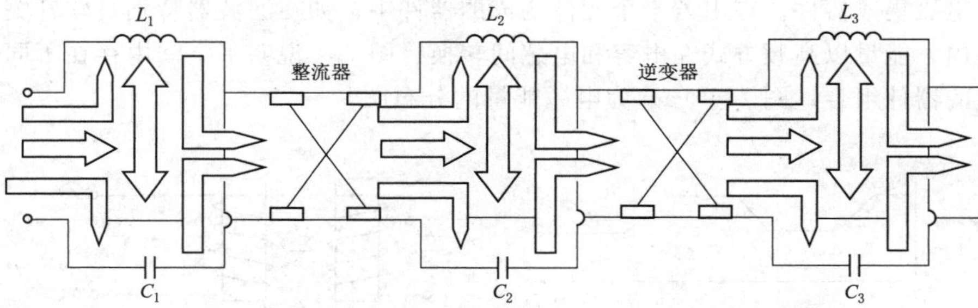

图 7.9　典型的交直交变换器中的电磁能量传输示意图

整流器整流后产生能流的脉动，脉动被直流滤波器中的电感和电容的能量存储所缓冲。直流部分再经过逆变器变换成为交流，由低通滤波器滤掉高频部分，输出所需要的正弦交流电。通过对开关频率的调制实现对输出波形的控制。二极管整流桥中的四个开关，在物理上并没有影响到能流的脉动，但是它引导了电流和电荷相关能流通过输入输出导线之间的互连空间变换传导在规定的方向上。输出滤波器起到了平整输出能流脉动的作用。

2. 电磁波形在传输中的畸变及损耗

电磁波形在电力电子与电机集成系统中的传输会发生畸变和损耗。以往的电力电子拓扑研究认为器件是理想开关，不考虑开通、关断的过渡过程；传输线路仅表现为电气连接；电磁波形通过集成系统中的传输速度为光速（通常的研究中可以认为是无限大）。并且在大多数的算法研究中忽略了线路中非线性因素的影响。

能量的传播是一个时空函数，无论是对于热流、电磁流还是载流子传输。能量波形的形态在传输过程中因传输线路上存在的分布参数和非线性因素而导致出现畸变和损耗，从而产生很多未知的波形，使得一些理论上完善的算法在实施中出现了偏差。对于能量波形在传播过程中产生的畸变，有些对于系统运行无害，但需要查明其内在机理；有些则对系统运行不利，需要提出解决方案。

3. 能量传播的时空方程

在集成系统中存在不同时间尺度的过渡过程：秒级的热传导过程、微秒至纳秒级的PWM脉冲过程以及纳秒至皮秒级的半导体器件开关过程等。这些过渡过程在时间尺度上相差很大。针对这些过渡过程，可以通过建立能量传播的时空方程，即从时空关联的角度分析这些过渡过程。

7.1.4 基于电磁能量变换的集成系统设计发展

基于电磁能量变换的集成系统设计仍在发展之中，本节仅列举以下主要基本概念。

1. 脉冲电源下的电路拓扑

脉冲型电源是电力电子与电机集成系统的主要特色，脉冲电源含有丰富的高频谐波，由于电场能量存储与频率成严格的正比例关系，脉冲电源会带来高的能量交换密度。磁场能量存储也得到脉冲序列的好处，但是它的能量交换密度的改善比较小。因此需要选择能够应用更多的电场能量存储和更少的磁场能量存储的拓扑结构。

2. 散热与冷却

散热与冷却是集成系统中能量平衡的重要方面，半导体开关器件是热源的集中地。因此半导体开关器件装配的形态和体积很大程度上取决于散热的需要，功耗的准确计算和散热结构的精细设计是保证系统能量平衡的另一重要条件。同时，限制开关速度和集中减小器件的通态损耗，将更加容易实现散热的要求。

3. 电磁集成

电磁集成是指充分利用开关函数、传导方程和电磁能量存储方程实现通过变换器的最优能量变换和传输，并且得到半导体开关器件和材料使用最优情况下的电磁变换条件，电磁集成包括以下几点：

(1) 电场和磁场能量存储区域应尽量靠近，以减小互相连线，从而使得系统随着脉冲功率的增强而得到瞬态电磁能量快速平衡。

(2) 适当设置脉冲电源的开关频率，以减小电磁变化量，从而减小电磁应力的影响。

(3) 相同开关频率下，材料中的损耗将随着储存的能量密度增加而增加，因此变换器需要使电磁能量尽可能均匀地传输。

(4) 电磁结构中的平板结构（电容、变压器、半导体器件等）有利于电磁能量均匀地传输。

7.2 控制与检测信号的数据通信

电力电子与电机集成系统为适应电磁能量变换及传输的精确控制及多功能化要求，控制及检测信号数据通信系统成为了一个必不可少的部分。

7.2.1　数据通信系统的特点及分类

电力电子与电机集成系统中的数据通信系统有其自身的特点。以下主要介绍数据通信系统的特点及其实现。

1. 通信信号及其特点

(1) 用户控制命令。这些命令主要来源于人机界面、远程控制系统或控制面板，它们针对主控单元，包括主电路的通电、断电、启动、停止以及频率调整等。对于控制系统而言，这些命令是非周期性的事件信息，因此要求具备较高的实时性。

(2) 外围电路。外围电路是相对系统主电路的整流、吸收和逆变等模块而言的。外围电路在集成系统工作时起到输入输出电压调整、滤波以及冷却和外围开关互锁等作用。这部分电路的状态将直接影响集成系统的正常工作，因此必须进行监测。这些信号属于非周期性的事件信息，实时性要求高，在异常情况时控制系统需要根据它们的状况迅速地进行反应。

外围电路的控制主要源于用户指令或系统故障，这类信号具有非周期性特点。由于外围电路的执行时间较长，通常在毫秒级别，因此其实时性要求相对较低。

(3) 系统主电路。在集成系统中，主回路母线电压、输出电流和电机电流等检测信号占据最大数据量，对系统的安全稳定运行至关重要。这些信号多为周期性信号，因此需要具备较高的实时性要求。

(4) 反馈控制。集成系统正常运行时，启用反馈控制需实时更新控制参数并反馈控制结果。由于数字系统的反馈控制涉及采样周期，信号传输延迟会影响控制性能，因此反馈信号的传输需具备高实时性。在集成系统中，通信系统为各子系统提供数据交换的通道。因此，必须结合控制系统的具体情况才能做到有的放矢，使通信系统适合集成系统的控制要求。

2. 集成通信系统特点

支持各种不同特性的数据交换，以完成控制系统中并存的多种任务。满足不同类型数据交换对实时性的要求。适应集成系统的工作环境，能可靠、准确地完成数据交换。具体来讲，电力电子与电机集成通信系统具有以下特点：

(1) 多任务。集成控制系统在日常运行中面对的情况相当复杂，除执行脉宽调制(PWM) 和故障保护外，还需承担人机交互、数据采集、PWM 脉冲管理、故障检测、外围控制等多项任务。这些功能由控制系统中的不同子系统协同完成，涉及多种数据交换。总体上，控制系统的功能可分为两类：一是持续执行的基础功能，如复杂的控制算法和 PWM 控制；二是应对特殊情况的措施，如故障保护等。尽管第二类功能由特定事件触发，但系统需持续监控这些事件，确保及时响应。因此，在实际运行中，控制系统需兼顾这两类功能的实现。

当控制系统中多种任务在同一时段并存时，需依据任务特性分配优先级，合理安排任务调度。常见策略包括采用静态优先级的可抢占式调度以及同一优先级的任务实施时间片轮转等。至于通信系统，则需深入分析不同任务中数据交换的特性，如通信的周期性、实时性需求及数据量大小等，并采取合适的方式以满足不同通信需求。这样才能有效利用系统软硬件资源，确保控制功能的实现。

（2）实时性。时间的确定性对于实时性至关重要，即系统必须在预定时间内完成指定任务。为实现快速响应，集成系统中控制部分的通信对实时性要求极高。特别是与保护和控制算法相关的检测信号，每个 PWM 控制周期内至少需完成一次数据更新。然而，在实现人机交互功能时，需考虑操作者反应时间，因此人机界面相关通信的实时性要求相对较低。

（3）可靠性。可靠性是指系统、设备或元器件在规定条件下和时间内能稳定完成预定功能的能力。对于通信系统而言，其可靠性尤为重要，需确保数据传输的准确性和实时性。若通信数据无法保证准确可靠，即便控制算法再精确、通信速度再快，也无法实现对集成系统的有效控制。

集成系统工作在高压大电流开关模式下，电磁干扰强烈，瞬态电磁能量变化显著，这些都可能导致器件和装置失效，尤其是通信系统。因此，在这种环境中，通信系统必须具备良好的电磁兼容能力，以减小工作环境对通信过程的影响。此外，当通信系统出现故障时，若能运用容错技术实现自动修复，保持系统正常运行，也能有效提升系统的可靠性。

（4）协调性。面对众多的用户信号和待实现功能，通信系统是载体，必须确立一个协调控制的总体原则来指导集成系统的运行，这个原则可以归纳为以下三点：

1）随着集成系统控制功能密度和复杂性的增加，单个微处理器难以胜任所有任务，因此常采用多微处理器分工合作。层次化和模块化设计是这种分工的基本原则，从纵向和横向角度描述功能关系。协调控制关注功能间的横向关系，与模块化设计紧密相关。将相对独立功能封装成独立子模块，简化模块间接口，是提高系统效率和可靠性的有效方法。这种设计减少不必要的数据流动，使信号在模块内处理完成，输出简洁结果或命令，提高系统效率。同时，释放资源，减少功能冲突，增强系统可靠性。

2）信号与控制方法互相适应的原则基于信号、控制方法及控制效果间的紧密关系。从控制论视角来看，信号相当于系统输入，控制方法则代表系统控制特性的传递函数，而控制效果即为系统输出。为了达成预定的系统输出，系统输入与传递函数需彼此协调。同理，信号与控制方法之间的协同配合也遵循相似的规律。

3）系统参数和控制参数互相匹配。这里的系统参数主要指变频器主回路参数、变频器负载参数以及变频器应用环境的相关参数。控制方法与变频器主回路密切相关、互相影响。对于具体的应用功能，它们都是针对集成系统的负载（如有水位控制的灰渣泵）或变频器应用环境的特殊性（如失电跨越要求）来制定的，当然也与相关参数密切相关。

图 7.10 为集成系统中的系统功能、控制策略和实施时间分级关系示意图。该图从下至上表示底层算法、系统过程、控制级别与最终输入输出端口；从右至左控制实施时间分别为秒级、毫秒级、微秒级和纳秒级过程，且出现在同一动态过程中，它们相互区别又相互联系，形成一个系统整体。

3. 集成系统中的通信系统型式

集成系统基本都采用串行通信方式，与并行通信相比成本较低。而光纤由于抗干扰性能较好，也已经成为集成系统中常用的通信介质。另外，采用现场总线是高速通信的显著趋势，有利于各子系统间共享信息。大体上，目前在用的集成系统的通信系统分类及相关特点如下：

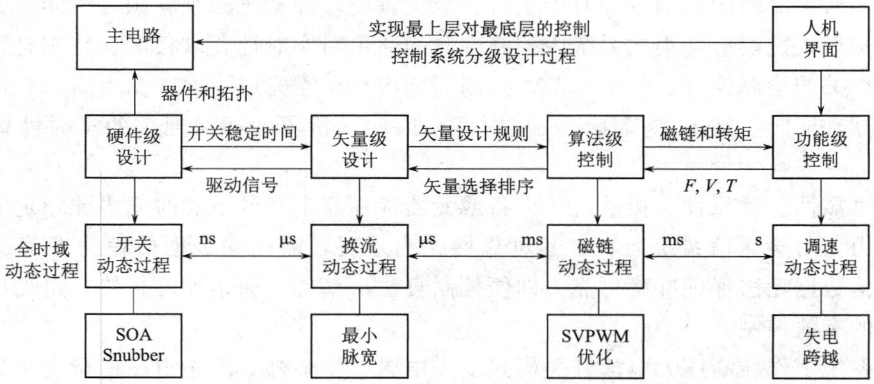

图 7.10　系统功能、控制策略和实施时间分级关系示意图

(1) 现场总线与 CAN 总线。现场总线为一种开放系统互连模型作为基本构架的通信连线方式，具有开放性、分散性与数字通信等特征。使用较多的现场总线有 Lonwork (local operation network)、基金会现场总线 (foundation fieldbus)、CAN (controller area network) 和 Profibus 等。

CAN 总线是现场总线的一种形式，其规范已被 ISO 国际标准组织制定为国际标准，广泛应用在离散控制领域。CAN 的短帧通信模式较适用于实时性要求较强的控制场合，通信中受到干扰的概率较小。它是一种多主总线，更适合于分布式的控制系统。

CAN 总线采用了许多新技术和独特的设计，使其在可靠性、实时性和灵活性方面具有突出的优点：支持多个主节点，各节点通过总线仲裁获得总线使用权；通信速率高，最快可达到 1Mbit/s；可靠性高，总线协议具有完善的错误处理机制。CAN 的信息传送采用多主随机发送方式，可实现无冲突的 CSMA/CA（载波侦听多路访问/冲突避免）。因此，CAN 具有实时性强、传输距离远、抗电磁干扰能力强、低成本等优点。

(2) 异步串行通信。常见的异步串行通信方式有 RS-232、RS-485 和 RS-422 等。RS-232 作为一种标准，成为微机通信的标准接口之一。RS-485 可以组建功能不复杂的总线网络，这种网络在总线资源的争用控制、通信故障检测等功能的实现上比较复杂。串行通信已经成为一种较为成熟和常规的技术，具体技术内容包括：通信效率分析、通信协议与硬件结构设计、误码机制研究等。

可以利用光纤实现 PC 的 RS-232 异步串行通信，完成测量与控制系统中的数据交换。但是通信线路的长度限制主要与通信线的电容和收发端的电路结构有关。

异步串行通信规定，收发双方取得同步的方法是在传送字符格式中设置起始位和终止位。其格式一般是：一个起始位、1～8 个数据位、一个奇/偶校验位和一个终止位。由此可知，在异步串行通信模式下，每传送一个有效字节至少要多传递 30％的额外信息，占总传送量的 1/3 以上，仅此一点即证明异步串行通信的效率较低。此外，为了保证通信的可靠性，通信双方还要占用大量的应答响应时间，因此有效数据的传输效率通常达不到 50％。

（3）光纤通信。光纤通信是指将要传送的数据信号调制在光载波上，以光纤作为传输媒质的通信方法。光纤主要的特点是体积小、重量轻，抗 EMI 能力强，无电磁辐射及生存能力强等。光纤通信媒质分为两种：一是玻璃光纤，通信速度可以达到 Gb/s 量级，光纤衰耗小于 1dB/km；二是塑料光纤，它的抗 EMI 效果好，装配也相对简单，虽然通信速度只能达到数兆比特每秒量级，光纤衰耗也高达 100dB/km 左右，但价格便宜，对短距离通信已经足够。

光纤通信在抗电磁干扰方面具有比较明显的优势。光纤介质应用于工业领域通信的研究，一般与某种特定的通信形式相结合，如采用 CAN 总线和 RS-232 异步串行通信的光纤媒质实现方案。在利用光纤介质来组建通信系统的基础上，有必要对其工作的各方面性能进行测试和分析，并与采用电线的同类通信方式进行比较和区分。

通信系统的失效可能表现为误码、数据错误与丢失、信息传输延时的不确定性以及通信超时等问题。影响高速可靠传输的因素包括线路参数、波特率误差、现场干扰、应答机制及通信协议的合理性等。为提高系统可靠性，常采用容错技术。此技术能在系统关键部分发生故障时，自动检测与诊断，并采取相应措施确保系统维持功能或在可接受范围内运行，涉及故障的检测、诊断与修复等方面。对于通信系统而言，容错旨在满足控制系统对数据交换的需求。在检测到通信故障且无法修复时，须在确保集成系统安全的前提下，实现安全停机。

在可靠性评估与测量中，采用综合评估理论对集成通信系统可靠性进行全面评价。同时，也建立了实时多任务软件系统的可靠性模型。值得注意的是，在运用可靠性模型时，对于由多个元件构成的系统，其可靠性估计的准确性在很大程度上依赖于对元器件基础失效率的了解。若缺乏完整的实验数据，可靠性模型的准确性将受到显著影响。因此，在实际的系统可靠性研究中，常结合定性量度和定量量度的方法，以更全面地评估系统的可靠性。

7.2.2 集成系统信号数据流特点

通信系统的可靠与高效运行依赖于设计前对集成系统信号数据流特点的分析和把握。集成系统信号流特点是由集成系统功率变换和传输的特点而定的。要了解信号流的特点必须先了解功率变换结构及其控制系统的特点。

以高压大容量三电平变频调速系统为例，其电气结构如图 7.11 所示。主电路系统是基于 IGCT 的二极管钳位式三电平拓扑结构，由输入变压器、整流电路、直流母线、吸收电路、三相逆变桥、滤波装置和负载构成。

该系统中，三相交流电源通过三绕组变压器对整流桥供电。为了获得 12 脉波整流，变压器两个二次绕组之间必须存在 30°的相位差。二次侧的一个绕组为星形接法，另一个绕组为三角形接法。两个无熔断器的整流桥串联连接，因此直流电压为两整流桥的叠加。在变频器的输出端需要加滤波器，用于减小输出电压中的谐波含量。采用该滤波器之后，输送给电机的电压波形接近于正弦波。其中，IGCT 为变频器的主要开关器件，它以 PWM 方式控制输出频率和输出电压的幅值。IGCT 的驱动模块集成了光纤接口，需要用光脉冲对 IGCT 进行开关控制。控制系统需通过光纤为逆变电路的 IGCT 提供 12 路 PWM 信号，并为母线控制 IGCT 提供开关信号。

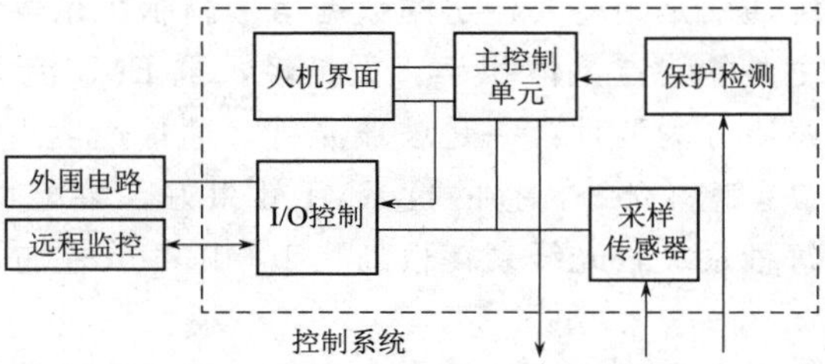

(a) 控制系统

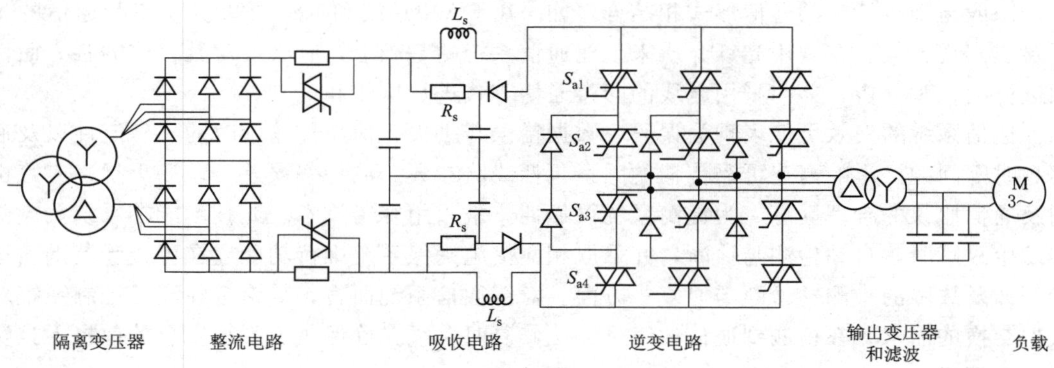

(b) 主电路

图 7.11　高压大容量三电平变频调速系统电气结构示意图

控制系统作为该集成系统中的核心部分，承担着完成各种复杂计算、发出指令和获得反馈的任务，是实现信息控制能量的中枢。控制系统的基本功能为产生 PWM、反馈处理、故障保护、状态观测和优化控制等。

PWM 控制算法是控制系统中的一项关键功能。除此之外，保护机制也是控制系统中不可或缺的一环，它有助于防止因不当操作或设备故障导致的系统损坏。当然，控制系统还涵盖了一系列其他重要功能，如人机交互、预励磁等。特别是在对可靠性有严格要求的工作环境中，系统还需具备应对短时间失电的容错机制。这些多样化功能的实现，往往依赖于控制系统中不同子系统的紧密配合，并通过各类数据通信交换确保功能的顺畅执行。

该控制系统采用了数字控制系统，相较于传统的模拟控制系统，数字控制系统具备诸多显著优势。其硬件成本更低，且具备高可靠性，特别适用于处理复杂的任务，并有效解决了模拟控制系统中的温漂问题。然而，数字控制系统也存在一些不足，例如采样和量化过程中可能产生误差，且响应速度相对较慢。此外，数字控制系统的软件功能在观测和调试方面也存在一定的难度。

由于控制系统承担的任务日益庞大和复杂，系统硬件和软件的复杂性不断提高，使得高性能微处理器（如 DSP、CPLD、FPGA 等）以及嵌入式操作系统在电力电子与电机集成系统中有了很大的用武之地。一般可以根据功能不同将控制系统分为三部分：人机界面、反馈系统和主控系统。

1. 人机界面

人机界面作为用户监控和控制装置运行的界面，核心作用在于人机交互。它能够直观反映集成系统的工作状况，让操作者轻松监视并调整系统的运行状态和参数。考虑到工业现场的多样化需求，集成系统的人机界面需兼具本地操作和远程控制功能。在这两种控制模式下，主控系统都需要与相应的人机界面进行有效通信，确保信息的实时传递和控制指令的准确执行。本地操作指现场控制采用可手持的控制盘（简称为手控盘或 CDP），而远程控制则指通过 PC 机与主控系统进行通信。

2. 反馈系统

反馈系统是集成系统主电路与控制系统信息交流的通道，用以检测集成系统的其他部分，如主电路和外围电路的工作情况，并将其传递给主控系统。集成系统正是按照这些检测信号来运行，并实现用户期待的功能。

根据数据检测的特点，反馈系统可以分成两类：一类反馈系统从与主电路直接相连的传感器采集实时的电信号并进行大量的数据传输，即通常所称的 A/D 采样系统；另一类则通过检测外围电路的运行状况，向主控系统传送开关信号，这种系统通常也集成外围电路的控制功能，一般称其为外围反馈与控制系统（简称为 I/O 系统）。为了避免 A/D 采样系统和 I/O 系统通过通信线路将其受到的干扰带入主控系统，在进行硬件设计时需要考虑控制板间隔离问题。

3. 主控系统

集成系统的核心控制系统本身担负着通过 PWM 控制主电路开关器件的重要任务，也需要通过大量的数据交换完成诸多控制功能，具有相当的复杂性和高实时性要求，一个 CPU 往往难以胜任所有的任务，而多个 CPU 协同工作则能解决这个问题。如集成系统的主控系统选用双 DSP 的设计，控制系统硬件框图如图 7.12 所示。DSPa 主要负责与 CDP、A/D 板和 I/O 板的通信及控制系统的总体协调，DSPb 主要负责 PWM 脉冲控制及与 PC 通信。

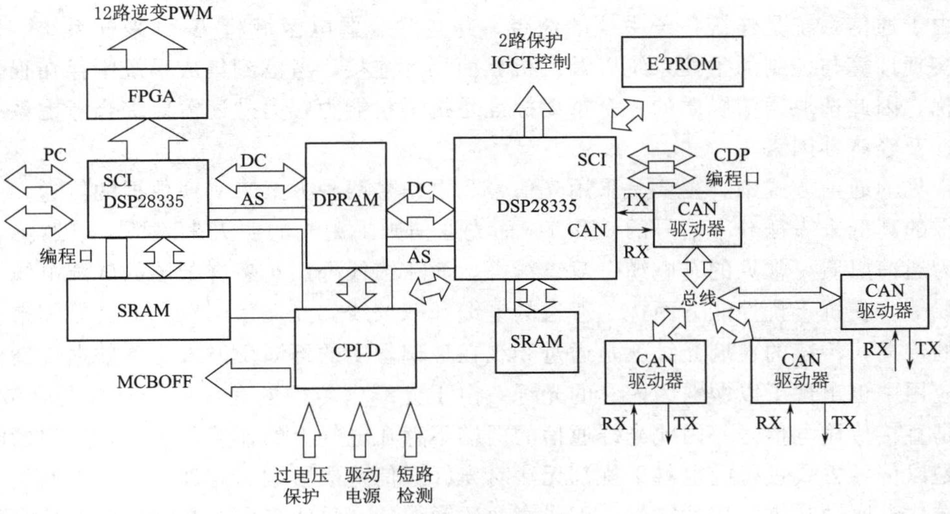

图 7.12 控制系统硬件框图

根据硬件结构设计，可将集成系统的控制系统按核心程度从硬件上分为五部分：主控系统、检测与保护系统、I/O 系统与控制系统、手控盘和 PC 人机界面。主控系统是整个控制系统的核心。

从功能上来说，手控盘和PC人机界面是人机交互的主要平台，通过主控系统获知系统工作情况，控制过程的运行状态，修改系统运行参数；检测与保护系统一方面负责数据采集并转换成模拟信号，把相关的数字信号发送到主控系统以供分析计算，另一方面监视直流母线上的总电压，可以根据主控系统发出的保护命令直接进行外置硬件保护动作；I/O系统向主控系统提供一些外围电路的工作情况（如驱动控制、接地隔离开关等），并通过主控系统的判断来控制其动作。而主控系统作为各信息流动的必经之路，不但需要对各种信号进行逻辑上的判断和计算，也通过这些判断和计算的结果，发出PWM光脉冲控制主电路的开关器件，可以说是整个控制系统中最关键的部分。

控制系统的控制功能有相当一部分依赖于各控制芯片间的数据交换，通信系统为此提供硬软件基础。在控制系统中，需要实现以下几种通信：主控板与A/D采样系统、I/O系统、PC和CDP的通信，还有主控板中的DSP之间的通信。考察系统中的所有数据，可以大致将需要进行通信的数据分成下述几类：①控制参数；②实时数据；③系统状态；④控制命令；⑤历史记录。

其中，控制参数与控制命令的通信主要基于事件触发机制，而实时数据与系统状态信息则多具周期性特点。实时数据涵盖了多个关键部分的信息，如输出频率、电流、电压、功率和直流母线电压等。为了更直观地理解这些数据在控制系统中的流动特性，对其进行了分类和建模。通过归类实时性要求、数据来源、周期性及数据量大小，构建了一个数据流模型。

7.2.3 通信系统的硬件结构

本节介绍集成系统中的通信系统的硬件设计，确定在不同条件下采用的通信媒质和控制系统中的各种通信方式的设计方法，并估算各通信方式的硬件可靠性。

由于通信系统是连接各子系统的纽带，跨越强、弱电区域将A/D采样系统、I/O系统和实现计算与控制的主控系统以及人机界面相互连接，考虑到集成系统中存在很强的电磁干扰，因此选取通信媒质的一个重要标准是抗干扰能力，另外还需要综合考虑系统的可扩展性及经济性因素。

常见的通信方式中，主要是采用光信号和电信号两种方式来实现数据的传递，电信号以电平的高低来表征数字信号的0和1，而光通信则采用光的明灭来表征。电通信以金属导体为通信媒质，常见的有电缆、双绞线等，而在缆线外层包裹屏蔽层的屏蔽电缆、屏蔽双绞线等，在抗干扰性能方面优于普通的电缆和双绞线。光通信则以光的良导体来实现长距离的传播，传统的玻璃光纤就是通过光线在玻璃丝中的不断反射来完成数据传播。现在工业应用中也出现了以塑料为内芯的光纤。由于光纤中传播的是经电光转换的光波信号，而不是直接传输电信号，因此光纤通信的两端不存在电气上的连接，无论是空间的电磁辐射或是以传导方式进行的电磁干扰都无法对光纤通信造成影响。此外，光纤受温度的影响小，抗化学腐蚀和抗氧化性能强，工作寿命比铜缆长。总体来说，光纤通信在抗电磁干扰和恶劣工作环境方面具有比较明显的优势，但由于转换环节较多，因此光纤通信系统较之直接的电信号通信系统更为复杂，成本也更高。空间距离较远的系统在通信过程中也容易将工作环境中的空间电磁辐射感应为电信号，不仅可能导致通信出现故障，还可能将这些干扰引入电路板，导致系统无法正常实现判断与控制。一般来说，主控板与I/O板、A/D板之间以光纤进行连接，而距离较远的PC远程通信也采用光纤，而信号传输距离较近、不涉及强电信号的手控盘通信，则可以考虑采用一般的电线，但最好是屏蔽线。

在采用光纤通信的控制系统中，主控板、A/D板及I/O板之间的通信采用CAN总线。由于该通信系统的应用场合与采用介质的特殊性，在硬件设计中需要注意的问题较多。传统的CAN总线采用的是差分形式，总线上CANH和CANL之间的电位差表征传输的数据值。网络中的各个节点都通过CAN接口芯片（如PCA82C250T）把各个处理器通信的发送（TX）和接收（RX）与总线相连，如图7.13所示。由于总线上的信号是双向流动的，载体通常为电线，因此，不能直接用单向传输的光纤来替换图7.13中的电线。因此，需要寻求一种适合于光纤CAN网络的拓扑结构，以保证光路的畅通、灵敏，适合于光纤通信的单向传输特性，并能完全利用CAN硬件标准的优点，同时能支持尽量大的网络结构，达到CAN协议支持的最高通信速率，并希望网络数据延迟最小，通信灵活性较好，可靠性、抗扰动能力及容错能力都较强。

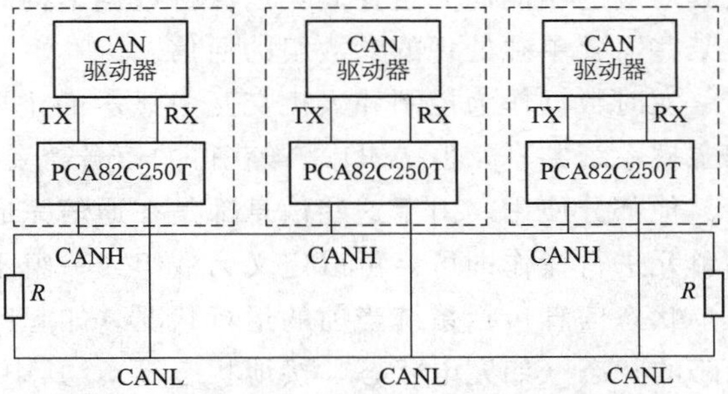

图7.13　传统的CAN总线拓扑

若主控板与手控盘之间的通信采用RS-422全双工异步通信方式，则通信方式中采用差分信号进行通信。另外，由于通信的双方（即主控板和手控盘）都处于系统的控制柜中，一般空间距离较小，而且都不与强电区域直接相连，因此使用电线进行通信即可。在手控盘中，RS-232协议与RS-422协议之间的转换由MAX490完成，而主控板为其中DSPa的SCI接口经过LVXC3245进行电平转换后，接到422接口芯片（MAX490）上，通过排线相互连接。系统的原理如图7.14所示。

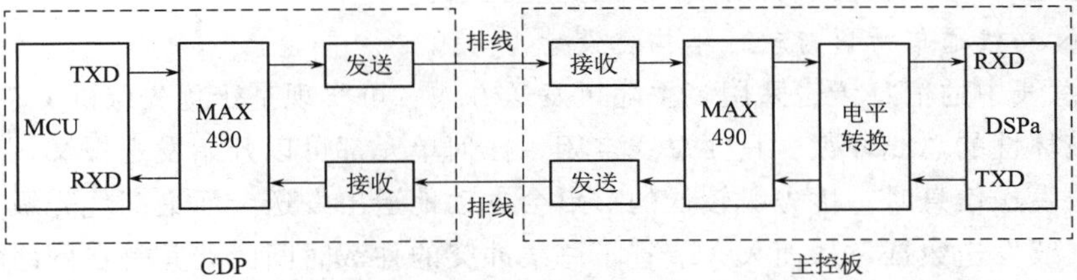

图7.14　RS-422通信系统原理示意图

7.2.4　数据结构设计

为使通信能够顺利进行，通信系统中的各方要在数据传送方式、数据编码、错误校验方式、信息格式以及通信基本参数等方面达成共识，制定相互匹配的通信协议。本节介绍两部分内容，一是控制系统的数据结构总体设计与统筹规划；二是按类型分别对各通信模块的协议和软件进行设计。

1. 控制系统数据结构

通过对控制系统中数据流特点的分类研究，可以发现在一些不同通信中，数据流类型与流量基本一致，因此可以采用相似的数据结构进行通信协议的设计，并针对通信方式的特点作适当的调整。

参数组至少会在人机界面与主控系统间传递，控制系统的其他部分如A/D采样系统和I/O系统也有可能会通过接收不同的参数而采取不同的动作和措施。这些参数可以根据其对应的功能而分组存储，以保持数据结构的灵活性和软件较好的可读性，也能有效实现某些需要单独处理的参数组的通信。

实时数据作为控制和人机交互中显示的主要内容，至少由A/D采样系统、人机界面和主控系统共享，但A/D采样获得的信号需要进行一定程度的分流和数据处理后才能供给其他部分使用。由于这些信息都是在通信完成之后立刻进行处理的，因此对一组固定存储单元进行操作即可，可以定义为数组或一组不同的变量。

状态信息包括系统当前的运行状况（如起动停车、正反转、当前的运行频率）和外围电路的状态（如充电状态，接地状态等），其中运行状态由主控系统供给，而外围状态则由I/O系统提供。这些状态由整个控制系统中各个部分共享，并可作为一些逻辑判断依据。由于除了当前频率之外的状态变量都可以用0、1或0、1、2来表达，因此可以用标志字或标志位来集中表示这些状态。

控制命令有以下两种：

（1）人机界面对系统的控制指令，如起动停车、改变频率等，这些控制命令相互之间没有必然的关系，因此采用相互独立的变量来表示。在系统运行时对一些功能的使能操作可以归类为控制动作，但将其作为控制参数传递处理更为合理；

（2）控制命令来自事件触发，如故障发生就是造成保护动作的触发事件，这种控制命令的实时响应速度要求非常高。

历史记录是把系统中发生过的事件以一定格式存储下来，这种记录可以存储在PC机中，也可以存储在主控板中的E^2PROM中，在控制系统失电之后仍能保持记录，在下次控制系统上电时，人机界面可以从中读出这些记录。

2. CAN总线通信协议与软件结构化设计

CAN总线中的信息传送采用多主随机发送方式，可实现基于优先级的CS. MA/CA，能完成非破坏性的总线仲裁。只要总线空闲，任何单元都可以开始发送报文。当多个节点同时向总线发送信息时，优先级较低的节点会主动地退出发送，而最高优先级的节点可不受影响地继续发送数据，从而大大节省了总线冲突的仲裁时间。尤其是在网络负载很重的情况下也不会出现网络瘫痪情况。

（1）CAN总线的信息流分析。为了实现各系统间数据交换的功能，在CAN总线中主要存在以下几类具体数据：①来自A/D采样系统的实时电压电流采样值；②I/O系统对外围电路状态的反馈值；③主控系统对外围电路动作的控制命令；④来自主控系统的系统运行状态；⑤来自主控系统的系统参数；⑥来自I/O系统的状态控制命令；⑦定时发送的通信状态数据。

对于CAN总线的通信数据流，第1类数据量很大，采用的是定时传输的方式，这些数据是控制与保护的依据，因此对实时性能的要求较高；第 2 类和第 3 类是相互对应的一组数据。基于外围电路控制的特点，I/O 系统以一定的周期不断扫描外围电路的状态，仅在其发生变化时才主动向主控板发送第 2 类数据。而主控系统也仅在特定的事件发生时才对外围电路进行状态切换控制，如控制主电路开关的断开与闭合等。由于外围电路的继电器动作时间在几十毫秒量级，控制命令的通信速度并不会成为外围电路控制中的瓶颈，因此第 3 类数据的通信实时性要求并不是特别高；而对外围电路状态的反馈不仅是外围控制的依据，也是主控系统进行一些逻辑控制的依据。因此，保证尽量高的实时性能十分必要。第 4 类数据来自主控系统，以广播的方式向其他节点发送，对 A/D 板和 I/O 板中的一些判断逻辑起辅助作用，但由于重要性并不高，因此对实时性的要求也不高。

(2) CAN 通信协议。由于 CAN 总线通信采用短帧格式，每帧字节数最多为 8 个，在满足集成系统中控制命令、工作状态及测试数据的一般要求的同时，也不会占用总线时间过长，从而保证了通信的实时性。因此，只要根据数据的重要程度确定相应的 ID，即可完成对通信优先级的排序。需要注意的是，只有在确定不同数据不会在总线上产生时序冲突时，才能赋予同一 ID，并通过数据场内的信息来区分其意义，但这种做法降低了数据场的使用效率。通常情况下，不同的数据应有不同的 ID 与之一一对应，以确保 CAN 总线可以实现有效的仲裁。

(3) CAN 通信软件。CAN 控制器本身具备错误探测和管理功能。在制定协议时，通过对邮箱标识符及相关寄存器的合理分配，就能利用已有的总线仲裁功能来解决总线争用问题。

各子系统的控制单元资源都是有限的，因此在系统配置时可能存在邮箱的复用问题。如在 DSPTMS3202407A 的 CAN 控制器模块中，共有 6 个邮箱，其中 2 个接收邮箱，2 个发送邮箱，还有 2 个可以灵活配置为接收或发送邮箱，根据前面的分析，信息种类为 6 类，而每类信息中还可以进行不同的种类细分，因此 DSP 的 6 个邮箱中至少要配置 3 个为接收邮箱，同时每个邮箱应可以通过报文过滤来接收不同 ID 的信息。由于发送动作是控制器的主动行为，因此可以通过在发送信息前对邮箱进行不同配置实现不同 ID 对同一邮箱的复用。

在软件设计时，根据 CAN 总线的自动检测和接收功能，采用中断方式来接收邮箱数据。接收邮箱从总线上读取完相应帧内容后产生中断，通信程序在中断服务子程序中进行如下操作：在每一次接收完成之后，将这次通信的邮箱 ID 值赋给标志字 CAN _ FLAG，通过对它的读写操作与判断来实现对不同邮箱数据帧的辨识（类似异步通信中通过对包头的辨识来认识数据内容）。在此基础上进行邮箱数据与各控制变量的交互（赋值与读取）。读取数据后进行相关寄存器的复位。

在设计 CAN 发送程序时，则可采用查询方式。一般的通信都是在主程序中准备完要发送的数据之后再进行发送动作，对于 CAN 通信来说，则是在从变量向邮箱内数据传递内容后，将整个邮箱作为一个数据帧发送，发送期间对总线监听应答位，收到应答位则说明数据帧已经顺利发出，对相应寄存器复位后就可以进行下一步操作。由于 CAN 总线中有检测错误自动重发的功能，因此可以不设定重发功能。在此通信过程中，必须对时序问题加以注意。一些技术性的延时与等待往往能起到决定性的作用。

DSP 软件通信程序的主要内容包括系统初始化、数据接收、数据更新与发送等，具体编制则根据功能要求和硬件载体特性而定。

(4) CAN 通信的实时性。CAN 通信中的延时可以分为三个主要部分，即产生延迟、队列延迟和传输延迟，均可用数学模型表示。

产生延迟（generation delay，GD）是指由应用层产生需要发送的数据到 CAN 控制器将其排入 CAN 总线等待队列的时间。队列延迟（queueing delay，QD）是指信息从排入等待队列到开始进行传输之前的时间。

对于优先级最高的数据帧而言，队列延迟在 $0\sim B$ 之间，B 为低优先级信息延迟的时间，而对于优先级最低的数据来说，队列延迟是总线各节点将其需要进行通信的数据传输完成的时间，如果总线负担很重，就会始终被高优先级的数据媒质的特性，一般小于 1 个 τ_{bit}。

CAN 总线控制器本身会对数据帧进行 CRC 校验，任何检测到错误的节点会标示出已损坏的报文。被标识的报文会失效并自动地开始重新传送。对于没有被检测到的错误报占用，使低优先级的数据无法进行传输。

3. RS-232 通信协议与软件的结构化设计

RS-232 通信是一种全双工异步串行通信方式，可以实现点对点通信，通信双方为主控板的 DSP 和负责远程控制的 PC。虽然串行通信已是常规技术，但是由于集成系统工作在强电磁干扰的环境下，同时采用光纤作为传输介质，因此通信接口的硬件结构比较特殊。针对通信可靠性要求比较高的特点，在应用层协议的设计中需要精心设计通信双方的握手机制，即使出现通信错误或失败，也必须有较为合理的重发机制作为弥补办法。

(1) RS-232 通信的数据流。用户可通过对 PC 软件界面的简单操作来实现以下主要功能：①向系统发出如起动/停止、正/反转等各种运行控制命令；②获知系统相应的运行状态信息；③获知系统当前的系统参数；④对系统的系统参数进行设置；⑤获知系统主电路中的实时数据；⑥向控制系统要求监视权和控制权，请求获得数据等。

除此之外，主控系统和 PC 之间还需要进行第 7 种即定时的握手通信，以确保及时获知对方工作情况，增强系统的容错能力。

(2) RS-232 通信协议。由于 RS-232 异步串行通信方式中既定的数据单元最长能传送 8 个有效位，即一个字节，而单一的字节无法传递足够多的信息，因此必须对通信过程中采用的信息传递方式进行设定，如数据编码方式、数据帧格式及错误校验方式等。

根据计算可知，对于串行通信而言，9.6kb/s 的波特率已经基本能达到前述对人机界面实时性的要求。由于受到 DSP 中主要任务即发脉冲的影响，RS-232 通信必须尽量避免大量占用系统资源，在波特率增加时，系统误码率迅速提高，同时对 DSPb 资源的占用也相应增加，不利于保证 DSP 进行计算的时间和发出 PWM 信号的可靠性，因此需要使用较低的波特率。

(3) 通信容错策略。在通信系统中，可能出现的错误主要分为两大类：一类是在数据传输过程中发生的误码及其相关问题，这类错误大多是暂时性的；另一类则是由于系统硬件的非正常工作导致的通信故障，例如控制芯片损坏、通信线路断开等，这类故障通常无法通过软件自动修复，必须采取报警或保护流程，以确保集成系统能够维持在受控状态。因此，通信系统容错策略的核心目标是检测和修复第一类通信故障，或者至少减少这类故障对系统产生的负面影响。

误码在通信中可能导致数据内容或格式出现错误，进而引起信息传输延时的不确定性，甚至造成数据丢失。影响通信误码概率的关键因素有线路分布参数、通信节点间的波特率误差以及现场干扰等，其中，现场的电磁干扰尤为突出。为了应对通信中可能发生的故障，可以采取数据检错与错误重发、相互监视、通信控制器检错、有限时间等待和通信被中断后的恢复等容错措施。

7.2.5　多种通信系统协同实现的综合控制

电力电子与电机集成系统正不断迈向高性能、高适应性的新阶段，其功能日益完善，需应对的情境也愈发复杂。因此，如何有效协调控制系统的各功能模块，在达成集成系统多样化功能要求的同时，确保系统的高效率、实时性及可靠性，成为一项至关重要的挑战。

在进行协调控制功能的综合设计前，深入分析各项功能的原理、功能分支、逻辑及时序等至关重要，要充分考虑功能间的相互影响，防止资源争用和时序矛盾等问题，以更好地实现协调控制。原理性分析有助于细化功能模块并理解信号逻辑。在此基础上，信号提取成为关键步骤，包括分析整合功能模块中的信号输入输出及内部处理情况，确保功能实现的同时减少系统输入信号数量，增强可靠性；同时，需从技术角度确定信号的特性，如周期性、频率、变化范围及实时性要求等。

当集成系统的输入信号基本确定后，逻辑分析成为不可或缺的一环。在此过程中，需重点关注各种情况下的核心问题，深入探究信号间的时序关系，规划并判断信号的优先级及相互逻辑。在估算和确定各环节时间特性的基础上，通过流程图的方式将功能实现过程中的信号逻辑进行抽象表达。对于某个特定的功能，设计步骤如下：

（1）以功能模块为单位，分析该功能的实现原理及与其他功能之间的关系。

（2）根据原理设计并优化该功能的数据流图，分析其是否满足功能和逻辑的要求。

（3）以数据流图为依据，设计信号的处理、传输、执行等环节的解决方案。

在控制系统功能协调的过程中，首要任务是明确该功能在整体系统中的优先级。需要分析该功能在执行过程中可能受到哪些任务的干扰或中断，并对此进行合理预估。随后，基于这些分析，应努力优化功能的执行时间和资源占用，确保满足控制要求。最后，结合前述分析，制定切实可行的软硬件解决方案。

在协调控制实现过程中，应遵循几个核心原则：信息本地化、数据流动最小化以及可靠性保障。信息本地化意味着在控制芯片进行逻辑判断和处理时，应优先使用本地存储的数据，而非频繁从其他控制器调取。数据流动最小化则是为了提高系统资源利用效率，减少未经处理数据的通信量。通过合理的通信协议和规约，确保数据在处理后再进行通信，并恰好满足接收方的需求。此外，控制功能的灵敏可靠对控制系统的稳定运行至关重要。

对于控制系统中的任务调度，可以采用静态优先级的可抢占式调度策略。通过设定不同优先级的中断，实现任务间的灵活切换。对于相同优先级的任务，可以采用时间片轮转的方式来遍历和执行。

总体来看，控制系统中各类功能按重要程度可分为几个层次：保护功能、基本控制功能以及参数与状态更新。这些功能的优先级可以通过在程序模块中使用不同等级的中断或查询机制来区分。同时，还可以利用通信系统中的协议来实现数据的分流和优先处理，确保关键数据得到及时处理。值得注意的是，在外围控制功能中进行逻辑判断时，DSP 需尽量保证反应的快速可靠，因此从本地而不是从双口 RAM 读取系统状态，避免出现由于双口 RAM 使用冲突造成的数据错误或延迟等问题。

7.3　几种电机集成系统案例

电机集成系统是现代工业中常见的解决方案，它通过将电机、电控和其他相关组件集成在一起，实现更高效、更紧凑的系统设计。

7.3.1　电动汽车驱动系统

在电动汽车中，电机、电控和减速器等部件通常被高度集成在一起，形成紧凑的驱动单元。这种集成化的设计有助于减少整车重量，提高能量利用效率，同时降低制造和维护成本。一些先进的电动汽车驱动系统还采用了智能控制算法，以优化驾驶性能和续航里程。电动汽车驱动系统示意图如图 7.15 所示。

7.3.2　工业机器人关节模块

工业机器人通常包含多个关节，每个关节都需要一台电机来驱动。为了简化机器人的结构和提高运动性能，电机、传感器和减速器等部件通常被集成在关节模块中。这种集成化的设计使得机器人更加灵活、精确和易于维护。工业机器人关节模块示意图如图 7.16 所示。

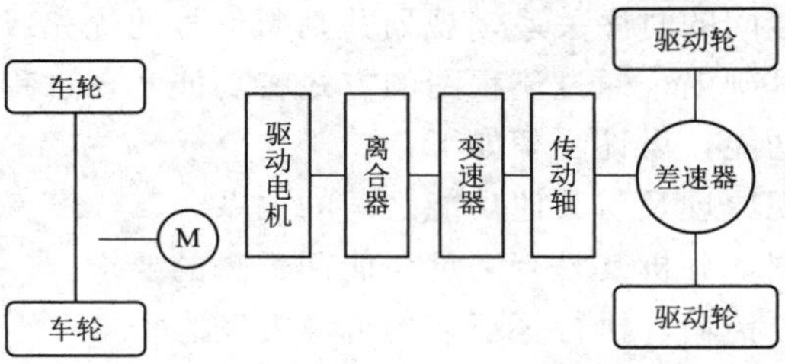

图 7.15　电动汽车驱动系统示意图

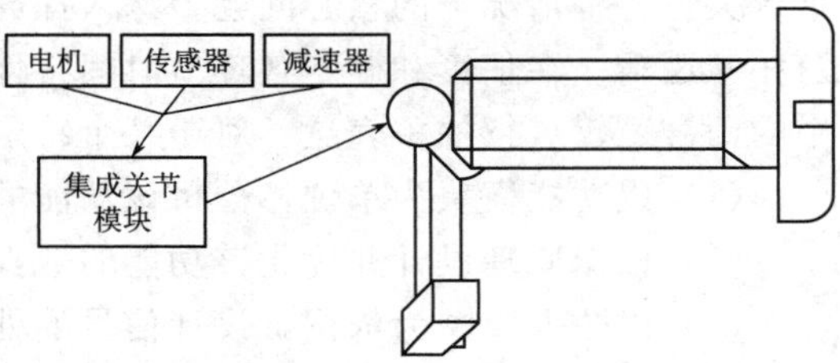

图 7.16　工业机器人关节模块示意图

7.3.3　风力发电系统

在风力发电领域，发电机、控制系统和传动装置等部件需要协同工作以将风能转换为电能。电机集成系统可以将这些部件集成在一起，提高风力发电系统的整体性能和可靠性。此外，一些先进的风力发电系统还采用了智能控制策略，以优化风能的捕获和转换效率。风力发电系统简化示意图如图 7.17 所示。

这些案例展示了电机集成系统在各个领域中的广泛应用和重要作用。随着技术的不断进步和应用需求的不断提高，电机集成系统将继续发挥更大的作用，推动工业领域的创新和发展。

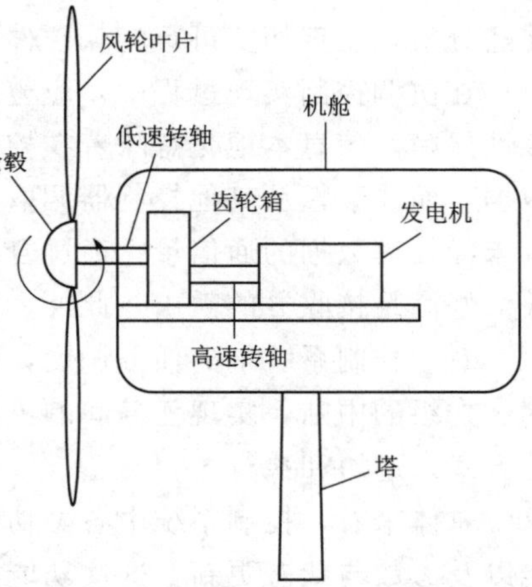

图 7.17　风力发电系统简化示意图

参 考 文 献

[1] 申永鹏. 电机控制系统电流传感与脉冲宽度调制技术 [M]. 北京：机械工业出版社，2023.

[2] 刘进军，王兆安. 电力电子技术 [M]. 6版. 北京：机械工业出版社，2022.

[3] 李永东，郑泽东. 交流电机数字控制系统 [M]. 3版. 北京：机械工业出版社，2017.

[4] 王军，龙驹. 异步电机智能控制技术 [M]. 成都：西南交通大学出版社，2014.

[5] 王军. 永磁同步电机智能控制技术 [M]. 成都：西南交通大学出版社，2015.

[6] 赵争鸣袁立强. 电力电子与电机系统集成分析基础 [M]. 北京：机械工业出版社，2009.

[7] 潘月斗，楚子林. 现代交流电机控制技术 [M]. 北京：机械工业出版社，2018.

[8] 马骏杰，高晗璎，尹艳浩，等. 现代交流电机的控制原理及DSP实现 [M]. 北京：北京航空航天大学出版社，2020.

[9] Bimal K Bose. 现代电力电子与交流传动 [M]. 王聪，赵金，于庆广，等译. 北京：机械工业出版社，2013.

[10] 袁登科，陶生桂. 交流永磁电机变频调速系统 [M]. 北京：机械工业出版社，2011.

[11] 王成元，夏加宽，孙宜标. 现代电机控制技术 [M]. 北京：机械工业出版社，2008.

[12] Sadegh Vaez-Zadeh. 永磁同步电机的建模与控制 [M]. 杨国良，孔文，译. 北京：机械工业出版社，2022.

[13] 韩如成，潘峰，智泽英. 直接转矩控制理论及应用 [M]. 北京：电子工业出版社，2012.

[14] Mukhtar Ahmad. 高性能交流传动控制系统—模型分析与控制 [M]. 刘天惠，张巍巍，石宽，等译，北京：机械工业出版社，2014.

[15] 周扬忠，胡育文. 交流电动机直接转矩控制 [M]. 北京：机械工业出版社，2009.

[16] 阮新波. 电力电子技术 [M]. 北京：机械工业出版社，2021.

[17] 徐德鸿，陈治明，李永东，等. 现代电力电子学 [M]. 北京：机械工业出版社，2013.

[18] 阮新波，王学华，潘冬华，等. LCL型并网逆变器的控制技术 [M]. 北京：科学出版社，2015.

[19] 袁立强. 基于IGCT的多电平变换器若干关键问题研究 [D]. 北京：清华大学，2004.

[20] 易荣，赵争鸣，袁立强. 高压大容量变换器中母排的优化设计 [J]. 电工技术学报，2008，23 (8)：94-100.

[21] Demenko A，Wojciechowski R M，Sykulski J K. 2-D Versus 3-D Electromagnetic Field Modeling in Electromechanical Energy Converters [J]. IEEE Transactions on Magnetics，2014，50 (2)：897-900.

[22] 张鹏，孙晓冬，朱家和，等. 集成微系统多物理场耦合效应仿真关键技术综述 [J]. 电子与封装，2021，21 (10)：40-52.

[23] 廖辉湘，郭志勇，宇正鑫，等. 新能源汽车构造 [M]. 成都：西南交通大学出版社，2023.

[24] 龙志强，李晓龙，窦峰山，等. CAN总线技术与应用系统设计 [M]. 北京：机械工业出版社，2013.

[25] 周云波，周世唯. 互联网串口通信 [M]. 北京：电子工业出版社，2017.

[26] 龚仲华，龚晓雯. 工业机器人完全应用手册 [M]. 北京：人民邮电出版社：2017.

参考文献